高等院校艺术设计精品教程

顾问 杨永善 丛书主编 陈汗青

景观材料与施工工艺

王葆华 田晓 主编

张斌 何方瑶 赵艺源 侯月阳 周涵 赵晓静 胡佳佳 白宇璐 参编

華中科技大学出版社
http://www.hustp.com
中国·武汉

内容简介

本书内容主要包括了混凝土景观材料、石材景观材料、木材景观材料、烧结景观材料、金属景观材料、玻璃景观材料、塑料景观材料。通过对各类景观材料的具体介绍，以图文并茂的方式，系统而且生动地讲述了景观材料的应用与特性，着重对材料的铺贴形式进行介绍，使得本书的实用性强且易于理解。此外，书中还介绍了国内外近年来新型材料的发展与应用，紧跟景观材料的发展趋势，拓宽读者的知识面，提升读者的综合能力。

本书可作为高等学校艺术设计专业、建筑学专业、风景园林专业、景观设计专业等的课程教材，也可作为相关景观设计工作人员的参考书。

图书在版编目（CIP）数据

景观材料与施工工艺 / 王葆华，田晓主编. — 武汉 : 华中科技大学出版社, 2014.12（2024. 1 重印）

ISBN 978-7-5609-9814-5

Ⅰ.①景… Ⅱ.①王… ②田… Ⅲ.①景观 - 建筑材料 - 高等学校 - 教材 ②景观 — 工程施工 — 高等学校 — 教材 Ⅳ.①TU986

中国版本图书馆 CIP 数据核字(2014)第 307681 号

景观材料与施工工艺 王葆华 田晓 主编

策划编辑：俞道凯
责任编辑：王 晶
封面设计：潘 群
责任校对：张 琳
责任监印：张正林
出版发行：华中科技大学出版社（中国·武汉）
武昌喻家山 邮编：430074 电话：（027）81321913
录 排：龙文装帧
印 刷：武汉科源印刷设计有限公司
开 本：880 mm × 1230 mm 1/16
印 张：13.5
字 数：429 千字
版 次：2024 年 1 月第 1 版第 7 次印刷
定 价：56.00 元

前言

近几年来，环境艺术设计在我国得到了很大的发展。随着国内环境景观设计行业的不断发展，材料、施工工艺不断推陈出新，要求高校环境艺术设计专业在教学中也要适应其发展。

本书力图能较全面、较系统地介绍景观材料与施工工艺的内容。以图文并茂的方式，系统生动地讲述材料的特性及应用。并汲取了国内外近年来的新型材料及其发展与应用，紧跟景观材料的发展趋势及施工工艺的不断提高，适应性强且易于理解，力求拓宽读者视野。

本书主要内容包括混凝土景观材料、石材景观材料、木材景观材料、烧结景观材料、金属景观材料、玻璃景观材料、塑料景观材料以及各类景观材料的施工工艺。

本书系为高等学校艺术设计专业编写的专业理论及设计课程教材。亦可作为建筑学专业设计课程教材和建筑装饰专业的教学用书，及有关景观工程设计人员的自学参考书。

本书在编写过程中，参考了大量的文献资料，及选用了网络上众多的材料厂商所提供的图片，在此表示由衷的感谢。限于编写水平，书中难免存在缺点和错误之处，望读者批评指正。

编　者

2014年7月

中国经济的持续发展，促使社会对艺术设计需求持续增长，这直接导致了艺术设计教育的超速发展。据统计，现在全国已有1 000多所高校开设了艺术设计专业，每年的毕业生超过10万人。短短几年，艺术设计专业成为中国继计算机专业后的高等院校第二大专业。经历了数量的快速发展之后，艺术设计教育的质量问题成为全社会关注的焦点。

正如中国科学院院士、人文素质教育的倡导者、华中科技大学教授杨叔子所说："百年大计，人才为本；人才大计，教育为本；教育大计，教师为本；教师大计，教学为本；教学大计，教材为本。"尽快完善学科建设，确立科学的、适应人才市场需求的教学体系，编写质量高、系统性强的规划教材，是提高艺术设计专业水平，使其适应社会需求的关键。华中科技大学出版社根据全国许多高等院校的要求，在精品课程建设的基础上，由国家精品课程相关负责人牵头，组织全国几十所高等院校艺术设计教育的著名专家及各校精品课程主讲教师，共同开发了"高等院校艺术设计精品教程"。专家们结合精品课程建设实践，深入研讨了艺术设计的教学理念，以及学生必须掌握的基础课与专业课的基本知识、基本技能，研究了大量已出版的艺术设计教材，就怎样形成体系完整、定位清晰、使用方便、质量上乘的艺术设计教材达成了以下共识。

1. 艺术设计教育首先应依据设计学科特点，采用科学的方法，优化知识结构，建构良好的、符合培养目标的教育体系，以便更好地向学生传授本学科基本的问题求解方法，并通过基本理论知识的传授，达到培养基本能力(含创新能力和技能)、基本素质的目的；注重培养学生的社会责任感，强化设计服务于社会、服务于人类的思想，从而造就适应学科和社会发展需要的高级设计人才。

2. 艺术设计基础课教学要改变传统的美术教育模式，突出鲜明的设计观念，体现艺术设计专业特色，探索适应21世纪应用型、设计型人才需求的基础教育模式。

3. 艺术设计是一门实践性很强的学科，社会需要大批应用型设计人才，因此教材编写应力求以专业基础理论为主，突出实用性。

4. 艺术设计是创造性劳动，在教学方法上要通过案例式教学加以分析和启发，使学生了解设计程序和艺术设计的特殊性，从而掌握其规律，在设计中发挥创造精神。

5. 艺术设计是科学技术和文化艺术的结合，是转化为生产力的核心环节，是构建和谐社会不可缺少的组成部分。艺术设计的本质是创新、致用、致美。要引导学生在实训中掌握设计原则，培养创新设计思维。

6.“高等院校艺术设计精品教程”将依托华中科技大学出版社的优势，立体化开发各类配套电子出版物，包括电子教案、教学网站、配套习题集，以增强教材在教学中的实效，体现教学改革的需要，为高等院校精品课程建设服务。

令人欣慰的是，在上述思想指导下编写的部分教材已得到艺术设计教育专家的广泛认同，其中有的已被列为普通高等教育“十一五”国家级规划教材。希望“高等院校艺术设计精品教程”在教学实践中得到不断的完善和充实，并在课程教学中发挥更好的作用。

国务院学位委员会艺术学科评议委员会委员

中国教育学会美术教育专业委员会主任

教育部艺术教育委员会常务委员

清华大学美术学院学位委员会主席

清华大学美术学院教授、博导

杨永善

2006年8月19日

目录

绪论 1

第一章　混凝土景观材料 3

第一节　混凝土的基础知识 ---------------- 4

第二节　混凝土在景观中的应用 ---------------- 6

第三节　混凝土在景观中的施工工艺 ---------------- 40

第二章　石材景观材料 53

第一节　石材的基础应用知识 ---------------- 54

第二节　石材在景观中的运用 ---------------- 66

第三节　石材的施工工艺 ---------------- 95

第三章　木材景观材料 103

第一节　木材的基本知识 ---------------- 104

第二节　木材在景观中的使用 ---------------- 106

第三节　木材的施工工艺 ---------------- 118

第四章　烧结景观材料 125

第一节　烧结材料的基本知识 ---------------- 126

第二节　烧结材料在景观中的应用 ---------------- 129

第三节　烧结材料的施工工艺 ---------------- 142

第五章　金属景观材料 147

第一节　金属景观材料的基础知识 ---------------- 148

第二节　金属材料在景观中的应用 ---------------- 149

第三节　金属紧固件和加固件 ---------------- 160

第四节　金属材料的防腐 ---------------- 162

第五节　金属装饰材料的施工工艺 ---------------- 164

第六章　玻璃景观材料 169

第一节　玻璃的基础知识 ---------------- 170

第二节　玻璃在景观中的应用 ---------------- 171

第三节　玻璃在景观中的施工工艺 ---------------- 180

187 第七章 塑料景观材料
188 ------------------ 第一节 塑料的基础知识
190 ------------------ 第二节 塑料在景观中的应用
201 ------------------ 第三节 塑料在景观中的施工工艺

208 ------------------ 参考文献

绪论

XULUN

绪论

一、概论

景观设计(landscape design)中的景观要素主要包括自然景观要素和人工景观要素。其中，自然景观要素主要是指自然风景，如山丘、古树、石头、河流、湖泊、海洋等；人工景观要素主要是指文物古迹、文化遗址、园林、艺术小品、商贸集市、建筑物、广场等。随着人类文明的高速发展、社会的进步，城市建设也越来越受到重视。当今人们的都市生活离不开景观，从室内到户外，景观设计是建设和改善人们生活环境的重要手段与方式，不仅注重对自然景观的保护，还注重对历史文化遗产的挖掘以及对文化艺术环境氛围的营造。

景观设计主要包括城市广场设计、商业街设计、居住区景观设计、城市公园规划与设计、滨水绿地规划设计、旅游度假区与风景区规划设计等。

景观设计离不开景观材料，每一种景观材料都有其局限性和功能性，要想合理地运用景观材料，必须充分理解景观材料的双重属性及其美学、艺术、历史、情感等因素，还必须兼顾景观材料的结构和技术特点。

二、景观材料的分类

（一）按照景观材料的材质分类

按照景观材料的材质，可分为软质景观材料和硬质景观材料。水体、绿化等材料称为软质景观材料，混凝土、石材、烧结砖、金属、木材、玻璃、塑料等材料则称为硬质景观材料。

（二）按照装饰部位分类

按照装饰部位，可分为地面铺装材料、墙面铺装材料、小品设施、照明设施等。

三、景观材料的发展趋势

1．景观设计在铺装中会大量运用异型景观材料，加工工艺逐渐成熟。

2．运用大量景观复合材料，以此降低成本，达到环保、可循环、可持续发展的目的。

3．在景观中加强对特殊景观材料的使用。

4．着重强调景观材料的特色与本质。

5．注重对景观材料特色铺装方式的表现。

1

第一章 混凝土景观材料

HUNNINGTU JINGGUAN CAILIAO

第一章　混凝土景观材料

随着社会生产力和经济的高速发展，人们在进行建设时对混凝土的应用越来越广泛，对混凝土的使用不再仅局限于土木工程中，园林、广场、公园等场所也开始利用混凝土来营造出形式多样的景观效果。混凝土也不仅是在结构方面发挥作用，在现代景观中，也已结合其他技术和工艺，起到了很好的装饰作用（见图1-1、图1-2）。各式各样景观需求的增加，使得混凝土产品也越来越多，通过一些施工工艺的处理，混凝土不再是人们印象中色彩单一、冰冷、乏味的感觉。近年来，在节能环保和可持续发展的时代背景下，各种建设朝着绿色建材的方向发展，要求既能使材料发挥其功能、经济性和美观的作用，同时又能与自然生态系统协调共生，从而为人类营造健康舒适的环境。所以，我们需要对混凝土材料及其施工工艺有所了解，通过对其恰当巧妙的应用，达到节约资源、能源，减少环境污染的效果，更重要的是使混凝土材料散发出无穷的魅力和生命力。

图1-1 混凝土在景观中的装饰作用

图1-2 景观中的混凝土铺装

第一节　混凝土的基础知识

一、混凝土的概念

混凝土简称“砼”，是由胶凝材料将集料胶结成整体的工程复合材料的统称，是当代最主要的土木工程材料之一。通常我们所讲的混凝土指的是用水泥作胶凝材料的。常见的水泥混凝土（又称普通混凝土）是由水泥、砂子、石子和水按比例混合且均匀搅拌浇筑在预先预制好的模板里，硬结形成的人造材料（见图1-3）。混凝土中砂石起到骨架支承作用，统称为骨料。水泥和水构成泥浆，将骨料颗粒包裹住，并填充骨料之间的空隙，在水泥被水激活后，开始将各种成分胶合在一起形成均匀的整体的聚合体，即有一定硬度的混凝土整体（见图1-4）。

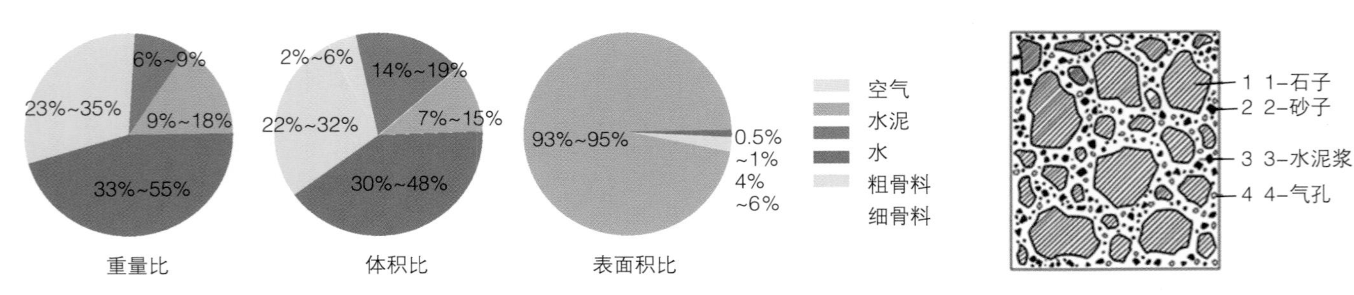

图1-3　普通混凝土的成分比

图1-4　普通混凝土的结构示意图

“混凝土”一词来源于拉丁文中的“concretus”，意为集中的、浓缩的。早在数千年前，我国和埃及就已经用石灰与砂配制成砂浆砌筑房屋。后来罗马人又使用石灰、砂及石子配制成混凝土。在1824年，约瑟夫•阿斯帕丁发明了波特兰水泥后便有了现代意义上的混凝土。1830年水泥混凝土问世；1850年出现了钢筋混凝土，这也是混凝土技术的第一次革命；1928年制成了预应力钢筋混凝土，产生了混凝土技术的第二次革命；1965年前后混凝土中有了外加剂，如减水剂，使混凝土的工作性显著提高，这引发了混凝土技术的第三次革命。目前，混凝土技术正向超高强、轻质、高耐久性、多功能和智能化的方向发展。

二、混凝土的分类

（一）按表观密度分类

1．重混凝土

重混凝土指的是表观密度为2900 kg/m^{3}以上的混凝土，通常采用大密度的骨料制成，因为有重晶石和铁矿矿石等骨料，所以重混凝土具有阻挡X射线、Y射线的功能，就是人们常说的防辐射混凝土，它广泛应用于核工业的屏蔽结构上。

2．普通混凝土

普通混凝土指的是表观密度为2004～2840 kg/m^3，以水泥为胶凝材料，采用天然的普通砂石作为骨料配制而成的混凝土。普通混凝土是建筑工程中应用最广、用量最大的混凝土材料，主要用作各种建筑的承重结构。

3．轻混凝土

轻混凝土指的是表观密度小于2000 kg/m^{3}的混凝土。按组成材料可分为三类，即轻骨料混凝土、多孔混凝土、大孔混凝土。按用途可分为结构用、保温用和结构兼保温用三种。

(二)按胶凝材料分类

混凝土按照所用胶凝材料的不同可分为水泥混凝土、石膏混凝土、聚合物混凝土、聚合物水泥混凝土、水玻璃混凝土、沥青混凝土和硅酸盐混凝土几种。

（三）按用途分类

混凝土按其用途可分为结构混凝土、防水混凝土、装饰混凝土、耐热混凝土、耐酸混凝土、防辐射混凝土、大体积混凝土、膨胀混凝土、道路混凝土和水下不分散混凝土等多种。

（四）按生产工艺和施工方法分类

混凝土按生产工艺和施工方法可分为泵送混凝土、喷射混凝土、压力灌浆混凝土、离心混凝土、真空脱水混凝土、碾压混凝土、挤压混凝土等。按配筋方式可分为素(即无筋)混凝土、钢筋混凝土、钢丝网水泥、纤维混凝土、预应力混凝土等。

（五）按掺合料分类

混凝土按掺合料可分为粉煤灰混凝土、硅灰混凝土、碱矿混凝土和纤维混凝土等多种。

（六）按抗压强度（f_{cu}）大小分类

混凝土按抗压强度（f_{cu}）可分为低强混凝土（$f_{cu}<30$ MPa)、中强混凝土（$f_{cu}=30\sim60$ MPa)、高强混凝土（$f_{cu}=60\sim100$ MPa）和超高强混凝土（$f_{cu}\geq100$ MPa）等。

（七）按每立方米中的水泥用量分类

混凝土按每立方米中的水泥用量（C）分为贫混凝土（$C\leq170$ kg）和富混凝土（$C\geq230$ kg）。

三、混凝土的性质

由于混凝土材料的特殊性，所以其性能包括两个部分：一是混凝土硬化之前的性能，即和易性；二是混凝土硬化后的性能，包括强度、变形性和耐久性等。

混凝土的和易性又称工作性，是指混凝土拌合物在一定的施工条件下，便于各种施工工序（拌合、运输、浇筑、振捣）的操作，以保证获得均匀密实的混凝土的性能。和易性是一项综合技术指标，反映混凝土拌合物易于流动但组分间又不分离的一种特性，包括流动性（稠度）、黏聚性和保水性三个主要方面。

混凝土强度是混凝土硬化后的主要力学性能，反映混凝土抵抗载荷的量化能力。混凝土强度包括抗压、抗拉、抗剪、抗弯及握裹强度，其中以抗压强度最大，抗拉强度最小。

混凝土的变形性能是指混凝土在硬化和使用过程中，由于受到物理、化学和力学等因素的作用，发生各种变形的性能。由物理、化学因素引起的变形称为非载荷作用下的变形，包括化学收缩、干湿变形、碳化收缩及温度变形等；由载荷作用引起的变形称为在载荷作用下的变形，包括在短期载荷作用下的变形及长期载荷作用下的变形。

混凝土的耐久性是指混凝土在实际使用条件下抵抗各种破坏因素的作用，长期保持强度和外观完整性的能力，包括混凝土的抗冻性、抗渗性、抗蚀性及抗碳化能力等。

第二节　混凝土在景观中的应用

混凝土的诸多特点使其使用范围特别广泛，不仅应用于各种土木工程中，在造船业、机械工业、海洋开发、地热工程等方面也大量应用。在现代环境景观营造中，对混凝土材料的应用也是很普遍的，各种功能和形式的景观既需要用丰富的景观材料来表达，也需要材料能够展现和发挥其多样的形式和作用。混凝土材料在景观中除了作为基础和结构外，通常还应用于景观道路和广场等场地的铺装，水池、花池、景墙、文化柱等的砌筑及表面装饰，预制景观中的地砖、廊架、座椅、汀步、盖板、道牙、浮雕、栏杆等的构筑，除此之外，还包括对废弃混凝土制品及凝结块的再利用（见图1-5、图1-6、图1-7、图1-8）。目前混凝土是景观材料的重要组成部分，景观中常见的有沥青混凝土、装饰混凝土、纤维混凝土、绿化混凝土、透水性混凝土和混凝土制品等。

图1-5　混凝土铺装的砖

图1-6　两种混凝土形式的铺装

图1-7　混凝土制成的构件

图1-8　混凝土浇筑的景观墙

一、沥青混凝土

沥青混凝土按所用结合料不同，可分为石油沥青的和煤沥青的两大类。按所用集料品种不同，可分为碎石的、砾石的、砂质的、矿渣的等，以碎石的最为普遍。按混合料最大颗粒尺寸不同，可分为粗粒（35～40 mm）、中粒（20～25 mm）、细粒（10～15 mm）、砂粒（5～7 mm）等几类。按混合料的密实程度不同，可分为密级配、半开级配和开级配等，开级配混合料也称沥青碎石。其中热拌热铺的密级配碎石混合料经久耐用、强度高、整体性好，是修筑高级沥青路面的代表性材料（见图1-9）。

图1-9　沥青混合料

沥青混合料有良好的力学性能，噪声小，良好的抗滑性、排水性、耐久性、经济性及可分期加厚路面等优点，但其也具有易老化、感温性大的缺点。沥青质厚，颜色黑褐，是沥青混凝土中的戮结剂，是一种石油产品。因为石油是一种有限的自然资源，所以对它的过多需求会带来不少国内和全球的经济甚至政治问题。另外，关于沥青更为实际的问题是沥青混凝土的表面退化问题，这是由交通工具泄漏的以石油为原料的污染物对沥青产生破坏而造成的，所以在加油站、汽车码头或其他会产生石油产品滴漏的地点，首选的铺设材料是水泥混凝土，而非沥青混凝土。

用于景观建设中的沥青混凝土分为透水性沥青混凝土和加入添加材料的沥青混凝土，例如透水性脱色沥青混凝土、脱色沥青混凝土、彩色热轧混凝土、改性沥青混凝土、铁丹沥青混凝土、彩色骨料沥青混凝土、软木沥青混凝土等。沥青混凝土比其他任何表面材料都更加常用，具有经济耐用并且易于维护和修理的优点，所以常被应用于居住区、公园等一级道路的铺设（见图1-10）。

二、装饰混凝土

（一）压印混凝土

在景观设计中被广泛应用的装饰混凝土是压印混凝土，也称压印地坪、压模地坪、艺术地坪或压花地坪。压印地坪是采用特殊耐磨矿物骨料，高标号水泥、无机颜料及聚合物添加剂合成的彩色地坪硬化剂，通过压模、整理、密封处理等施工工艺而实现的，它拥有不同凡响的石质纹理表面和丰富的色彩。压印地坪是经过对传统混凝土表面进行彩色装饰和艺术处理的新型材料，这种新型材料的诞生改变了传统混凝土地坪表面装饰和表面色泽单一的缺点，对其使用领域受限的缺陷有很大突破，赋予了城市的规划者和设计者在地面这块画布上更多的设计和遐想空间，使业主和施工者在地面选材的空间上也有很大提升。

压印地坪是具有较强艺术性和特殊装饰要求的地面材料，它是一种即时可用的含特殊矿物骨料、无机颜料及添加剂的高强度耐磨地坪材料，其优点是易施工、一次成型、使用期长、施工快捷、修复方便、不易褪色等，同时又弥补了普通彩色道板砖的整体性差、高低不平、易松动、使用周期短等不足。彩色压印地坪具有耐磨、防滑、抗冻、不易起尘、易清洁、高强度、耐冲击、色彩和款式方面有广泛的选择性、成本低和绿色环保等特点，是目前园林、市政、停车场、公园小道、商业和文化设施领域道路材料的理想选择（见图1-11）。压印地坪系统由六个部分组成，即彩色强化剂、彩色脱模粉、封闭剂、专业模具、专业工具和专业的施工工艺。通过六个部分的搭配与完美组合，对混凝土表面进行彩色装饰和艺术处理后，其表面所呈现出的色彩和造型凹凸有致、纹理鲜明、天然仿真、充满质感，其艺术效果超过花岗岩、青石板等，既美化了城市地面，又节省了采用天然石材所带来的高昂消费（见图1-12、图1-13）。

图1-10 景观中的沥青混凝土路面

图1-11 压印混凝土路面

图1-12 压印混凝土的艺术效果

图1-13 压印混凝土可配的颜色

（二）清水混凝土

清水混凝土是一次浇筑成型的混凝土，成型后不做任何外装饰，只是在表面涂一层或两层透明的保护剂，直接采用现浇混凝土的自然表面效果作为装饰面，其表面平整光滑、色泽均匀、棱角分明、无碰损和污染。清水混凝土天然纯朴，富有沉稳、朴实、清雅的美感和韵味，如贝聿铭、安藤忠雄在他们的设计中就大量采用清水混凝土。

由于清水混凝土结构一次成型，不剔凿、不抹灰，减少了大量建筑垃圾，也不需要装饰，舍去了涂料、饰面等化工产品，而且避免了抹灰开裂、空鼓甚至脱落等质量隐患，减轻了结构施工的漏浆、楼板裂缝等质量通病。随着我国混凝土行业节能环保和提高工程质量的呼声越来越高，清水混凝土的研究、开发和应用已引起了人们的广泛关注。虽然清水混凝土结构需要精工细作，工期长，结构施工阶段投入的人力、物力大，使用成本要比使用普通混凝土高出20%左右，但由于舍去抹灰、装饰面层等内容，减少了维护费用，最终降低了工程总造价。我国清水混凝土施工操作多依赖人工，施工机械化、标准化程度不高，结构设计与施工技术还有待进行进一步的理论研究和实践应用。一般来说，清水混凝土材料大多用于建筑物中，也常用于环境景观中的景墙、花池、小品等构筑物(见图1-14)。

（三）彩色混凝土

1．彩色混凝土的基本知识

彩色混凝土（又称彩色混凝土地坪）是用彩色水泥或白水泥掺加颜料以及彩色粗、细骨料和涂料罩面来实现的，可分为整体着色混凝土和表面着色混凝土两种。整体着色混凝土是用无机颜料混入混凝土拌合物中，使整个混凝土结构具有同一色彩。表面着色混凝土是将水泥、砂、无机颜料均匀拌合后干撒在新成型的混凝土表面并抹平，或用水泥、粉煤灰、颜料、水拌合成色浆，喷涂在新成型的混凝土表面（见图1-15、图1-16）。

图1-14　清水混凝土景墙

图1-15　彩色混凝土路面

图1-16　彩色混凝土活动场地

彩色混凝土地坪是一种近年来流行于美国、加拿大、澳大利亚、欧洲并在世界主要发达国家迅速推广的绿色环保装饰混凝土。它能在原本普通的新旧混凝土表层上，通过对色彩、色调、质感、款式、纹理、肌理和不规则线条的创意设计，以及图案与颜色的有机组合，创造出各种仿天然大理岩、花岗岩、砖、瓦、木地板等天然石材的铺设效果，具有图形美观自然、色彩真实持久、质地坚固耐用等特点。彩色混凝土地坪采用的是表面处理技术，它在混凝土基层面上进行表面着色强化处理，以达到装饰混凝土的效果，同时对着色强化处理过的地面进行渗透保护处理，以达到洁净地面与保养地面的要求。因此彩色混凝土的构造包括混凝土基层、彩色面层、保护层，这样的构造是良好性能与经济要求的平衡结果。

2．彩色混凝土的用途

彩色混凝土地坪广泛应用于住宅、社区、商业、市政等各种场合所需的人行道，以及公园、广场、游乐场、小区道路、停车场、庭院、地铁站台等景观营造，具有极高的安全性和耐用性。同时，它施工方便，无需压实机械，颜色也较为鲜艳，并可形成各种图案（见图1-17）。更重要的是，它不受地形限制，可任意制作。装饰性、灵活性和表现力，正是彩色混凝土的独特性能体现。彩色混凝土可以通过红、绿、黄等不同的色彩与特定的图案相结合以达到不同功能需要，如警戒、引导交通、功能分区等。

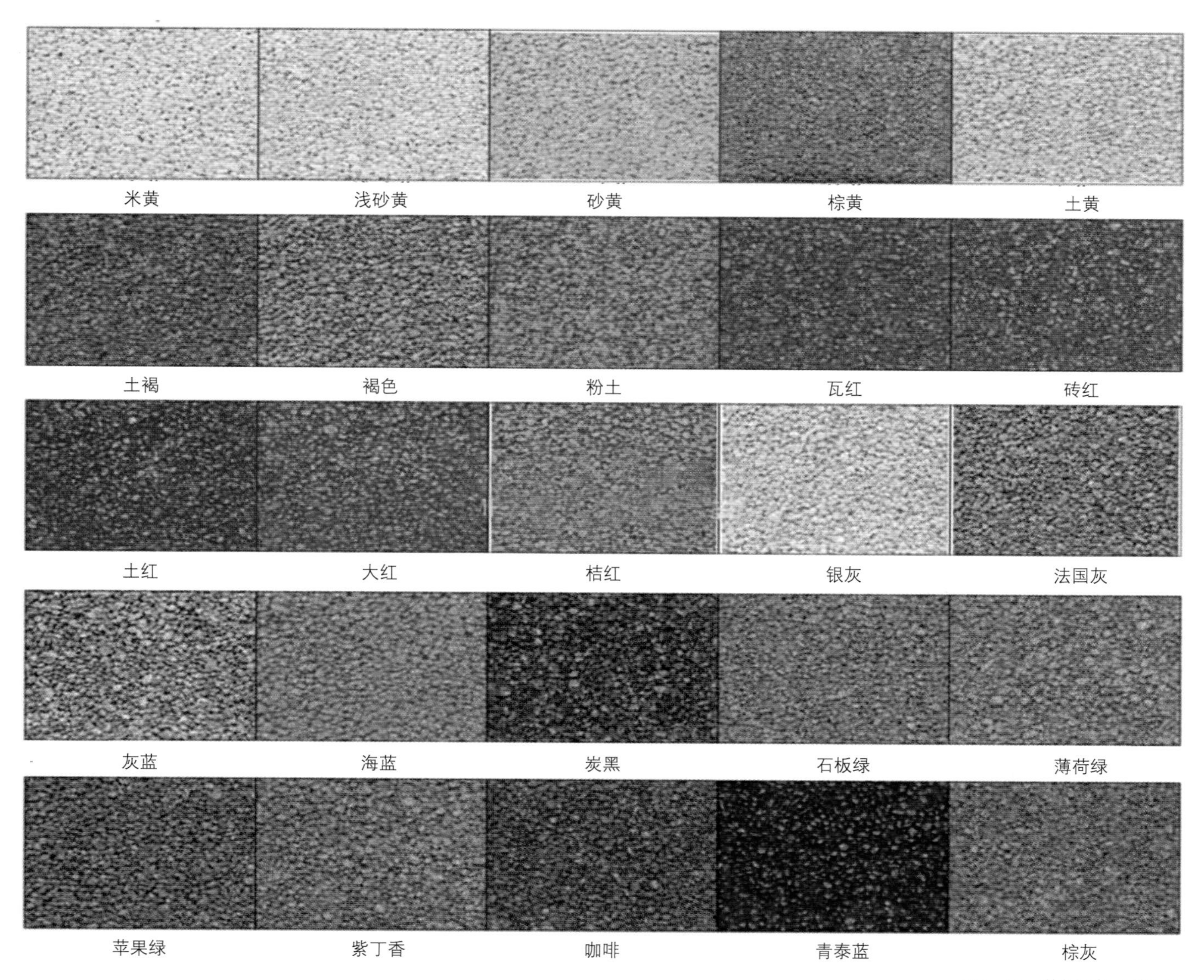

图1-17　彩色混凝土的配色

（四）露石混凝土

露石混凝土（见图1-18）也称露骨料装饰混凝土，是指在混凝土硬化前或硬化后，通过一定工艺手段使混凝土骨料适当外露，以骨料的天然色泽、粒形、质感和排列达到一定的装饰效果的混凝土。其制作工艺包括水洗法、缓凝法、水磨法、抛丸法和凿剁法等。

露石混凝土具有降噪、抗滑、不眩光以及方便操作和灵活施工等特点，其色彩随表层剥落的深浅和水泥、砂石的种类而异，宜选用色泽明快的水泥和骨料。因大多数骨料色泽稳定、不易受到污染，故露石混凝土的装饰耐久性好，并能够营造现代、复古、自然等多种环境氛围，是一种很有发展前途的装饰材料。在景观园林中，露石混凝土大多用于路面铺设和花池、景墙等的装饰立面（见图1-19）。

（五）天然砾石聚合物仿石地面

天然砾石聚合物仿石地面（见图1-20）是装饰性混凝土技术的突破，是目前国际上最新的高科技环保材料及铺装技术，在国外已成功得到广泛应用，其最大的特点是整体浇注、仿石效果好、承载力高，同时在地面构图设计方面具有很大的灵活度，是一种经济的、富于创意的和环境友好的地坪技术系统。

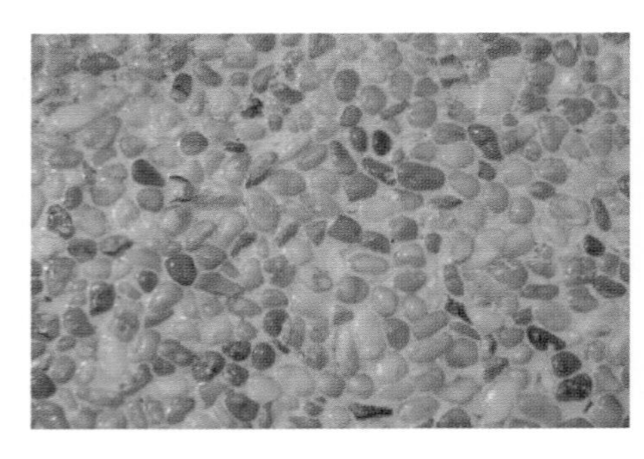

图1-18 露石混凝土

图1-19 露石混凝土地面

（六）BOMANTIE-EXPOSE聚合物砼仿石地坪

图1-21所示为BOMANTIE-EXPOSE聚合物砼仿石地坪。

这种新型材料追求天然材料的质感，比石材具有更加丰富的艺术效果；实现石材相同的面层强度，具有比石材更加坚固耐久的结构；比石材更具防滑安全性。

同时，它能节约对天然石材的开采，选用荒废骨料或废弃玻璃用高科技工艺实现仿石效果，具有绿色环保的特点。它是一种经济的、富于创意和环境友好的地坪技术系统。图1-22所示为聚合物仿石地面的颜色。

图1-20 天然砾石聚合物仿石地面

图1-21 BOMANTIE-EXPOSE聚合物砼仿石地坪

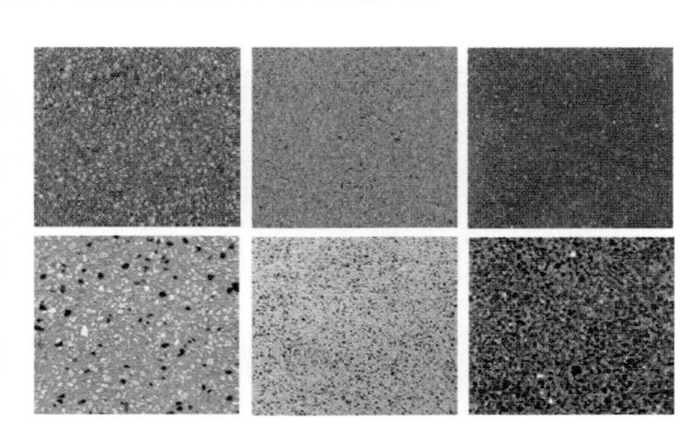

图1-22 聚合物仿石地面的配色

三、纤维混凝土

纤维混凝土是在普通混凝土中掺入乱向均匀分散的纤维而制成的复合材料，包括钢纤维混凝土、合成纤维混凝土、玻璃纤维混凝土、天然植物纤维混凝土、混杂纤维混凝土等。纤维混凝土有普通的钢筋混凝土所没有的众多优势，在抗拉强度和抗弯强度、抗裂强度和冲击韧性等方面较普通混凝土有明显的改善。常用的纤维材料有钢纤维、玻璃纤维、石棉纤维、碳纤维和合成纤维等。

（一）钢纤维混凝土

钢纤维（见图1-23）对抑制混凝土裂缝的形成、提高混凝土抗拉和抗弯强度、增加韧性，有良好的效果。它是用钢材制成的、能乱向均匀分布于混凝土中的短纤维，包括普通碳钢纤维、不锈钢纤维等。钢纤维混凝土适用于对混凝土抗拉强度、抗弯强度、抗剪强度、弯曲韧性和抗裂性能、抗冲击性能、抗疲劳性能以及抗震、抗爆等性能要求较高的混凝土工程或其局部部位。

（二）合成纤维混凝土

合成纤维（见图1-24）混凝土适用于对混凝土早龄期收缩裂缝控制和对混凝土抗冲击、抗疲劳、弯曲韧性以及对混凝土整体性能有一定要求的混凝土工程或其局部部位。常用于混凝土及砂浆中的有单丝聚丙烯纤维、聚丙烯膜裂纤维、聚丙烯腈纤维、聚乙烯醇缩甲醛纤维、高模量聚乙烯纤维、碳纤维等。

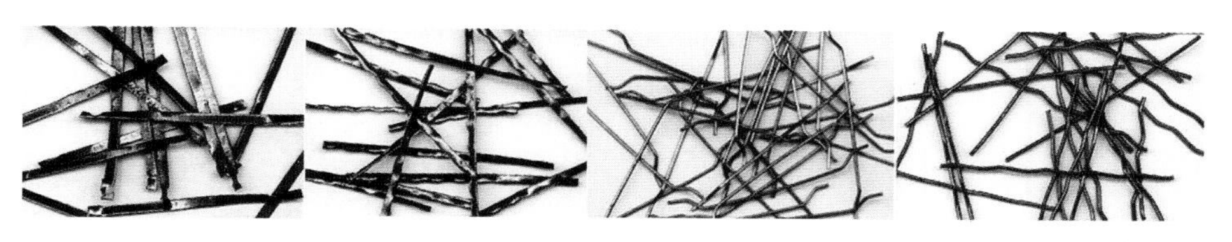

图1-23 钢纤维

图1-24 合成纤维

（三）玻璃纤维混凝土

玻璃纤维增强水泥(GRC)是景观中通常用来塑造假山石、雕塑的良好材料。GRC改进工艺做出来的假山的厚度可以小于20 mm，根据需要甚至可以做成更薄的壳体，使其自重减轻，其形状的转变可通过拓取自然石的造型模具，也能塑造的非常逼真。近几年来，由于环保意识日益增强，在景观中越来越多地使用其他材料代替木材作为景观材料。如利用GRC塑造石头或直接塑造假山来代替真实石头，减少对环境的破坏及运费成本；塑造木材的文理和质感，做成仿木栏杆、仿木板材等，从而减少对木材的使用，并且比木材坚固耐用，易于维护（见图1-25）。

图1-25 GRC在景观中的应用

四、绿化混凝土

（一）绿化混凝土的基本知识

绿化混凝土是指能够适应绿色植物生长进而促成绿色植被的混凝土及其制品。它可以增加城市的绿色空间，调节人们的生活情绪，同时能够吸收噪声和粉尘，对城市气候的生态平衡也起到积极作用（见图1-26）。绿化混凝土能够与自然协调，是具有环保意义的混凝土材料。随着混凝土材料的广泛应用，在城市中造成了混凝土“白色污染”，为了解决这一问题，人们采取了很多办法，如大量建设街头公园、屋顶花园和营造绿化带，但这些方法没有从根本上解决白色污染，只是通过增加其他的绿化量来降低白色污染的相对比例，并没有减少混凝土白色污染的量。

图1-26 绿化混凝土

目前许多国家开始流行一种多孔隙混凝土（也称绿化混凝土）的生态工艺材料，它在日本应用得比较成熟。绿化混凝土可代替普通混凝土进行施工，这种绿化混凝土的骨料不使用砂，而是大量使用玻璃、拆除的混凝土等再生材料，采用特殊的配比使颗粒之间有较大的孔隙，并在其间添加一些辅助培养剂，使混凝土能够生长植被（见图1-27）。这种绿化混凝土既利用了废旧材料，又在保证工程质量的前提下，有效地增加了绿化面积，得到了良好的生态效果。绿化混凝土在西方发达国家被大力推广应用，现已应用到了

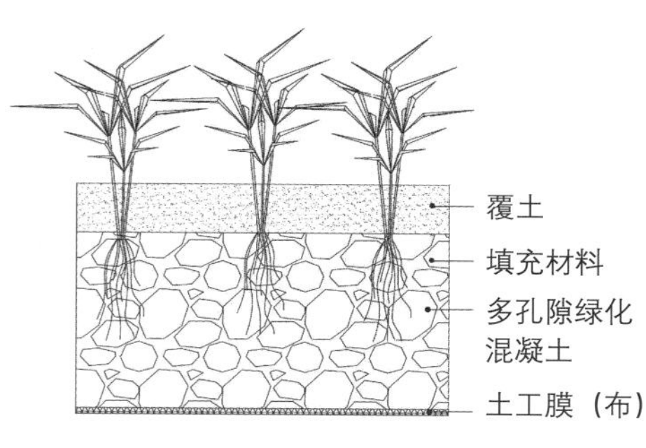

图1-27 绿化混凝土的剖面结构

道路、广场、园林、建筑屋顶等各方面。尤其是日本，其国土面积狭小、人口密度过高，绿化混凝土的应用将作为解决生态问题与用地之间矛盾的一个主要手段。

绿化混凝土不仅能够增加绿化面积，对于景观场地中的排水也起到了举足轻重的作用。在排水施工中采用多孔隙绿化混凝土预制井或管道，既能够排除地表的积水，还可以有效地排除地下过多的积水。另外，在大量的护坡工程中，绿化混凝土也被广泛应用。除了应用范围的扩大外，绿化混凝土的种类和技术也在不断地增加和更新，如木片多孔隙绿化混凝土、发泡玻璃多孔隙绿化混凝土等适应新领域的新材料层出不穷。绿化混凝土的快速发展及大量应用，提高了工程的质量，也促进了人与自然的和谐发展。

（二）绿化混凝土的功能特性

绿化混凝土具有良好的透气性，良好的通水性，具有大的孔隙，无论在陆地或水中均能生长植物。景观应用中对其特性要求大致分为植被重视与强度重视两大类，强调强度与孔隙率两项指标（见表1-1）。在工程建设中有以强度重视优先、兼顾植被重视的生态护坡和以植被重视优先、兼顾强度重视的高承载植草地坪。

表1-1　绿化混凝土的强度实验表

再生混合材料的密度 / (t/m³)	压缩强度试验		弯曲强度试验		孔隙率 / (%)
	试块质量 / kg	强度 / (N/mm²)	试块质量/kg	强度 / (N/mm²)	
0.7	1.49	7.9	11.94	1.6	26.4
1.2	1.86	9.8	15.43	4.2	26.6

绿化混凝土生态护坡的特点有：无论是水下还是水上，护坡中植物都可以自由生长，甚至留有动物的生存空间，生态效果好；相对于普通混凝土护坡，可以降低造价，能节省10%～30%；集中施工的流水作业可以大大缩短工期；高度的机械化作业能够有效保证工程的质量。

（三）景观中绿化混凝土的用途与性能

景观中常见的绿化混凝土为高承载植草地坪，它是一种广泛流行于欧美等国，集地面硬化、绿化于一体的新概念、新型环保的地坪产品。通过混凝土与草坪的完美结合，既美化了城市环境、又改善了城市的空气质量和地下水储备功能，其综合性能良好。植草地坪是一种现场浇筑并制作的连续多孔质的草坪混凝土铺地系统，并可根据承重需要加以钢筋强化，具有良好的结构整体性、草坪连续性和透水透气性，可以在实现高绿化率的同时，满足各种交通承载的要求，形成真正的绿色交通通道（见图1-28）。高承载植草地坪的性能及优点有：植草地坪产品能实现地面的高承载能力，其最高承载质量可达60 t左右；其植草腔内曲面的专业设计，使得孔隙率达52%，同时其独特的草包砼方式代替了传统的砼包草方式，使砼更易被草所覆盖，绿化率可达60%～100%；植草地坪的所有植草孔腔都是彼此连接的，与植草孔腔彼此隔离的预制的植草砖相比，其草皮成活率可以大大提高。所以，植草地坪系统性能稳定、持久耐用、具有长期的经济性和实用性。另外高承载植草地坪系统可以很好地解决暴雨冲刷一般植被土地所形成的水土流失问题，同时可以解决硬化地面渗水能力差甚至不渗水的问题，可用于建设绿色生态防洪、防汛和泄洪设施，也有利于保持和恢复地下水储备。高承载植草地坪系统具有施工方便、施工周期短、成本低、绿色环保、维护简单等特点，适用于园林道路、消防通道、承载草坪、堤坝工程、绿色泄洪、排水沟渠、绿色造景等工程。

五、透水混凝土

（一）透水混凝土的基本知识

透水混凝土是由骨料、水泥和水拌制而成的一种多孔轻质混凝土，又称多孔混凝土，也称排水混凝土，是一种新型的高渗透性路面材料(见图1-29)。目前，景观工程中透水混凝土的运用较多，主要用于道路和地面的铺装。

图1-28 高承载植草地坪

图1-29 透水混凝土

（二）透水混凝土的特点

透水混凝土（又称透水混凝土地坪）能够以每分钟270 L/m²的透水速度使雨水迅速地渗入地表，还原成地下水，使地下水资源得到及时补充，保持土壤湿度，改善城市地表植物和土壤微生物的生存条件；同时透水性路面具有较大的孔隙率，与土壤相通，能蓄积较多的热量，有利于调节城市空间的温度和湿度，消除热岛现象；当集中降雨时，能够减轻排水设施的负担，防止路面积水和夜间反光，提高车辆、行人的通行舒适性与安全性；大量的孔隙能够吸收车辆行驶时产生的噪声，创造安静舒适的交通环境。透水混凝土地坪整体性强、使用寿命长，近似于或超出普通混凝土的使用年限，同时又弥补了透水砖的整体性差、高低不平、易松动、使用周期短等不足。透水混凝土地坪拥有系列经典的色彩搭配方案，能够配合设计师的创意及业主的特殊要求，实现不同环境、不同风格和个性要求的装饰创意，是其他地面材料无法比拟的。透水混凝土地坪适用于市政、园林、公园、广场、人行道、非机动车道、体育场地、停车场、小区、学校、商业广场和文化设施等地面领域。

（三）透水混凝土的分类

1．根据景观表面效果分类

根据景观表面效果不同，透水混凝土可分为彩色透水混凝土和彩色露骨料透水混凝土两种。两者的区别在于，前者的色彩效果是由人工合成，后者的色彩效果是天然形成，也可以理解为后者是前者的升级品。后者的露骨料清洗剂是升级的核心，露骨料清洗剂能干净地清洗包裹在天然石材表面的水泥浆，露出天然石材的色彩和肌理，这种技术不但丰富了铺装材料的类型，提升了景观品质，而且能够展现露骨石材的天然质地和色彩的魅力。

2．根据组成材料分类

根据组成材料不同，透水混凝土可分为水泥透水混凝土、高分子透水混凝土、生态透水混凝土三种。

(1）水泥透水混凝土。

水泥透水混凝土（见图1-30）是以硅酸盐类水泥为胶凝材料，采用比较统一的粗骨料配制的不含砂的多孔混凝土。水泥透水混凝土一般采用较高标号的水泥，采用由压力成型而成的连通孔隙的混凝土。硬化后的混凝土内部通常含有大约四分之一的连通孔隙，使相对应的表观密度低于普通混凝土。水泥透水混凝土成本比较低，耐久性好，制作相对简单，非常适用于用量较大的道路铺设，缺点是强度比较弱，耐磨性及抗冻性还有提高的空间。

(2）高分子透水混凝土。

高分子透水混凝土（见图1-31）采用比较单一的粗骨粒，加入沥青或高分子树脂等胶凝材料制作而成。高分子透水混凝土与水泥透水混凝土相比，高分子透水混凝土强度较高，相应的成本也较高。由于有机胶凝材料的耐候性比较差，在环境因素的作用下容易老化，并且高分子透水混凝土的性质对温度变化较敏感，温度升高时，容易软化，使高分子透水混凝土的透水性受到影响。

(3）生态透水混凝土。

生态透水混凝土又称透水地坪，是一种多孔、轻质、无细骨料的干硬性混凝土，由粗骨料表面包覆一层胶凝材料

图1-30 水泥透水混凝土

图1-31 高分子透水混凝土

互相胶合而形成的孔穴均匀分布的蜂窝状结构(见图1-32)，故有透水、透气和质量小的特点。除此之外，生态透水混凝土具有与普通混凝土不同的特点，即容重小、水毛细现象不显著、透水性大、胶凝材料用量少、施工简单，它是一种绿色环保型和生态型的铺装材料。透水混凝土地坪整体美观，透水效果良好，雨水收集充分，具有良好的经济效益和生态环境效益，同时生态透水混凝土地坪具有吸声降噪、防洪涝灾害、缓解城市热岛效应的作用，是一种有利于恢复不断遭受破坏的生态环境的创造性材料。

3. 高承载透水艺术地面

高承载透水艺术地面的透水性好、颜色艳丽、表现力非常强，同时具有高透水率、高承载力、吸尘降噪、安全防滑、有效补充地下水、调解空气温湿度、缓解城市热岛效应等特点（见图1-33)。

图1-32 透水地坪

图1-33 高承载透水艺术地面

(1) 高透水率：高承载透水艺术地面不但属于环保产品，而且是目前透水铺装材料中透水速率最高的产品，其透水速率为2.7～4.5 mm/s，这有效地缓解了某些城市大暴雨、短时雷雨等短时大量降雨给排水系统带来的压力。

(2) 高承载力：高承载透水艺术地面的高承载力可以满足重型车辆的正常行驶。

(3) 有效补充地下水：高承载透水艺术地面具有15%～25%（体积分数）的孔隙率，可以将雨水快速地排到地下，补充地下水，为缺水的城市最大限度地补充地下水。

(4) 经济实用：目前市场上满足重型车辆通行的透水材料不止高承载透水艺术地面一种，但是由于其他产品要么在施工工艺上不能满足设计需求，要么就是在价格方面非常高昂，而高承载透水艺术地面不但具有专业成熟的施工工艺，而且价格适中，同时耐久性非常高，因此经济实用，成为人们的首选。

(5) 装饰性：高承载透水艺术地面具有很强的可塑性，由于是现场铺装，可以进行曲线等异型铺设。

(6) 防滑性能高：表观效果颗粒感强，而且透水率较高，故大大提高了地面的防滑效果，大大加强了行车与行人的安全性。

六、混凝土石

混凝土石是一种利用混凝土的各种特性，融合先进制作工艺和施工技术，达到甚至超越石材效果的前沿材料。这种材料可划分为注重规格、颜色、形式及用途的多样性材料，实现以自然为本的生态性创新材料，适用于边界处理的性能型材料，具有独特手工制作工艺的独立制品。混凝土石为城市、道路、广场、园林景观等各种区域的环境营造提供了更多的可能性，并实现了经济性和生态性，其最大的特点在于材料、设计和施工三大方面的和易性和综合性，可根据不同的场地条件和要求选择，进而配合施工技术最终完美呈现。这种材料以不断解决技术问题为先导，比如大幅面板材对场地整体性能的考虑；台阶、墙壁材料的选用对高差、挡土等问题的综合考虑；地面砖在考虑交通载荷和雨水渗透的前提下注重材料质感、颜色和形态的自然性和人们参与的舒适性。综合所有特点，它还可以满足乡村风格、地中海风格、现代风格、古典主义等诸多种室外环境艺术特点的要求。众多的混凝土石的种类、颜色和规格是源于其在生产过程中根据产品类型和适用范围，要求有多种基层材料及颜色可供选择和配比（见图1-34）。除此之外，铺装垫层的做法也对混凝土石的稳定性、生态性等特点起到决定性作用（见图1-35）。

图1-34　混凝土石的基层及配色颜料

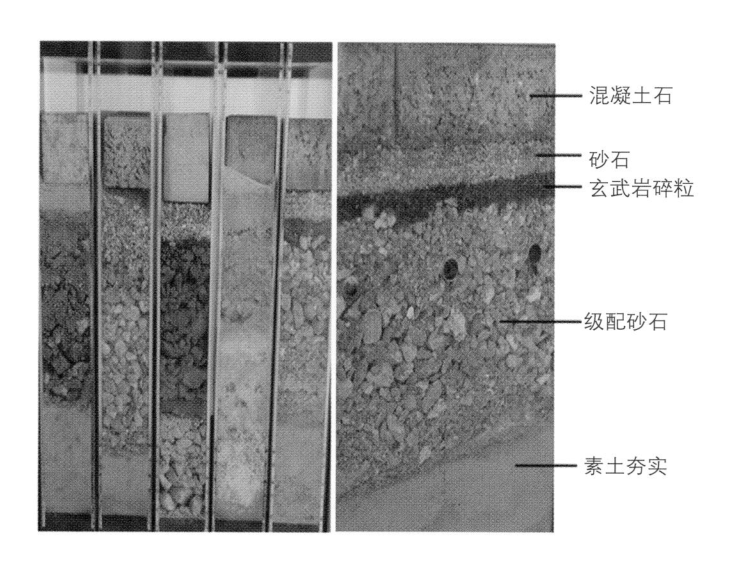

图1-35　混凝土石的铺装垫层

目前在这一材料的研发和技术上比较成熟和卓越的是德国KLOSTERMANN(克罗斯托曼）公司，而这个公司所研发的混凝土石产品有37种以上，并且大多以材料的某种特征或人名等专有名词来命名，我们可以根据每种材料的特点，将之划分为以下四个方向（见表1-2）。

表1-2　混凝土石分类

方　　向	种　　类
注重规格、颜色、形式及用途的多样性材料	1. MASSIMO LIGHT　2. NUEVA　3. TIARO　4. CORTANO　5. DECASTON LIGHT　6. VARIADO　7. BIZARRO　8. DECADO　9. DECASTON　10. VIASTON　11. GALASTON　12. PENTASTON　13. BOCCA 14. GAPSTON　15. APPIASTON　16. DRAINSTON
实现以自然为本的生态性创新材料	1. LUNIX　2. RASENLINER　3. GREENSTON　4. GEOSTON
适用于边界处理的性能型材料	1. GARDALINE　2. KLASSKLINE　3. ALLAN BLOCK　4. STELE　5. BLOCKSTUFE
具有独特手工制作工艺的独立制品	1. MASSIMO　2. URBASTYLE　3. DEKOLINE

（一）注重规格、颜色、形式及用途的多样性材料

这个方向的材料基本是关于地面、地面系统及地面生态系统设计的材料，种类、规格、颜色、表面处理手法等都有很大的选择空间。

1．MASSIMO LIGHT

这种材料充分利用混凝土独一无二的自然特性，每一块都是由手工制作而成。所以材料间存在一定的颜色差异，这也正是材料制作的初衷。它最大的特点在于自密实混凝土的大幅面板，显现混凝土表面的精细结构，注重场地的整体性等，适用于停车场、停车位、入口、建筑周围以及汀步等（见图1－36～图1－38）。

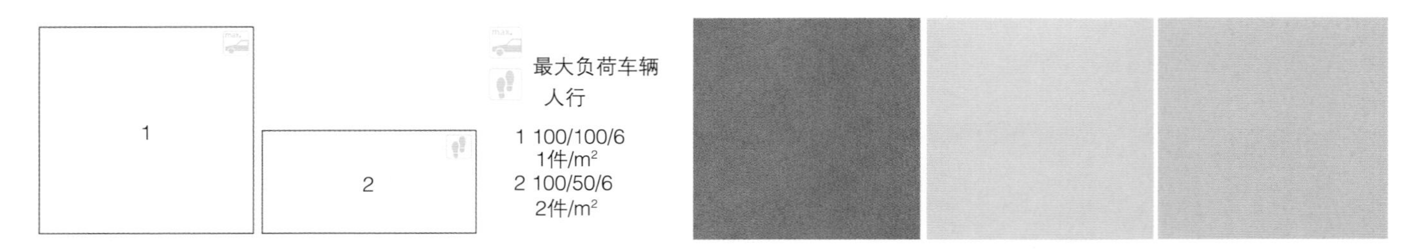

图1－36　MASSIMO LIGHT 材料的规格及性能

图1－37　MASSIMO LIGHT材料的颜色

图1－38　MASSIMO LIGHT材料在景观中的应用

2．NUEVA

这种材料是由精致的颜料配岩石碎屑压制而成，材料边缘带有倒角、无垫片，着色均匀，表面有颗粒表象并精致坚实，有彩色天然石材效果和抗紫外线的作用，易于清洗除污。它清晰的轮廓和优雅的表面能体现出现代气息以及庄严性等独特的艺术气息，适用于入口区域、建筑周围以及汀步等，主要分为PLATTE和PFLASTER两个种类（见图1－39～图1－44）。

3．TIARO

这种材料表观是粒状效果以及天然板岩纹理，拥有天鹅绒般的表面肌理效果。表面采用特殊的透明材料进行处理，确保材料表面不易受到灰尘污染，并易于清洁。该材料有两种类型：一种是TIARO的线性DTE ，面板带特殊的深层防护DTE程序，使表面具有透明UV涂层，以保证污垢不能渗入，而且表面清晰，更容易清洁；另一种是TIARO的DTI，是运用机械刷洗材料，从而得到表面的微光，它是从材料内部渗入保护，也是为了不易被灰尘或污垢污染。无论哪种材料均能表现出自然质感的石板效果，表面颜色利用抗紫外线颜料并追求石材的自然感（见图1－45～图1－48）。

4．CORTANO

这种材料是以细致入微的颜色表现和自然粗糙的边缘处理形成极强的艺术装饰性的材料，它是表现地中海以及乡村风格环境景观铺装的最佳材料（见图1－49～图1－51）。

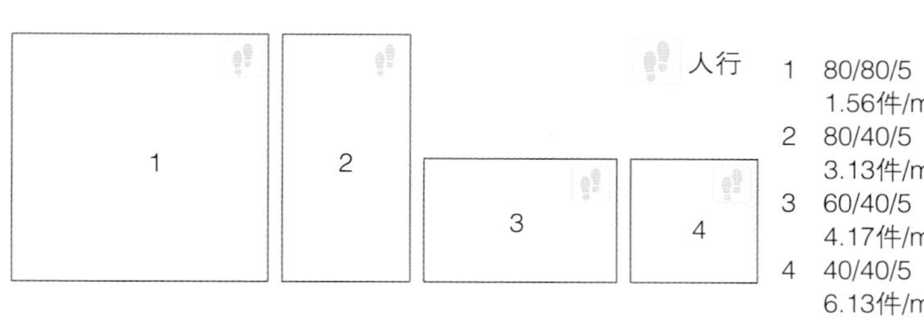

图1-39 NUEVA（PLATTE）材料的规格及性能

图1-40 NUEVA（PLATTE）材料的颜色

图1-41 NUEVA（PLATTE）材料在景观中的应用

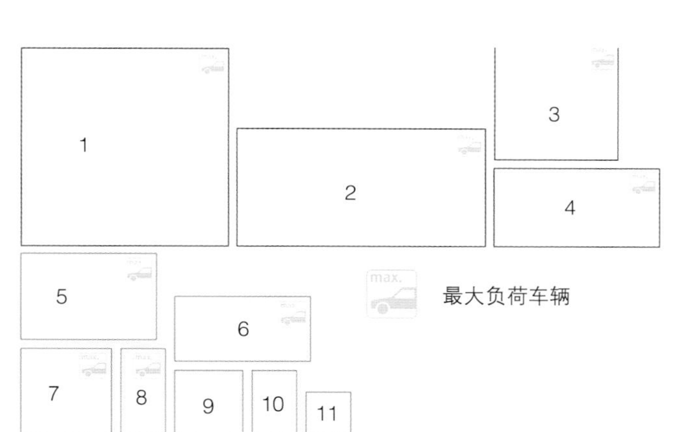

1 100/100/8
1件/m²
2 120/60/8
1.39件/m²
3 60/60/8
2.78件/m²
4 80/40/8
3.13件/m²
5 60/40/8
4.17件/m²
6 60/30/8
5.56件/m²
7 40/40/8
6.13件/m²
8 40/20/8
12.25件/m²
9 30/30/8
10.89件/m²
10 30/20/8
16.33件/m²
11 20/20/8
24.5件/m²

图1-42 NUEVA（PFLASTER）材料的规格及性能

图1-43 NUEVA（PFLASTER）材料在景观中的应用

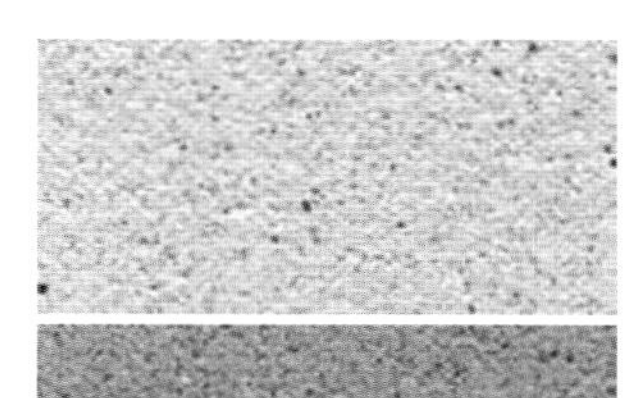

图1-44 NUEVA（PFLASTER）材料的颜色

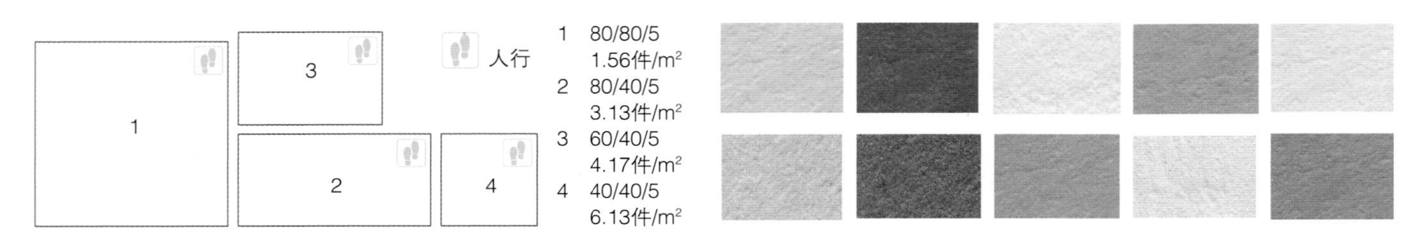

图1-45　TIARO材料的规格及性能

图1-46　TIARO材料的颜色

图1-47　TIARO(DTE)材料在景观中的应用

图1-48　TIARO(DTI)材料在景观中的应用

图1-49　CORTANO材料的规格及性能

图1-50　CORTANO材料的颜色

图1-51　CORTANO材料在景观中的应用

5. DECASTON LIGHT

该材料重点在于追求表面纹理和色泽的自然感，避免单调和枯燥感，适用于庭院、露台、车道等铺装区域（见图1-52～图1-54）。

6. VARIADO

可以根据需求利用该材料的九种不同样式进行组织和设计，通过铺装从而形成道路划分或区域限定（见图1-55～图1-57）。

7. BIZARRO

该材料表面增加了斜向线条，不同斜度线条的组合和排列形成动感的或特殊的含义。设计者除了要对这种具有大理岩表面的材料的颜色进行选择外，更重要的是要根据需求组织和设计表面的直线和斜线，以形成不同的视觉效果（见图1-58～图1-60）。

8. DECADO

这种材料的特点在于所有规格均是超长型，类似于木地板的规格和组合方式。通过材料的不同长宽比形成地面系统的延伸感和方向感。表面可以抛光或喷丸，所形成的微妙阴影可以表现石材的质感（见图1-61～图1-64）。

人行

1

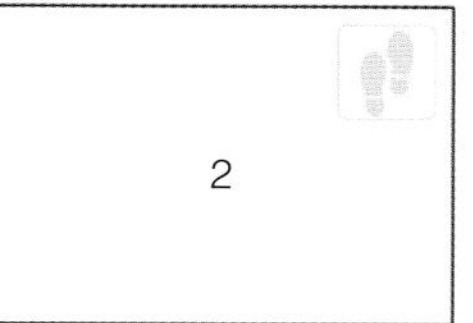

1 80/40/5
3.13件/m²
2 60/40/5
4.17件/m²
3 40/40/5
6.25件/m²

图1-52　DECASTON LIGHT材料的规格及性能

图1-53　DECASTON LIGHT在景观中的应用

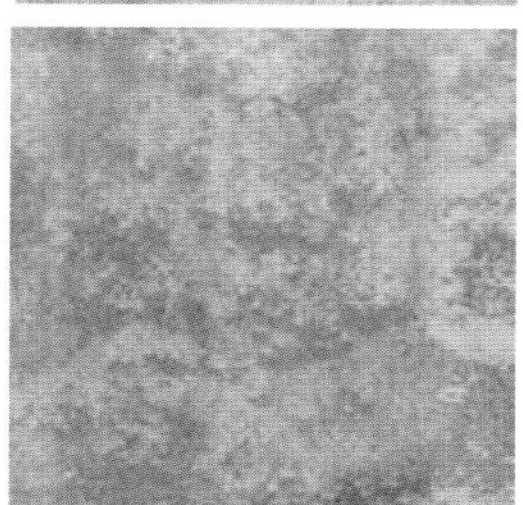

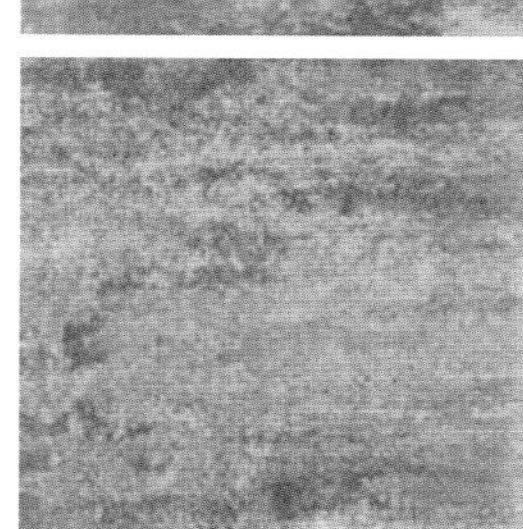

图1-54　DECASTON LIGHT材料的颜色

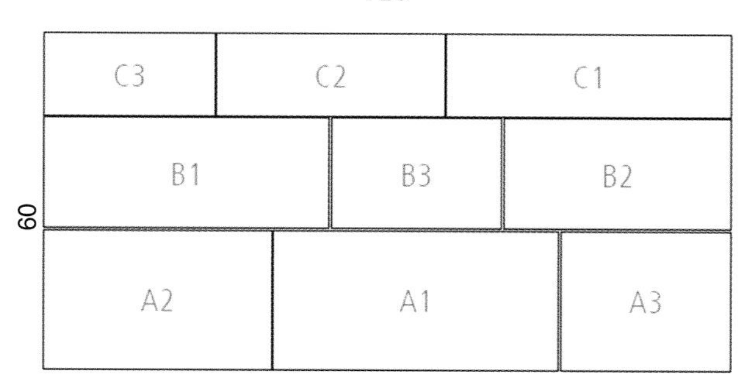

最大负荷车辆

A1 50/25/8
1件/位置
A2 40/25/8
1件/位置
A3 30/25/8
1件/位置

B1 50/20/8
1件/位置
B2 40/20/8
1件/位置
B3 30/20/8
1件/位置

C1 50/15/8
1件/位置
C2 40/15/8
1件/位置
C3 30/15/8
1件/位置

图1-55　VARIADO材料的规格及性能

图1-56　VARIADO材料在景观中的应用

图1-57　VARIADO材料的颜色

最大负荷车辆

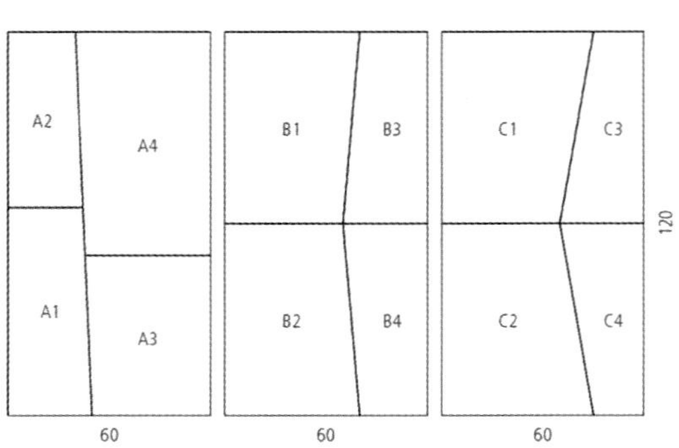

1 整体板块
60/60/8
2.78件/m²
2 整体板块
120/60/8
1.39件/m²

A1 65/22.3－25/8
1件/位置
A2 55/20－22.3/8
1件/位置
A3 50/35－37.1/8
1件/位置
A4 70/37.1－40/8
1件/位置

B1 60/35－40/8
1件/位置
B2 60/35－40/8
1件/位置
B3 60/20－25/8
1件/位置
B4 60/20－25/8
1件/位置

C1 60/35－40/8
1件/位置
C2 60/35－40/8
1件/位置
C3 60/15－25/8
1件/位置
C4 60/15－25/8
1件/位置

图1-58 BIZARRO材料的规格及性能

图1-59 BIZARRO材料的组合铺设效果

图1-60 BIZARRO材料的颜色

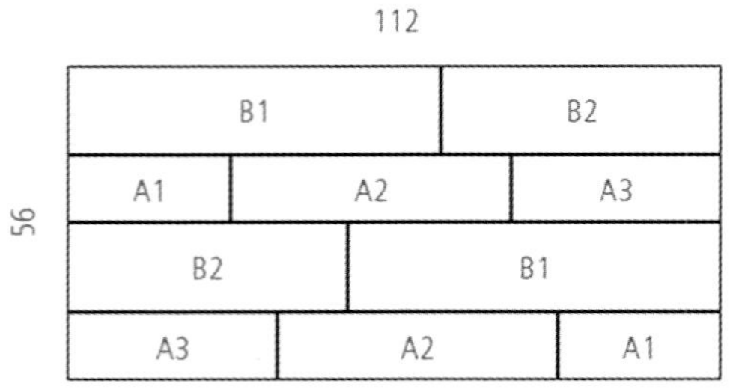

最大负荷车辆

A1 28/12/8
2件/位置
A2 48/12/8
2件/位置
A3 36/12/8
2件/位置

B1 64/16/8
2件/位置
B2 48/16/8
2件/位置

图1-61 DECADO材料的规格及性能

图1-62 DECADO材料的道路铺装

图1-63 DECADO材料的颜色

图1-64 DECADO材料在景观中的应用

9．DECASTON

这是一种很好的表现古典和复古风格的材料，有大幅面的纹理砖面和自然边缘，尽力实现软石灰岩、砂岩和页岩等天然石材的特点，体现了古朴以及具有历史感的景观氛围（见图1-65～图1-67）。

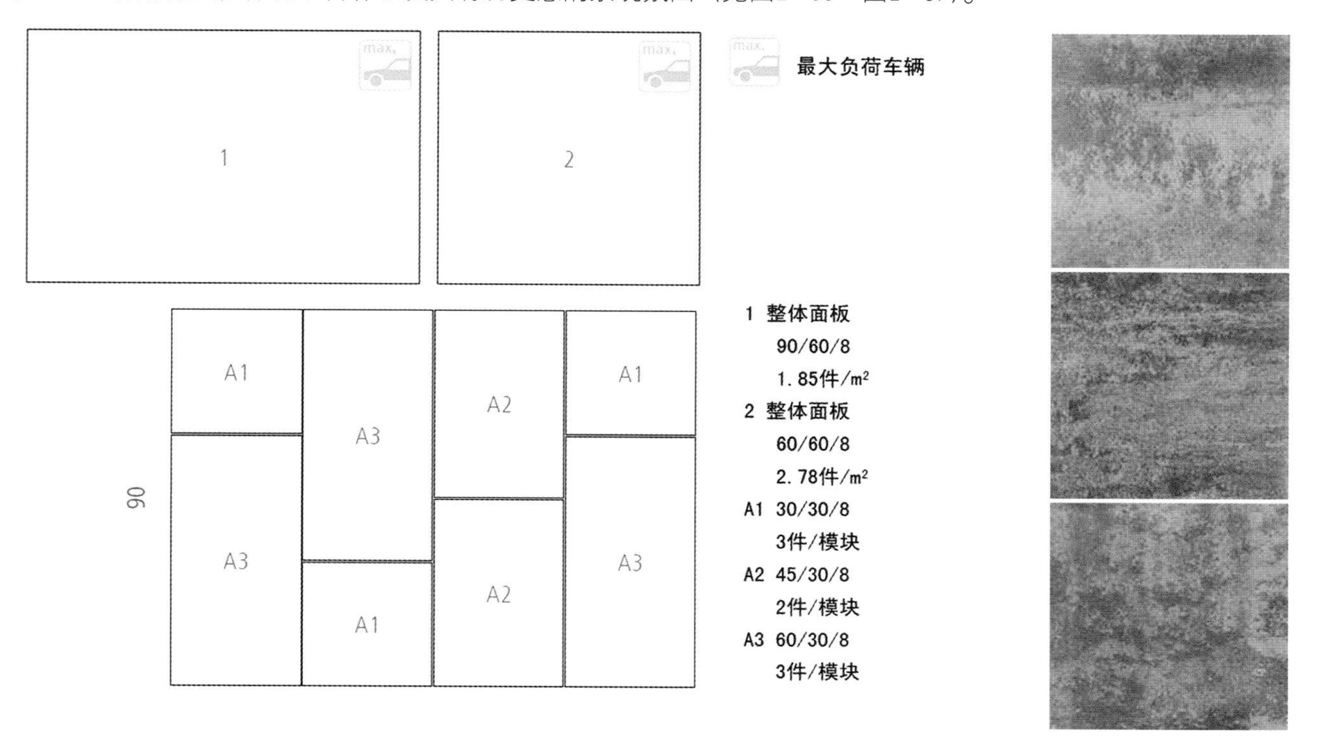

图1-65 DECASTON材料的规格及性能

图1-66 DECASTON材料的颜色

图1-67 DECASTON 材料在景观中的应用

10．VIASTON

该材料表现了天然石材铺装的魅力，有诸多规格和颜色，无论色泽、质感还是边缘处理，都能体现出古色古香的效果（见图1-68～图1-70）。

11．GALASTON

这种材料的特点在于其温暖的色调和较小的规格给人们温暖舒适的视觉感受，其表面及间隔缝隙均具有渗透性，通过组合与设计，利用其三种规格可以搭配出多种铺装纹理和样式，是良好的装饰及性能材料（见图1-71～图1-73）。

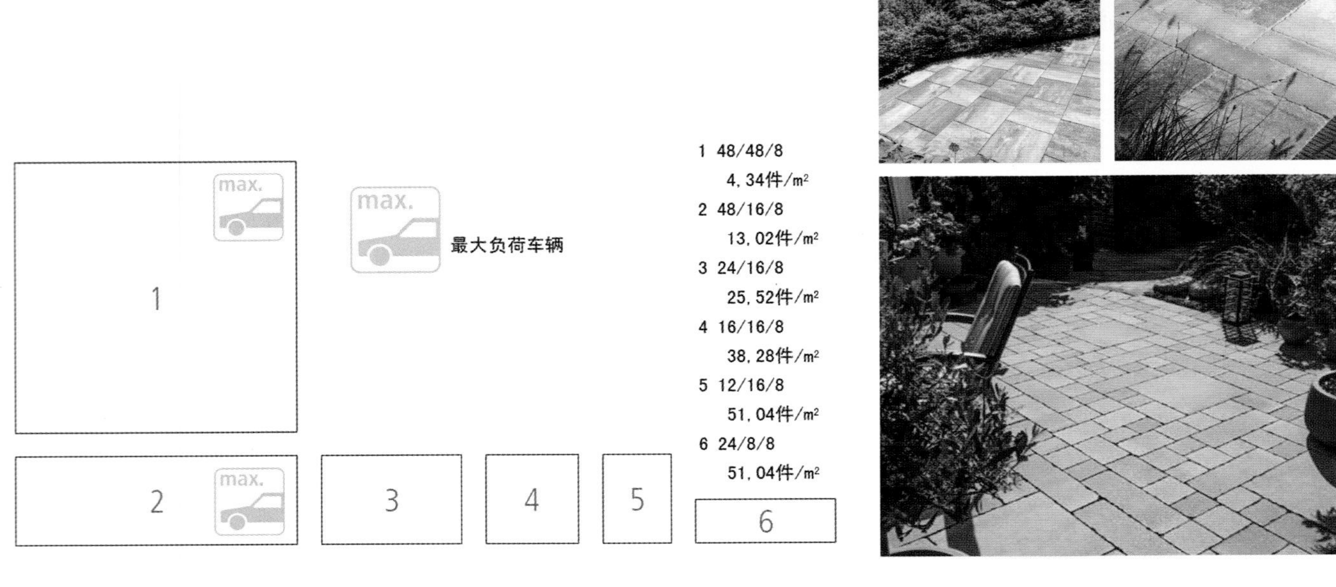

图1-68 VIASTON材料的规格及性能

图1-69 VIASTON材料在景观中的应用

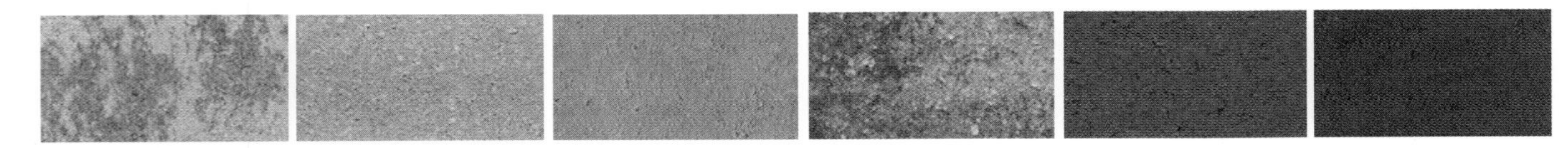

图1-70 VIASTON材料的颜色

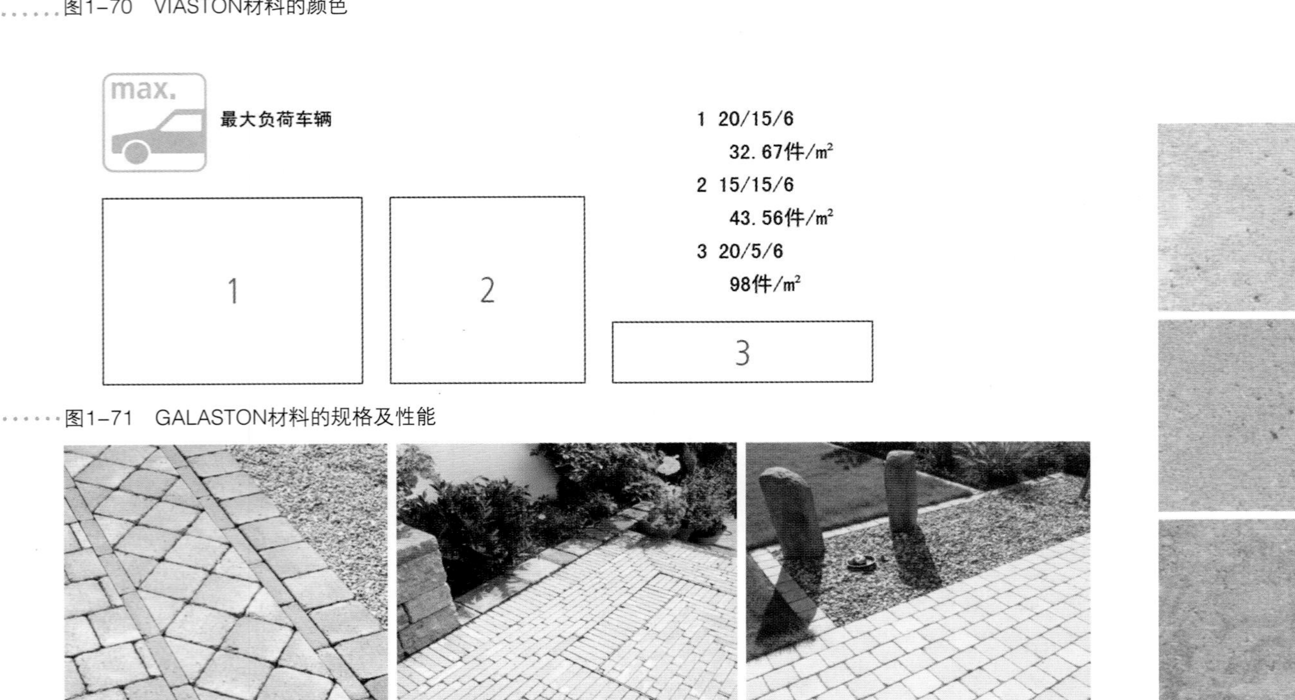

图1-71 GALASTON材料的规格及性能

图1-72 GALASTON材料在景观中的应用

图1-73 GALASTON材料的颜色

12. PENTASTON

该材料以不规则五边形为形态特点，表现出活泼、动感以及时尚的特点，所形成的铺装效果是没有方向感的，同时也便于与其他材料及形态的融合（见图1-74～图1-76）。

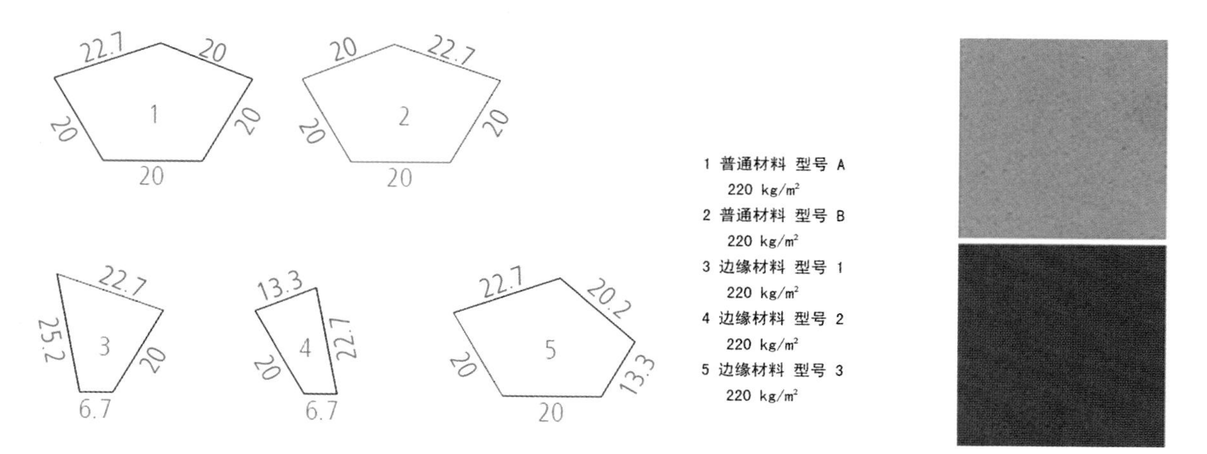

图1-74　PENTASTON材料的规格　图1-75　PENTASTON材料的颜色

图1-76　PENTASTON材料在景观中的应用

13. BOCCA

醒目的表面纹理和活泼的色彩搭配是该材料的视觉特点，它体现出高品质的设计，高度地模仿了典型的天然石材的路面铺装方式及特点。这种材料共有七个自然色可以自由搭配，从而形成不同的铺装效果，并且，为了达到更加自然地石头效果和历史感，在材料制作与加工时对边缘进行破碎感处理。除此之外，该材料的透水性良好，对雨水的收集与渗透，具有良好的效果（见图1-77～图1-79）。

14. GAPSTON

该材料有四种规格、三种尺寸，可以拼合出多种组合，最大的特点在于其可以满足高流量负载，具有良好的雨水渗透性和经济性（见图1-80～图1-82）。

15. APPIASTON

这种材料共有十八种不同规格，通过自由搭配可以达到仿古石的效果，并且有良好的雨水渗透性和环保效益（见图1-83～图1-85）。

16. DRAINSTON

这种材料的特点在于铺装之间所形成的缝隙能够便于雨水的排水及渗透。另外，可利用三种规格和四种颜色对场地铺装进行组合设计（见图1-86～图1-88）。

图1-77 BOCCA 材料在景观中的应用

1 21/14/8
33.33件/m²
2 14/14/8
50件/m²

图1-78 BOCCA 材料的规格

图1-79 BOCCA 材料的颜色

1 32/24/8
12.76件/m²
2 32/16/8
19.14件/m²
3 24/16/8
25.52件/m²

图1-80 GAPSTON 材料的规格

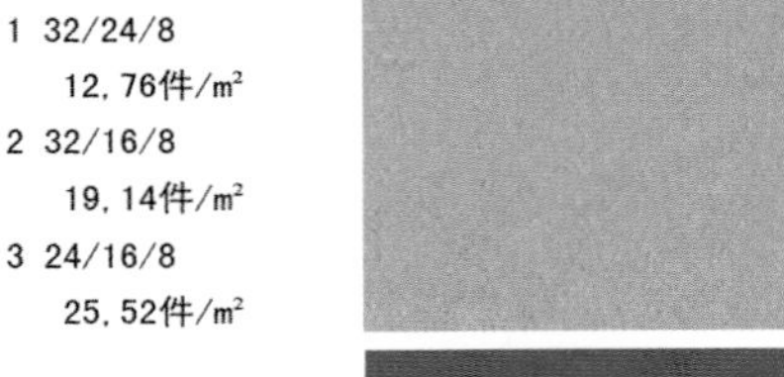

图1-81 GAPSTON 材料在景观中的应用

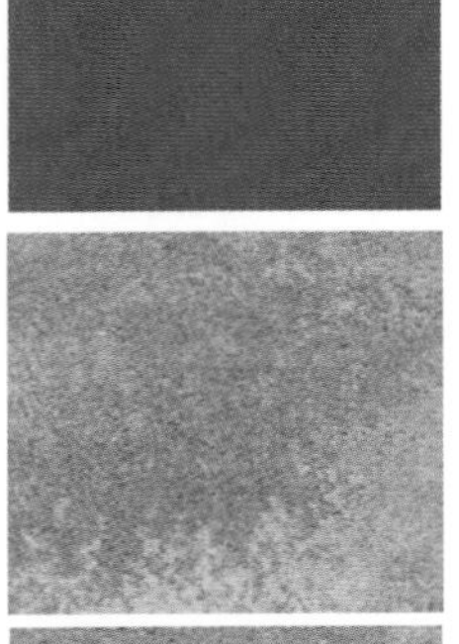

图1-82 GAPSTON材料的颜色

图1-83 APPIASTON材料在景观中的应用

图1-84 APPIASTON材料的颜色

K1 22.5/12.5/8 4件/模块
K2 20/12.5/8 2件/模块
K3 17.5/12.5/8 6件/模块
K4 20/10/8 4件/模块
K5 17.5/10/8 2件/模块
K6 15/10/8 8件/模块
K7 17.5/7.5/8 4件/模块
K8 15/7.5/8 6件/模块
K9 12.5/7.5/8 6件/模块

G1 27.5/22.5/8 1件/模块
G2 25/22.5/8 1件/模块
G3 22.5/22.5/8 3件/模块
G4 25/20/8 2件/模块
G5 20/20/8 2件/模块
G6 15/20/8 2件/模块
G7 20/17.5/8 2件/模块
G8 17.5/17.5/8 2件/模块
G9 15/17.5/8 3件/模块

图1-85 APPIASTON 材料的规格

1 30/20/8 8件/模块
2 20/20/8 8件/模块
3 20/10/8 8件/模块

图1-86 DRAINSTON 材料的规格

图1-87 DRAINSTON 材料的颜色

图1-88 DRAINSTON 材料在景观中的应用

（二）实现以自然为本的生态性创新材料

这个方向的重点是解决铺装设计与生态要求所产生的矛盾，针对场地的承载性能、绿化率以及雨水的收集与渗透等问题，研究并制作铺装材料。

1．LUNIX

这种材料提供的有机线条、高绿化率以及巧妙的模块化设计，可设计出多样的图形方案，适用于停车场、人行道或要求生态性能高的区域，其表面具有高密度的石英颗粒，轮廓倒角，绿化率约57%，所铺设的绿化中有39%可以渗透雨水（见图1－89～图1－91）。

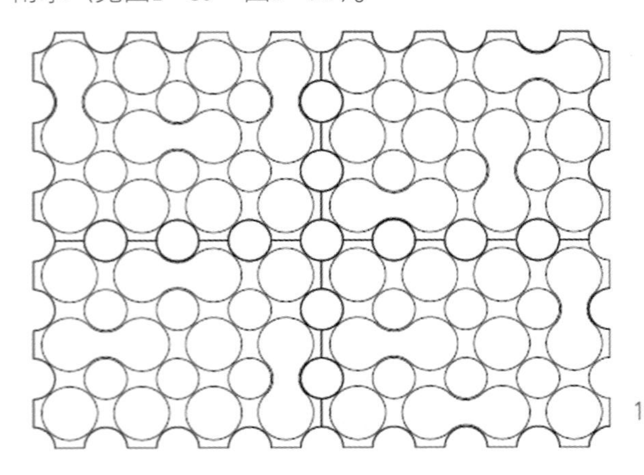

1 组
60/45/9.0-12.0
3.7件/ m²
2 填充块
ϕ = 10.2
88 件/模块
要求：12件/组

图1-89　LUNIX 材料的规格

图1-90　LUNIX材料的颜色

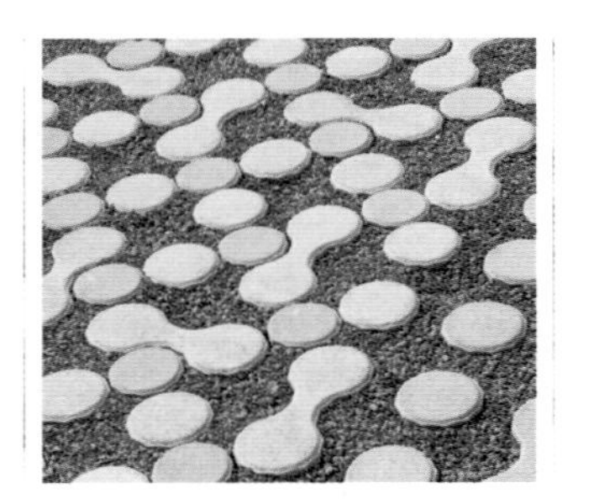

图1-91　LUNIX 材料在景观中的应用

2．RASENLINER

这种材料是结合植草达到提高场地绿化率、透水性以及美化的作用，区别于植草砖的是铺装面层及植草均较为连续，一般以线型存在。根据材料的间隙所形成的不同效果和用途，该材料主要分为两种，即SCADA和NUEVA（见图1－92～图1－97）。

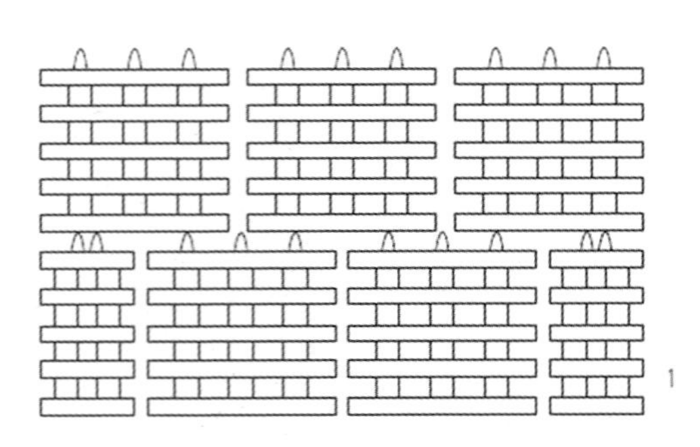

max.
最大负载车辆

1　2

1 SCADA 植草砖
40/20/12 和 40/40/12
0.96 m²/模块
2 SCADA 植草砖
40/10/12
24.5件/m²

图1-92　RASENLINER（SCADA）材料的规格及性能

图1-93　RASENLINER（SCADA）材料的颜色

图1-94 RASENLINER（SCADA）材料在景观中的应用

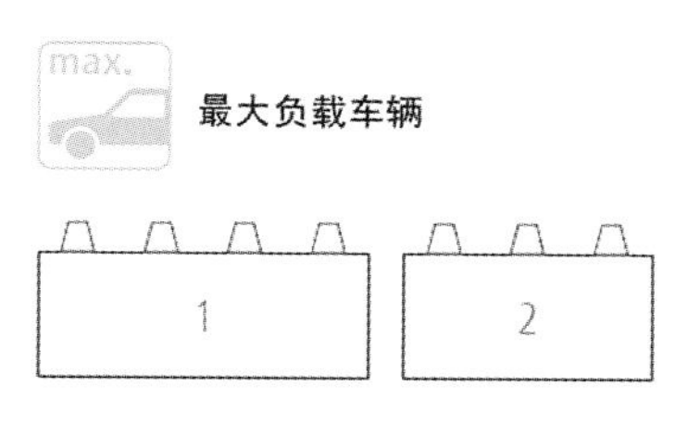

1 NUEVA 植草砖
40/20/8
12.5件/m²
2 NUEVA 植草砖
30/20/8
16.66件/m²

图1-95 RASENLINER（NUEVA）材料的规格及性能

图1-96 RASENLINER（NUEVA）材料的颜色

图1-97 RASENLINER（NUEVA）材料在景观中的应用

3. GREENSTON

这种材料是基于植草砖、实心砖和草缝砖三者结合而最终发挥作用，三者之间的组合可形成更多的可能性，也可以控制植被的比例，从而可形成明显的绿化透水区（见图1-98～图1-100）。

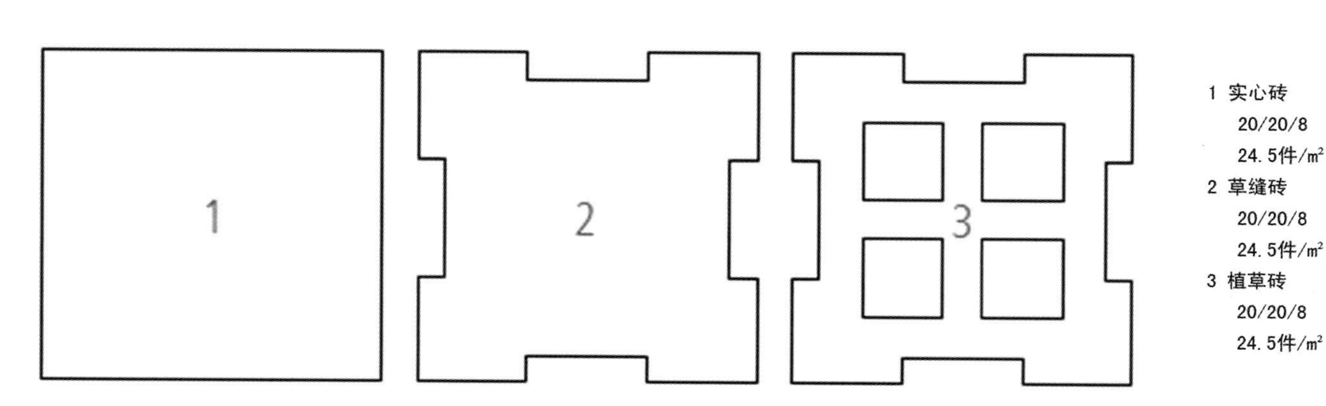

1 实心砖
20/20/8
24.5件/m²
2 草缝砖
20/20/8
24.5件/m²
3 植草砖
20/20/8
24.5件/m²

图1-98 GREENSTON材料的规格

图1-99　GREENSTON材料在景观中的应用

图1-100　GREENSTON材料的颜色

4．GEOSTON

该材料是透水性很强的生态材料，采用多孔结构解决雨水渗透问题，多用于庭院、车道和停车位等区域。这种材料分为三个系列，即BASIC、CARMA和PENTA（见图1-101～图1-109）。

1　2　3　4

1 30/20/8
16.33件/m²
2 20/20/8
24.5件/m²
3 20/10/8
49件/m²
4 10/10/8
98件m²

图1-101　GEOSTON（BASIC）材料的规格

图1-102　GEOSTON（BASIC）材料的颜色

图1-103　GEOSTON（BASIC）材料在景观中的应用

120

60

B3　B2　B1　B3　B1

A2　A1　A2　A1

B1　B3　B1　B2　B3

A1 36/24/8
2件/模块
A2 24/24/8
2件/模块
B1 30/18/8
4件/模块
B2 24/18/8
2件/模块
B3 18/18/8
4件/模块

图1-104　GEOSTON（CARMA）材料的规格

图1-105　GEOSTON（CARMA）材料的颜色

图1-106 GEOSTON（CARMA）材料在景观中的应用

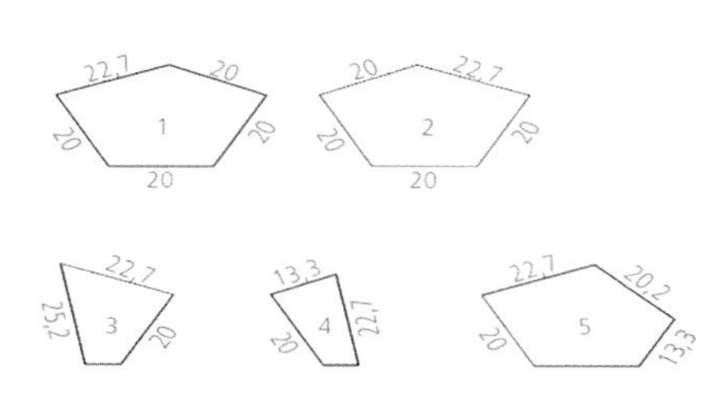

1 普通板材类型 A
200 kg/m²
2 普通板材类型 B
200 kg/m²
3 边缘板材类型 1
200 kg/m²
4 边缘板材类型 2
200 kg/m²
5 边缘板材类型 3
200 kg/m²

图1-107 GEOSTON（PENTA）材料的规格

图1-108 GEOSTON （PENTA）材料的颜色

图1-109 GEOSTON（PENTA）材料在景观中的应用

（三）适用于边界处理的性能型材料

这个方向的材料用于解决边界及边缘问题，如园墙的砌筑、栅栏的围合、台阶的高差、花池的围挡以及景观墙和挡土墙等。在解决功用性的基础上每种类型都在追求形态、质感、颜色及组合方式等景观的艺术性。

1．GARDALINE

利用六种不同规格的这种材料就可以形成墙体的交错感，其表面粗糙，无明显人工棱角，追求的是石头在采石场的原始效果（见图1-110～图1-112）。

2．KLASSIKLINE

这种材料主要用于对花坛、池塘、梯田挡土墙、围墙、栅栏、台阶等的砌筑，具有粗糙的荔枝面，可起到防滑作用，并可以形成强烈的装饰效果（见图1-113～图1-116）。

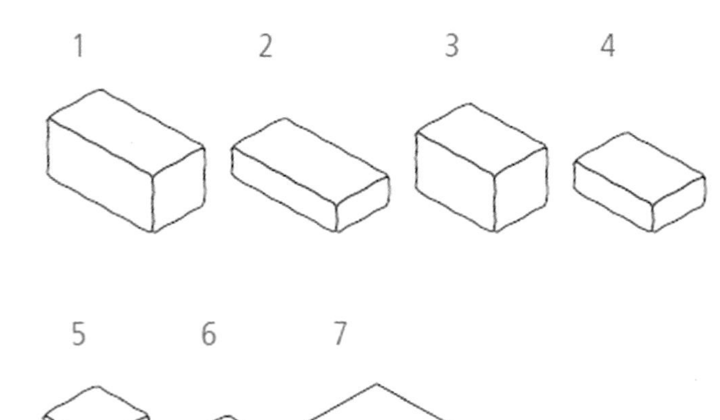

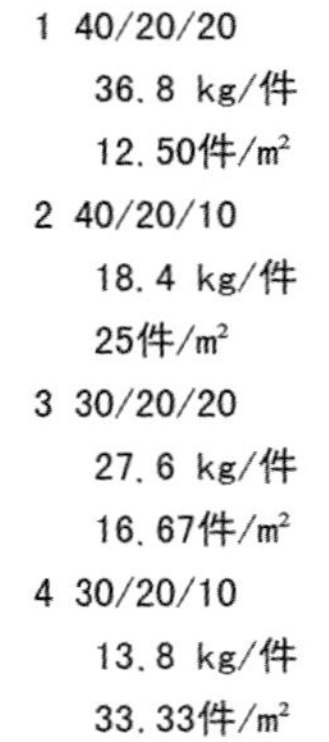

1 40/20/20
36.8 kg/件
12.50件/m²
2 40/20/10
18.4 kg/件
25件/m²
3 30/20/20
27.6 kg/件
16.67件/m²
4 30/20/10
13.8 kg/件
33.33件/m²

5 20/20/20
18.4 kg/件
25件/m²
6 20/20/10
9.2 kg/件
50件/m²
7 压顶石
33.3/27/10
19.5 kg/件
5 件/m.

图1-110　GARDALINE材料的规格

图1-111　GARDALINE材料在景观中的应用

图1-112　GARDALINE材料的颜色

图1-113　KLASSIKLINE材料在景观中的应用

1 50/25/7.5 20 kg/件 26.67件/m²
2 42/25/7.5 16.9 kg/件 31.75件/m²
3 34/25/7.5 13.5 kg/件 39.22件/m²
4 25/25/7.5 10 kg/件 53.33件/m²
5 17/25/7.5 6.8 kg/件 78.43件/m²
6 50/25/15 40 kg/件 13.34件/m²
7 42/25/15 33.8 kg/件 15.87件/m²
8 34/25/15 27 kg/件 19.61件/m²
9 25/25/15 20 kg/件 26.67件/m²
10 17/25/15 13.5 kg/件 39.22件/m²
11 50/25/22.5 60 kg/件 8.89件/m²
12 42/25/22.5 50.7 kg/件 10.58件/m²
13 34/25/22.5 40.5 kg/件 13.07件/m²
14 25/25/22.5 30 kg/件 17.78件/m²
15 17/25/22.5 20.3 kg/件 26.14件/m²
16 34/34/15 36 kg/件
17 17/34/15 18 kg/件
18 10 ~ 15/25/15 5 kg/件
19 5 ~ 10/25/15 3 kg/件

1 40/15/15 19 kg/件
2 60/15/15 29 kg/件
3 80/15/15 38 kg/件
4 100/15/15 48 kg/件

1 40/40/15 50 kg/件
2 80/40/15 102 kg/件
3 100/40/15 128 kg/件

图1-114　KLASSIKLINE材料的规格

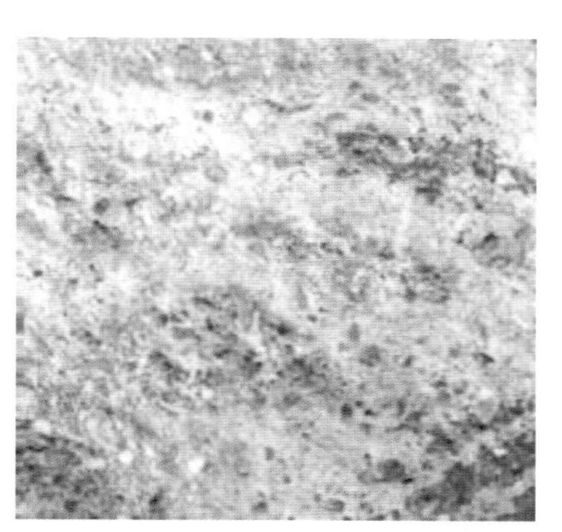

图1-115　KLASSIKLINE材料的颜色

图1-116　KLASSIKLINE材料的栅栏、台阶、景墙

3. ALLAN BLOCK

该材料是混凝土石的挡土墙系统，极强的模块化空心石材料便于墙体的砌筑，在保证结构咬合性能的同时又不失浑厚感（见图1-117～图1-119）。

图1-117 ALLAN BLOCK 材料在景观中的应用

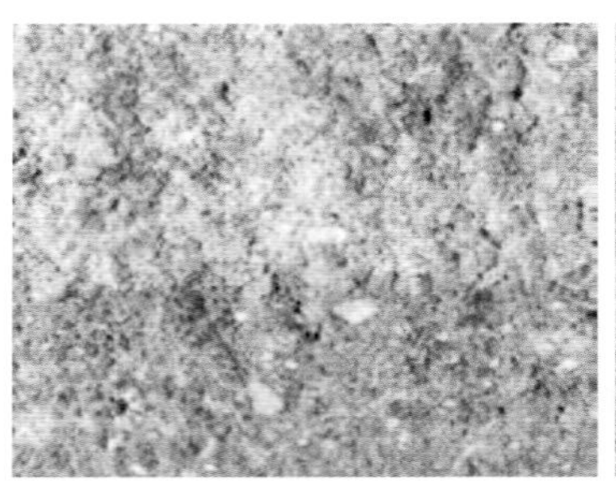

图1-118 ALLAN BLOCK材料的颜色

1 普通石头
33.3/30/20
30kg/件
2 左侧边缘小石头
33.3/30/20
35 kg/件
3 左侧边缘大石头
49.5/30/20
48 kg/件
4 右侧边缘小石头
33.3/30/20
36 kg/件
5 右侧边缘大石头
49.5/30/20
47 kg/件
6 角落单元组合
33.3/30/20（小）
22 kg/件
49.5/30/20（大）
44 kg/件
7 右下角单元组合
33.3/30/20（小）
30 kg/件
49.5/30/20（大）
36 kg/件
8 压顶石1
33/34.8/10
23 kg/件
9 压顶石2
53.12/34.8/10
41 kg/件
10 压顶石3
53.12/34.8/10
41 kg/件

图1-119 ALLAN BLOCK材料的规格

4．STELE

该材料是以石碑的形式出现，利用其形态明确、线条清晰的特点排列出有序围护挡墙，表现出理性和严谨的艺术气息（见图1-120～图1-122）。

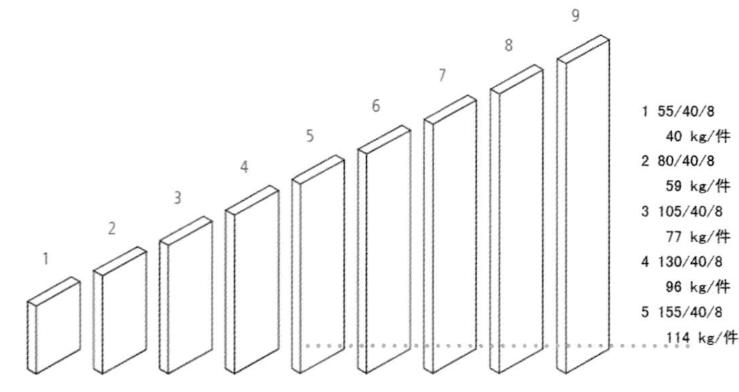

1 55/40/8
40 kg/件
2 80/40/8
59 kg/件
3 105/40/8
77 kg/件
4 130/40/8
96 kg/件
5 155/40/8
114 kg/件
6 180/40/8
132 kg/件
7 205/40/8
151 kg/件
8 230/40/8
169 kg/件
9 255/40/8
188 kg/件

图1-120 STELE 材料的规格

图1-121 STELE 材料的颜色

图1-122 STELE 材料在景观中的应用

5．BLOCKSTUFE

这种材料一般用于处理台阶，具有灵活性、整体感及模块化的特点，有FERRO、LINEAR、PUR、KLASSIKLINE和NO-VOLINE五种类型，各自有不同的特点（见图1-123～图1-137）。

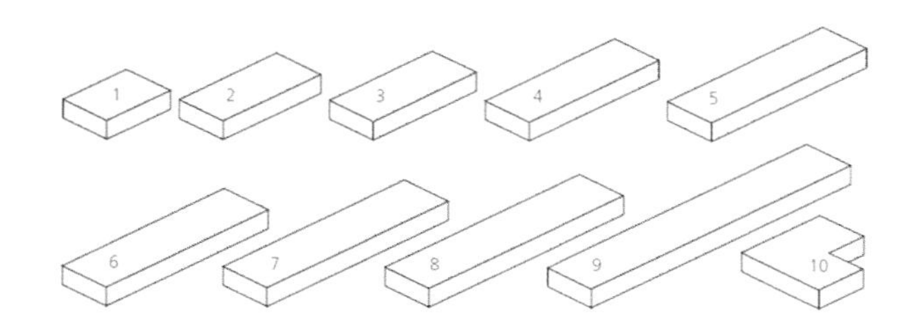

1 50/35/15
60 kg/件
2 75/35/15
91 kg/件
3 80/35/15
97 kg/件
4 100/35/15
121 kg/件
5 120/35/15
145 kg/件
6 125/35/15
151 kg/件
7 140/35/15
169 kg/件
8 150/35/15
181 kg/件
9 200/35/15
242 kg/件
10 60/35/15
103 kg/件

图1-123 BLOCKSTUFE（FERRO）材料的规格

图1-124 BLOCKSTUFE（FERRO）材料在景观中的应用

图1-125 BLOCKSTUFE（FERRO）材料的颜色

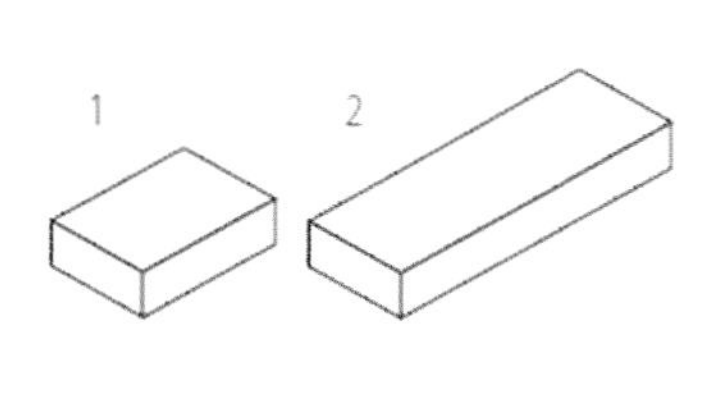

1 50/40/15
72 kg/件
2 100/40/15
144 kg/件

图1-126 BLOCKSTUFE（LINEAR）材料的规格

图1-127 BLOCKSTUFE（LINEAR）材料的颜色

图1-128 BLOCKSTUFE（LINEAR）材料在景观中的应用

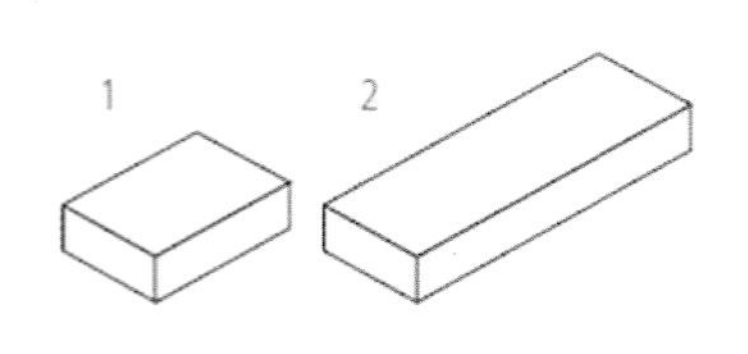

1 50/40/15
59 kg/件
2 100/40/15
118 kg/件

图1-129 BLOCKSTUFE（PUR）材料的规格

图1-130 BLOCKSTUFE（PUR）材料的颜色

图1-131 BLOCKSTUFE（PUR）材料在景观中的应用

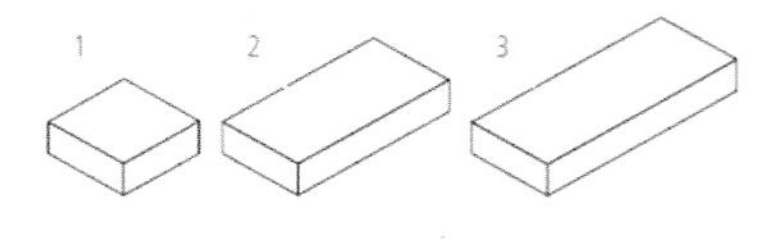

1 40/40/15
50 kg/件
2 80/40/15
102 kg/件
3 100/40/15
128 kg/件

图1-132 BLOCKSTUFE（KLASSIKLINE）材料的规格

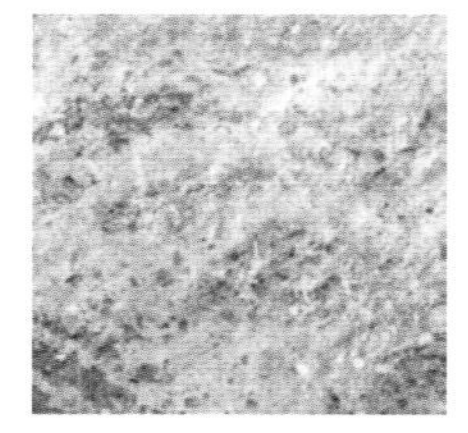

图1-133 BLOCKSTUFE（KLASSIKLINE）材料的颜色

图1-134 BLOCKSTUFE（KLASSIKLINE）材料在景观中的应用

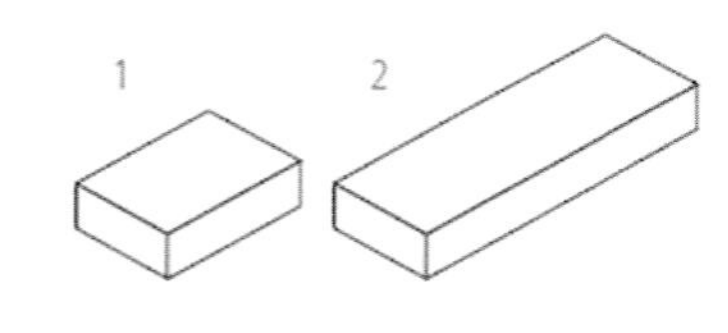

1 80/40/15
102 kg/件
2 100/40/15
128 kg/件

图1-135 BLOCKSTUFE（NOVOLINE）材料的规格

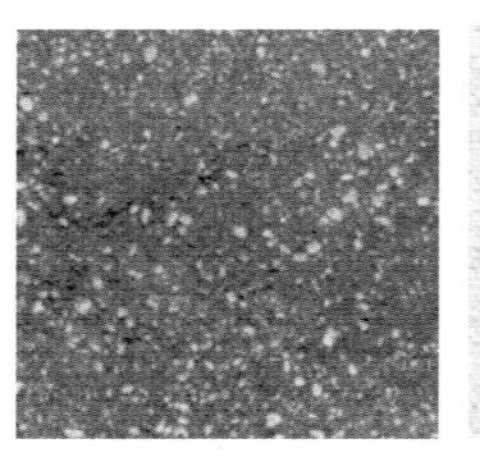

图1-136 BLOCKSTUFE（NOVOLINE）材料的颜色

图1-137 BLOCKSTUFE（NOVOLINE）材料在景观中的应用

(四) 具有独特手工制作工艺的独立制品

这个方向是利用特定的混凝土材料进行现场实施或预制达到石质效果。

1 . MASSIMO

根据场地及景观需求，利用该材料进行实施，其特点是较整体易于因地制宜，显现出混凝土的自然颜色和纹理所形成的朴素淡雅的景观效果，应用于地面、墙体以及环境设施（见图1－138、图1－139）。

图1–138 MASSIMO 材料的颜色

图1–139 MASSIMO 材料在景观中的应用

2 . URBASTYLE

此材料用于进行具体对象的设计与制作，形成有质感的景观小品或设施（见图1－140）。

图1–140 URBASTYLE材料在景观中的应用

3 . DEKOLINE

该材料用于制作花园或景观园林中的环境家具、家具构件及雕塑等，显现出石材特征的朴素感（见图1－141）。

图1–141 DEKOLINE材料在景观中的应用

七、透光混凝土

透光混凝土，顾名思义，就是具有透光性能的混凝土材料，它由大量的光学纤维和精致混凝土组合而成（见图1－142）。它是一种可广泛使用的拥有透光性能的新型建材，可以用来构建预制块和水泥板，这种混凝土中光学纤维的含量为4%，而混凝土能够透光的原因是混凝土两个平面之间的纤维是以矩阵的方式平行放置的。透光混凝土是由匈牙利的一名建筑师于2001年发明并命名为“LitraCon”的，而这种产品介绍最早见于德国BFT杂志，并在2007年德国“BAUMA”展会上公开展示，引起了业内和建筑师的兴趣。

在2010年的上海世博会上，意大利馆（见图1-143）就使用了透光混凝土材料，使得自然光能够更多的照入，使节约建筑物内部照明电能成为可能。夜晚的室内光线也可以通过建筑表皮渗透出来，表现出不同的纹理和色彩，展现出无穷的艺术魅力。透光混凝土可以生产不同的尺寸，能修建任何载重用建筑结构，并可在其中加上隔热层。目前，透光混凝土可制成园林建筑制品、装饰板材和装饰砌块，为建筑师、景观设计师、艺术家等的艺术想象与创作提供了实现的可能性（见图1-144）。

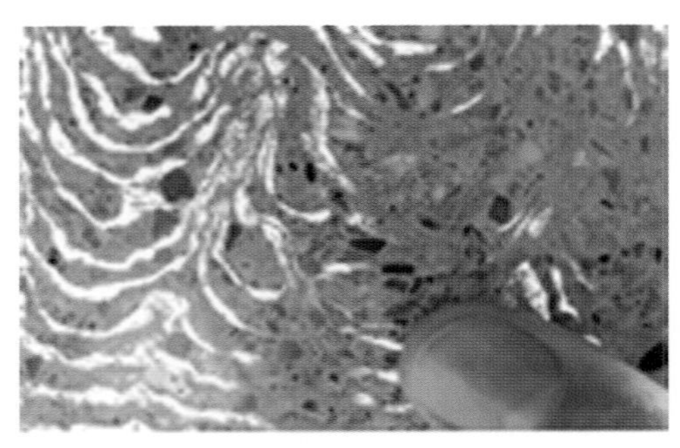

图1-142 透光混凝土

图1-143 意大利馆

图1-144 透光混凝土在景观中的应用

八、混凝土制品

（一）混凝土制品的基本知识

混凝土在景观工程中发挥了巨大作用，如用于基础结构、地面铺装、表面装饰与涂抹等。在工艺上来讲，除现场浇筑之外，还可以做成多种多样的预制混凝土制品，如景观中常见的路面砖、装饰砌块、装饰面板、彩色混凝土瓦、管、盖板、仿木护栏、仿石墙砖等。

混凝土制品是以混凝土(包括砂浆)为基本材料制成的产品，一般由工厂预制，然后运到施工现场铺设或安装。对于大型或重型的制品，由于运输不便，也可在现场预制。混凝土制品根据用途和结构有配筋和不配筋之分，不仅在建筑、交通、水利、农业、电力和采矿等部门利用广泛，如混凝土管、钢筋混凝土电线杆、钢筋混凝土桩、钢筋混凝土轨枕、预应力钢筋混凝土桥梁、钢筋混凝土矿井支架等，也在环境景观的建设中发挥了巨大的作用，做成形式多样的各类混凝土制品（见图1-145）。

混凝土制品的发展有着得天独厚的有利条件。首先，原材料资源非常丰富，还可以利用粉煤灰、煤矸石等工业废渣和尾矿；第二，有成熟的搅拌、制作工艺，保证其性能和耐久性好；第三，混凝土拌合物容易着色，易于成型；第四，可加工性好，可加工出不同的模块；第五，应用范围广泛，可广泛应用于工业与民用建筑及园林、市政等工程；第六，可获得较好的经济效益。国外发达国家把混凝土砌块作为主要的墙体材料之一，其具有装饰、防水、保温、隔热等功能。在环境景观建设中，混凝土制品有着极强的可塑性，不仅其厚薄、长短、宽窄可任意调整、任意切割，而且可以任意钻孔、雕刻、拼接，可以形成规格、色彩、造型与亮度各不相同的制品。混凝土制品整体感强，浑然天成，硬度远超石材，并具有较强的观赏性（见图1-146），能够最大限度地满足人们对产品的艺术追求和对产品艺术美的享受，这一点是任何建筑装饰材料都无法与之相媲美的，除此之外，还具有不计损耗、减少成本开支等特点。

图1-145 各类混凝土制品

图1-146 混凝土井盖

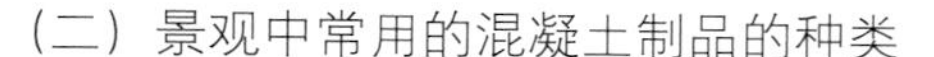

（二）景观中常用的混凝土制品的种类

1．透水砖

（1）透水砖的概念。

透水砖（见图1-147、图1-148、图1-149）源于荷兰，在荷兰人进行围海造城的过程中，发现排开海水后露出的地面会因为长期接触不到水分而持续不断地沉降。一旦海岸线上的堤坝被冲开，海水会迅速冲到比海平面低很多的城市里，把整个临海城市全部淹没。为了使地面不再下沉，荷兰人制造了一种长100 mm、宽200 mm、高50 mm或60 mm的小型路面砖，铺设在街道路面上，并在砖与砖之间预留了2 mm的缝隙。这样在下雨时，雨水会从砖之间的缝隙中渗入地下。

图1-147 透水砖一

图1-148 透水砖二

图1-149 透水砖三

（2）透水砖的技术参数要求。

① 抗压性能：最高达到30 MPa以上，即混凝土标号达到C25标准以上。

② 抗弯性能：达到3.5 MPa以上。

③ 抗冻性能：25次“冻融循环”内无缺棱少角、无贯穿裂缝、无颜色变化，质量损失小于6%。

④ 孔隙率：17%～25%。

（3）透水砖的优点。

① 景观用透水砖具有良好的透水和透气性能，可以使地上的雨水迅速渗入地下，补充地下水，保持土壤一定的湿度，并改善城市地面种植的植物和土壤微生物的生存条件。

② 景观用透水砖可以吸收水分和热量，调节地面局部空间的温度和湿度，对于调节城市小气候和微循环、缓解城市热岛效应上有较大的作用。

③ 景观用透水砖可以减轻城市的排水和防洪压力，并对预防公共地区水域的污染和污水的处理具有良好的效果。

④ 景观用透水砖在下雨后地面不积水，下雪后地面不打滑，使得人们能方便出行。

⑤ 景观用透水砖的表面有微小的凹凸颗粒，可以防止路面反光，并能吸收车辆在行使过程中产生的噪声，提高车辆通行的舒适性。

⑥ 景观用透水砖的色彩比较丰富，铺设效果自然朴实。

（4）透水砖的种类。

透水砖可分为普通透水砖、聚合物纤维混凝土透水砖、彩石复合混凝土透水砖、彩石环氧通体透水砖、混凝土透水砖。

① 普通透水砖。

普通透水砖的材质为普通的碎石或者多孔混凝土材料，经过压制而成型，普通透水砖多用于一般街区的人行步道和广场，是一般化的地面铺装材料（见图1-150）。

② 聚合物纤维混凝土透水砖。

聚合物纤维混凝土透水砖的材质是以花岗岩为石骨料，混合高强水泥或者水泥聚合物增强剂，并掺有聚丙烯纤维，经过比较严格的配料比，搅拌后再经过压制而成的(见图1-151)，通常用于市政和大型重要工程或者住宅小区的人行道以及广场和停车场等重要场地的铺设。

③ 彩石复合混凝土透水砖。

彩石复合混凝土透水砖是由材质面层（天然的彩色花岗岩或者大理岩），加上改性环氧树脂进行胶合，再加上底层有聚合物纤维的多孔混凝土后压制成型的。彩石复合混凝土透水砖面层花样华丽，色彩丰富，拥有石材一样的质感，在与混凝土结合后，强度会高于石材但成本则只略高于混凝土透水砖，是石材地砖价格的一半左右，是一种既经济又高档的地面铺装材料(见图1-152)，通常用于豪华商业区和大型广场以及酒店停车场和部分高档别墅小区等（见图1-153、图1-154)。

图1-150 普通透水砖

图1-151 聚合物纤维混凝土透水砖

图1-152 彩色复合混凝土透水砖

④ 彩石环氧通体透水砖。

彩石环氧通体透水砖的材质中的骨料为天然的彩石，骨料和进口的改性环氧树脂胶合，再经过特殊工艺加工，即可制成彩石环氧通体透水砖。彩石环氧通体透水砖可以预制，也可以在现场进行浇制，并可以拼出各种各样的艺术图形和色彩感强烈的线条，给人们一种独特的、赏心悦目的感受，通常用于高档园林景观工程和高级别墅小区（见图1-155)。

⑤ 混凝土透水砖。

混凝土透水砖的材质为河砂、水泥、水，再添加一定比例的透水剂，即可制成混凝土制品。此产品与树脂透水砖、陶瓷透水砖、缝隙透水砖相比，生产成本低、制作流程简单、易操作，广泛用于高速路、飞机场跑道、车行道、

图1-153 彩色复合混凝土透水砖的应用一

图1-154 彩色复合混凝土透水砖的应用二

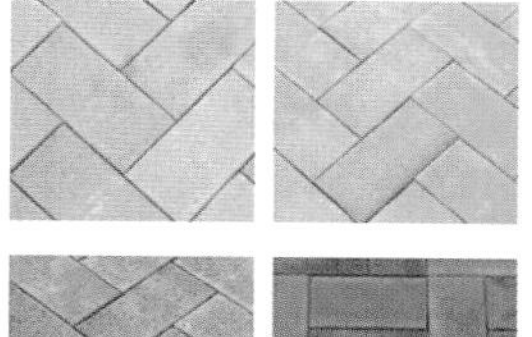

图1-155 彩色环氧通体透水砖

人行道、广场路面、景观街道、园林建筑、景观公园等室外公共地面等（见图1-156）。

（5）透水砖的规格。

景观用透水砖常用规格有：200 mm×400 mm×60 mm、200 mm×400 mm×80 mm、200 mm×100 mm×60 mm、200 mm×100 mm×80 mm、500 mm×250 mm×60 mm、500 mm×250 mm×80 mm、300 mm×150 mm×60 mm、300 mm×150 mm×80 mm、125 mm×250 mm×60 mm、125 mm×250 mm×80 mm；其中灰色透水砖、褐色透水砖的规格为100 mm×200 mm×50 mm，灰色盲道砖的规格为100 mm×200 mm×50 mm。

（6）透水砖的景观应用。

各类透水砖在景观中的应用如图1-157所示。

图1-156 混凝土透水砖应用于地面铺装

图1-157 各类透水砖在景观中的应用

2．废弃混凝土及制品的景观再利用

在生态可持续发展的背景下，景观材料的利用有了新的诠释，特别是废旧材料的再次利用，更是时代的发展要求。城市的不断更新难免产生建筑、道路、桥梁等拆除现象，进而就会产生建筑垃圾，这些所谓的建筑垃圾主要是废旧混凝土，其中包括钢筋混凝土块、混凝土块、混凝土管道、混凝土构件、混凝土砌块及混凝土预制品等。处理这些废弃混凝土的方式一般是用于填埋，目前废弃混凝土再利用主要有两种方式：一种是进行简单的粉碎、磨细或煅烧，连骨料和硬化水泥浆一起使用；另一种是将混凝土骨料和硬化水泥浆分离，用各种方式将其分别处理再利用。这两种方式一般用于道路垫层、土石坝、路基稳定剂、制作蒸压制品和再生混凝土，但最为简单、环保、低耗的方式是通过设计直接将废弃混凝土变废为宝，根据其特点作为景观中的构成要素，如花池、汀步、铺装、雕塑、座椅、构筑物以及景观小品等（见图1-158）。

混凝土填充块的二次利用

废弃混凝土块的铺装再利用

废弃混凝土块雕塑

混凝土板块加工成汀步

混凝土块坐凳基础

废旧混凝土管道的景观利用

图1-158　废弃混凝土的再次景观利用

第三节　混凝土在景观中的施工工艺

一、主要施工机具

主要施工机具有模板、模具、振动棒、整平滚筒、收浆抹平机、（伸缩膨胀）切缝机、混凝土布料机、（混凝土摊铺）整平机、水泥路缘成型机、冲击钻机、刻纹机、振捣机、破碎机（锤）、带电振动整平机、平铁锹、木杆、锤子、手推测距仪、靠尺、钢卷尺、扫把、夯土机、夯实机等（见图1-159）。

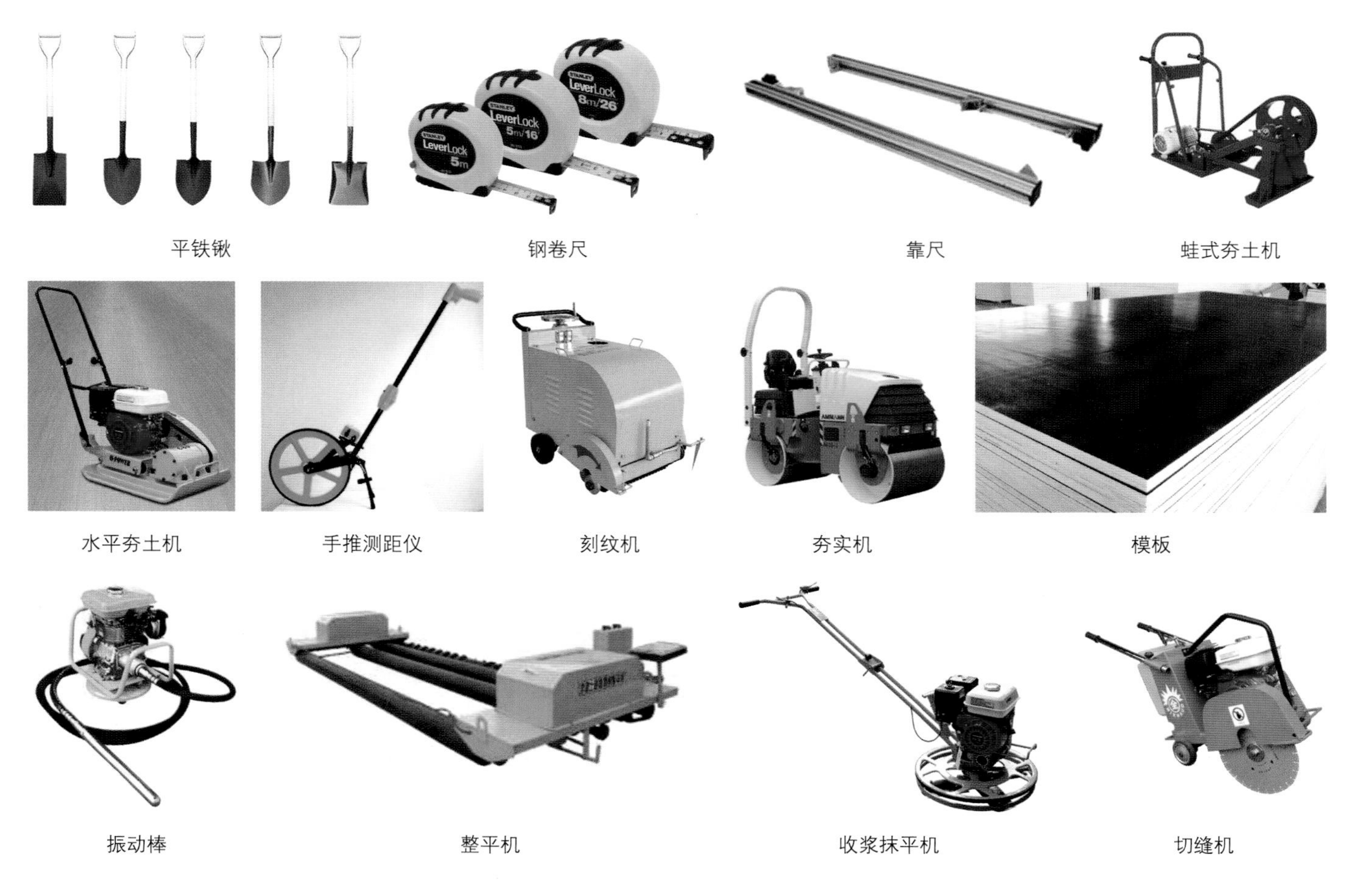

图1-159 主要施工机具

由于混凝土材料易于塑形，所以模板及模具在施工工艺中起到重要的作用。模板是由木制板材或金属板材临时构成的结构，用于使生混凝土成型。当混凝土硬化到足够程度后，模板即可被撤除。这些板材需要由木头或金属制成的结构（脚手架或定心装置）支承。不同的形式和结构需要不同种类的模板。具有装饰效果的模板主要有三种：第一种是在普通大模板上进行加工处理，将角钢、瓦楞铁、压型钢板等固定在所需部位，或将聚氨酯粘贴在模板上，塑出一定的线型、花纹，或在模板局部或全部粘贴橡胶衬模；第二种是用材质和纹理好的木模板制作出木纹清晰的混凝土；第三种是使用筑铝模板上的纹理达到装饰效果。这类装饰混凝土工艺的优点是结构、功能与装饰相结合，减少现场抹灰工程，减轻建筑自重，省工省料，从根本上解决了粉刷脱落的问题，并显著提高了装饰工程的质量。

二、施工工艺

（一）装饰混凝土的施工工艺

装饰混凝土的制作工艺分为预制工艺和现浇工艺。预制工艺又分为正打成型工艺、反打成型工艺和露骨料工艺等,现浇工艺有立模工艺等。

1．正打成型工艺

正打成型工艺多用在大板建筑的墙板预制，它是在混凝土墙板浇筑完毕，水泥初凝前后，在混凝土表面进行压印，使之形成各种线条和花饰。根据其表面的加工工艺方法不同，可分为压印和挠刮两种方式。压印工艺一般有凸纹和凹纹两种做法。挠刮工艺是在新浇筑的壁板表面上，用硬毛刷等工具挠刮形成一定的毛面质感。

2．反打成型工艺

反打成型工艺主要分为预制平模反打工艺和预制反打成型工艺两种，即在浇筑混凝土的底面模板上做出凹槽，或在底模上加垫具有一定花纹、图案的衬模，拆模后使混凝土表面具有线型或立体装饰图案。预制平模反打工艺，通过在钢模底面上做出凹槽，能形成尺寸较大的线型。预制反打成型工艺采用衬模，不仅工艺比较简单，而且制成的饰面质量也较好。

3．露骨料工艺

露骨料工艺是指在混凝土硬化前或硬化后，通过一定的工艺手段使混凝土骨料适当外露，以骨料的天然色泽和不同的排列组合造型，达到一定的装饰效果的工艺。露骨料混凝土的制作工艺有水洗法、缓凝剂法、酸洗法、水磨法、喷砂法、抛丸法、凿剁法、火焰喷射法和劈裂法等。

4．立模工艺

采用现浇混凝土墙面饰面处理的工艺，即立模工艺。立模生产也可用于成组立模预制工艺。

（二） 压印地坪的施工工艺

1．压印地坪的模具

压印地坪的模具如图1－160所示。

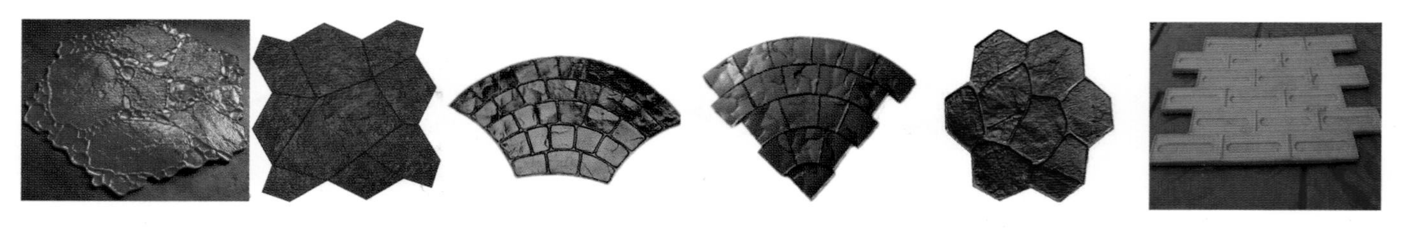

图1－160　压印地坪的模具

2．压印地坪的施工步骤

（1）按照混凝土施工流程完成支模、摊铺、振捣、提浆、找平（见图1－161）。

（2）在混凝土初凝前用镁合金大抹刀将混凝土表面抹光平（见图1－162）。

（3）用专用镁合金收边抹刀将边角按要求进行收边处理（见图1－163）。

（4）分两次将彩色强化料均匀撒在混凝土表面（见图1－164）。

（5）用模具交替进行压模，模具之间必须排列紧凑，压模要一次成型，避免重复压印（见图1－165）。

（6）压模完成三天后，均匀洗刷地坪表层（见图1－166）。

压印地坪的效果如图1－167所示。

图1－161　支模、摊铺、找平

图1－162　表面抹光平

图1－163　收边处理

图1－164　撒彩色强化料

图1-165 压印

图1-166 洗刷

图1-167 压印地坪的效果

（三） 绿化混凝土的施工工艺

这个工艺流程与普通混凝土护坡浇筑的流程基本一致，只是多了一道覆土植草的工序，并且这道工序根据具体情况，有时还可以省略。根据组成结构不同，绿化混凝土有三种类型：孔洞型绿化混凝土块体材料，多孔连续型绿化混凝土，孔洞型多层结构绿化混凝土块体材料。

1．绿化混凝土的工艺系统

工艺系统主要分为以下三部分。

(1) 供料系统：搅拌机、带运输机和其他运输设备，其作用为将多孔型绿化混凝土运送至作业面。

(2) 铺装系统：使用专用的铺装机械铺装混凝土。

(3) 碾压系统：采用回转式碾压机经过旋转、振动碾压，使混凝土成型。

2．绿化混凝土的施工流程

坡面平整→安装多孔混凝土砌块→配制绿化混凝土基料→喷填基料→表面铺客土及播种→铺盖草帘→养护出苗及修减。绿化混凝土的成分配比表如表1-3所示。

表1-3 绿化混凝土的成分配比表

再生混合材料密度/（t/m³）	配合条件/（%）		配合材料/（kg/m³）			
	W/C（水灰比）	孔隙率	水	水泥	粗骨料	添加剂
0.7	29	20	100	345	418	1.725
1.2	27	20	100	370	700	2.220

施工中及施工完成的绿化混凝土分别如图1-168、图1-169所示。

图1-168 施工中的绿化混凝土

图1-169 施工完成的绿化混凝土

(四) 透水混凝土地坪的施工工艺

1．物质准备

透水混凝土（又称透水混凝土地坪）的施工实质上与水泥混凝土的施工类似，其原料中仅少了砂子，而用一定粒度的高料碎石替代了骨料。透水混凝土地坪的结构如图1－170所示。

透水混凝土的搅拌采用小型卧式搅拌机。搅拌机最佳的设置方位是施工现场的中段，因透水混凝土属干料性质的混凝土，其初凝快，所以运输时间应尽量短。为防止混凝土弄脏施工场地，搅拌机下部的一定范围需设置防护板。

施工中所需用到的工具有：施工机械、推车、瓦工工具、立模用的木料或型钢。三相电、普通自来水（连接到搅拌设备旁）。

2．施工流程

立模→搅拌→运输→摊铺、浇筑成型→养护。

透水混凝土地坪的施工现场如图1－171所示。透水性步行道与车行道的结构如图1－172所示。透水混凝土的颜色如图1－173所示。

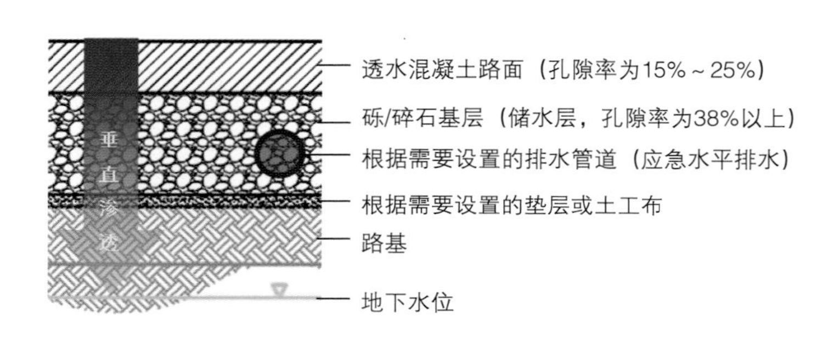

图1－170 透水混凝土地坪的结构图

图1－171 透水混凝土地坪的施工现场

图1－172 透水性步行道与车行道的结构

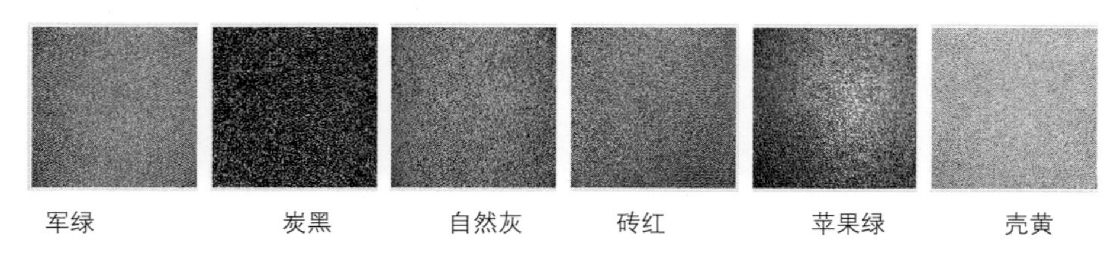

图1－173 透水混凝土的颜色

（五） 天然砾石聚合物砼仿石地坪的施工工艺

天然砾石聚合物砼仿石地坪的基层及伸缩工艺的做法如图1－174所示，其施工过程及完工效果分别如图1－175、图1－176所示。

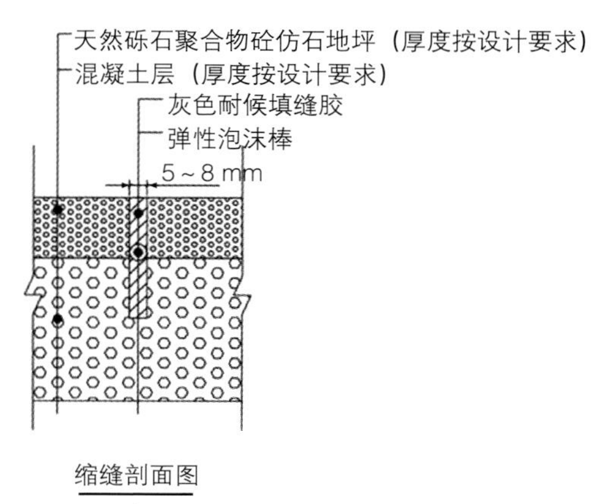

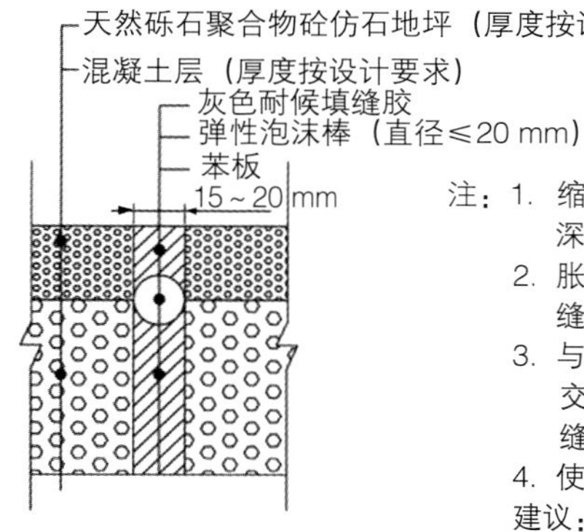

注：1. 缩缝间距≤6 m，缝宽5～8 mm，缝深不小于砼厚的1/3；
2. 胀缝间距≤18 m，缝宽15～20 mm，缝深贯穿砼；
3. 与其他工作面（基础不同）、建筑立体交接处设置沉降缝，缝宽15～20 mm，缝深贯穿砼；
4. 使用填缝剂填充变形缝。

建议：基础砼垫层应按国家砼道路施工规范设置变形缝；如基础砼垫层已设，面层应在其投影位置设置相应的变形缝。

图1－174 基层及伸缩缝工艺的做法

图1－175 施工过程

图1－176 完工效果

（六）露石混凝土的施工工艺

露石混凝土路面技术的原理是在面层水泥混凝土混合料铺筑完成后，喷洒露石剂并覆盖塑料膜养护，通过露石剂作用对水泥混凝土表面层进行化学处理，延缓表面一定厚度的水泥砂浆的凝结，当主体混凝土达到一定强度后，刷洗其表面除浆，露出均匀分布的粗集料。其施工工艺如下所述。

（1）在现行的水泥混凝土路面的施工工序和技术规范的前提下铺筑混凝土。

（2）当用三筒滚筒、振捣梁拖平路面后（或滑模法施工抹平路面后），按一般工序手工抹平，其后根据表面浮水蒸发情况，以不见表面水为宜，喷洒露石剂。

（3）喷洒液态EACCP露石剂。喷洒露石剂要使喷出的露石剂雾化。可采用小型吸水喷洒泵雾化喷洒，也可采用自行式喷洒机喷洒。喷洒量控制在225～275 g/m^2，喷洒露石剂要均匀。

（4）遮盖塑料膜。当露石剂均匀喷洒完成以后，稍等一定时间，即可用塑料薄膜加以遮盖，以防止表面干燥。

（5）冲洗。以温度和时间来控制是否开始冲洗，根据试验结果，对于普通水泥，如果气温在20 ℃左右，则在覆盖塑料膜养护20 h左右后，即可冲洗表面砂浆，使集料露出。

由于冲洗时水泥混凝土路面强度较低，不得使用高压水枪或压力较大的水管直接冲洗，一般采用无冲击力的自流水或雾化水流冲洗，冲洗可用人工刷洗，冲洗完成后进入后期养护（同常规养护方法相同）阶段，直到14天后即可开放交通。

（七）混凝土石的施工工艺

由于混凝土石的大多数材料形式是预制好的，所以其施工工艺要满足垫层的基础处理、垫层及地表的排水处理、铺装样式的放样、边缘处理及细部工艺等要求。由于混凝土石材料具有透水性，所以对基础垫层的要求很高，其基层结构如图1-177所示。基层均需要振动器压实确保其稳固性，填充层一般是多粗孔材料，如粗砾石、矿渣和建筑废料等，以保证透水性，避免内涝，要在做基础垫层时埋设坡度不小于0.5%的排水管道。铺设混凝土石面层时，要注意铺装形式要工整，一般采用打标桩的方法来定位；如有圆形图案，可利用拉线法确保形态的规整；若是弧线，则需要借助网格放线法来确定形态（见图1-178）。

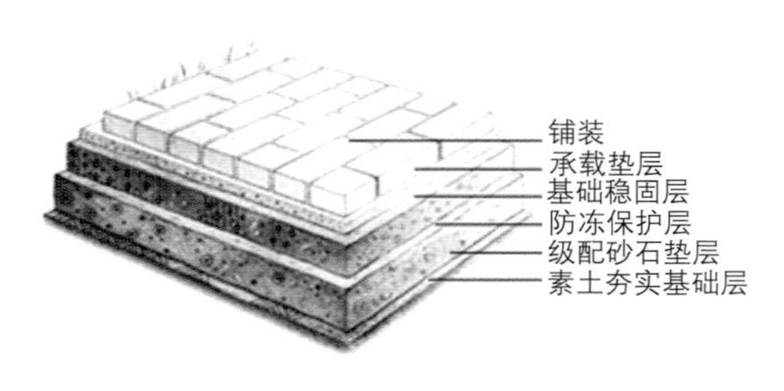

图1-177　混凝土石的基层结构图

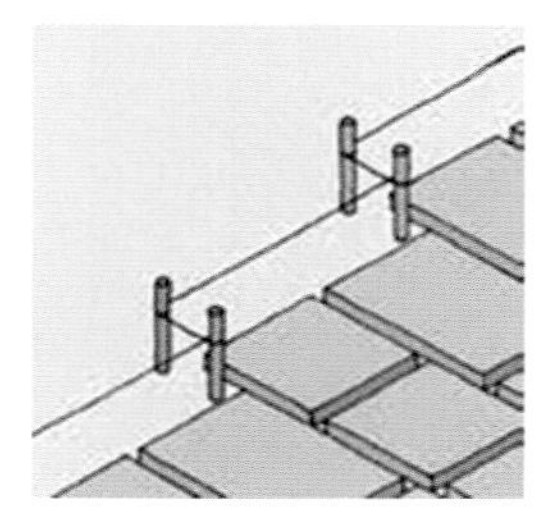
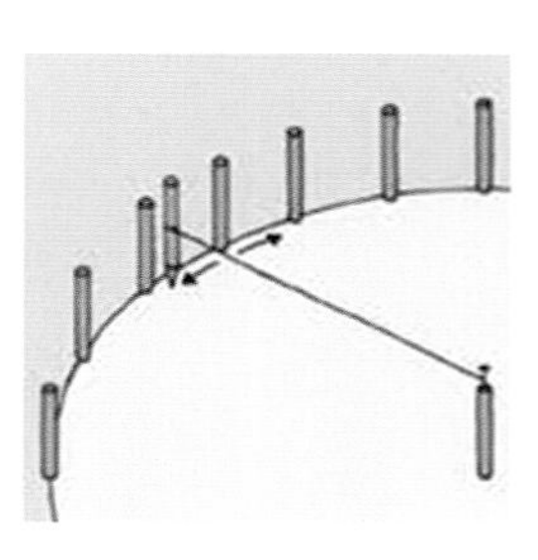
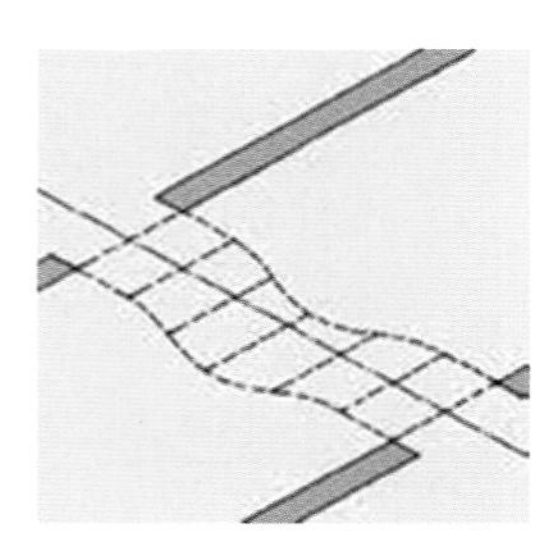

图1-178　混凝土石的基层结构的铺设方法

1．施工步骤及注意事项

施工步骤为：摊铺、平整垫层→铺设混凝土石材料→砂石填缝→压实、平整（见图1-179）。

边缘铺装方式及间隙宽度要求如图1-180所示。

图1-179　铺装简易步骤图

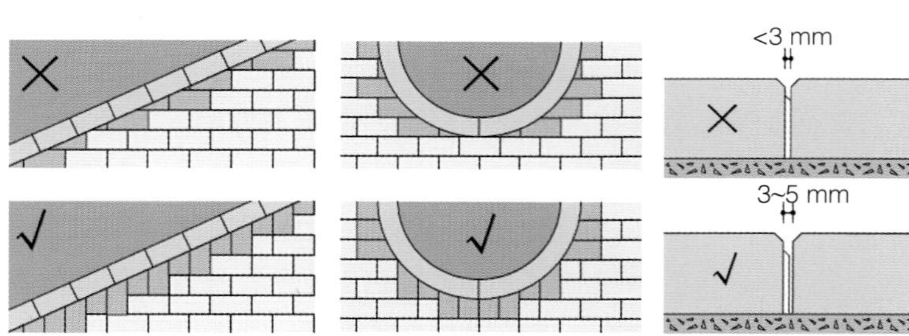

图1-180　边缘铺装方式及间隙宽度要求

2．混凝土石铺装形式参考

各种混凝土石铺装形式如图1-181～图1-190所示。

（八）清水混凝土的施工工艺

1．模板的施工工艺

（1）模板设计、加工。

根据清水混凝土墙的高度、长度及厚度，对墙面禅缝、明缝进行设计，墙面模板一般采用1220 mm×2440 mm×12 mm的覆膜竹胶板进行拼装，因为覆膜竹胶板具有强度高、韧性好、表面光滑、幅面宽、拼缝少、容易脱模等特性。

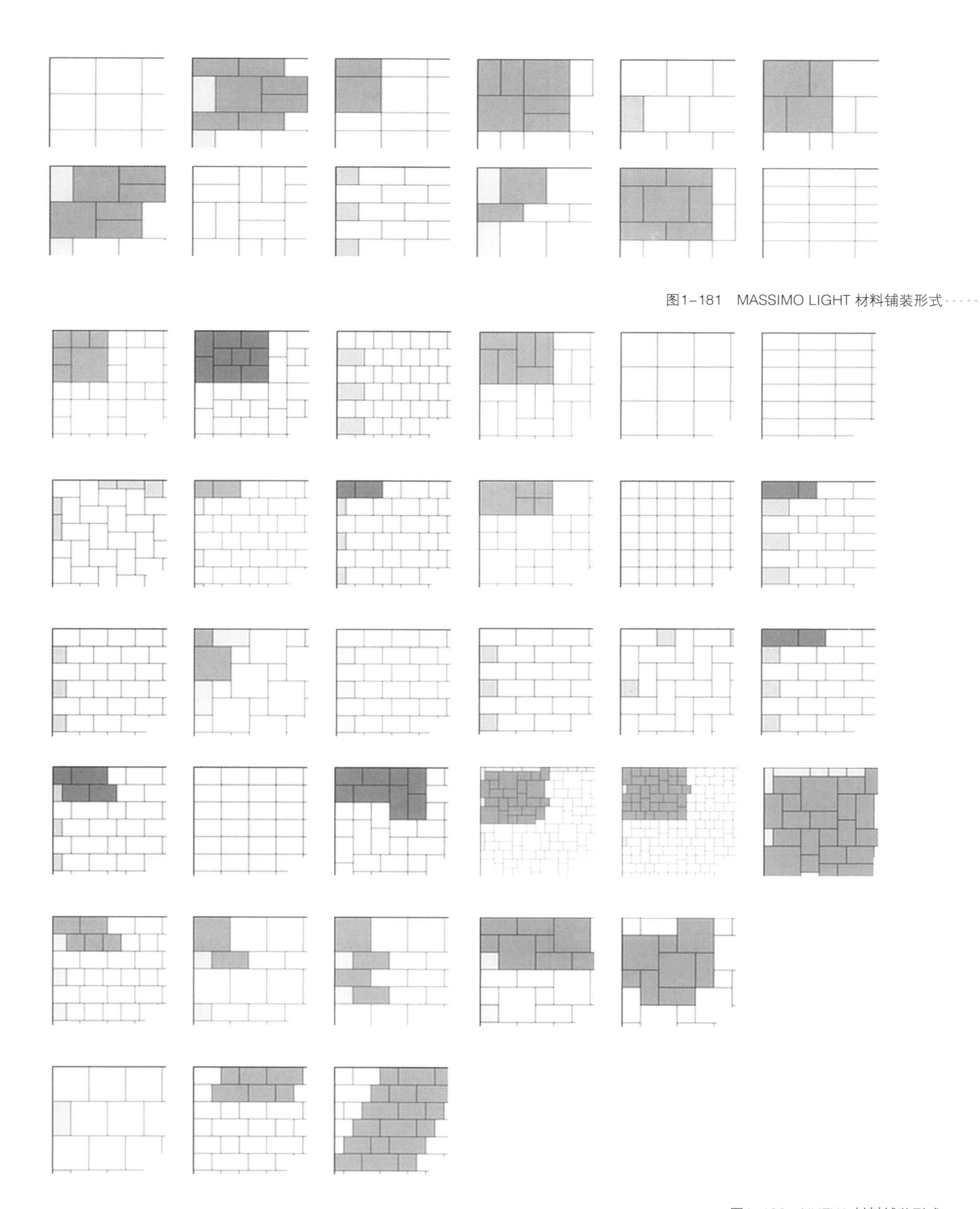

图1-181 MASSIMO LIGHT 材料铺装形式

图1-182 NUEVA 材料铺装形式

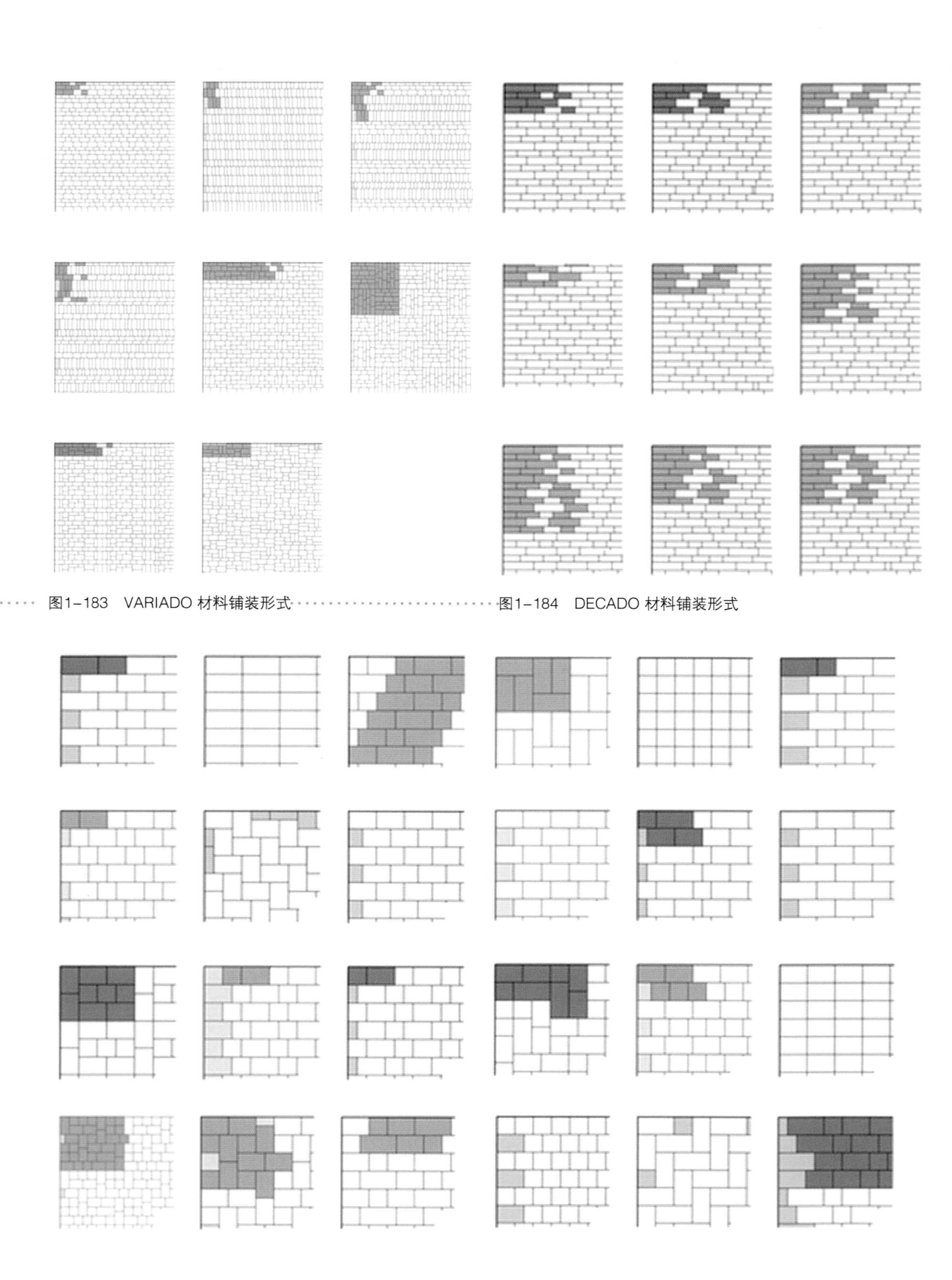

图1-183 VARIADO 材料铺装形式

图1-184 DECADO 材料铺装形式

图1-185 DECASTON材料铺装形式

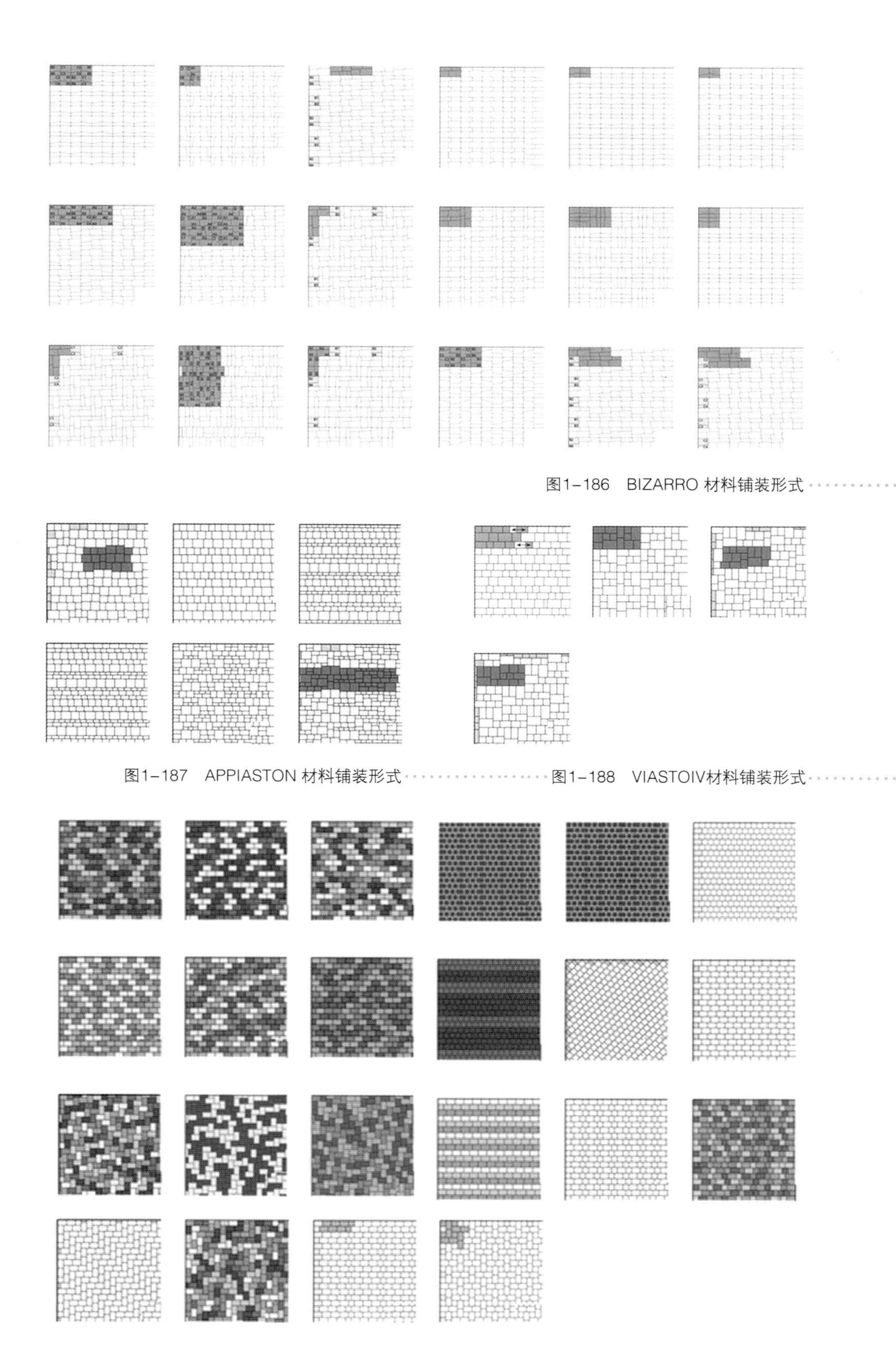

图1-186 BIZARRO 材料铺装形式

图1-187 APPIASTON 材料铺装形式

图1-188 VIASTOIV材料铺装形式

图1-189 BOCCA 材料铺装形式

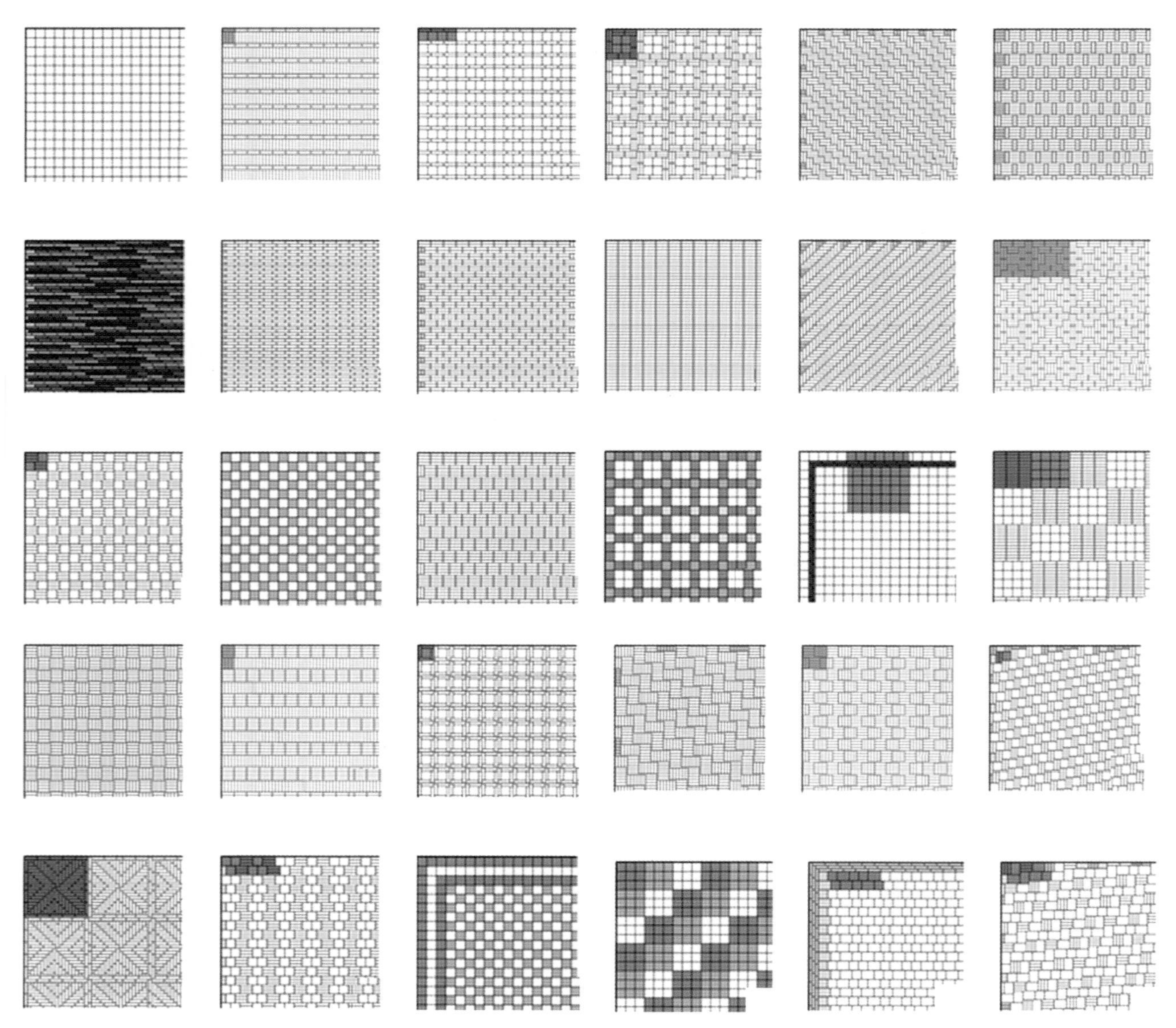

图1-190　GALASTON 材料铺装形式

(2) 模板安装。

在基础砼浇筑完毕后，基础顶的砼高程要进行严格控制，以确保上墙体模板的水平。模板垂直度的控制是工序中的关键，每块模板在固定前都要严格控制。模板在脚手架上的垂直运输采用手葫芦，水平运输采用人工搬运。模板在搬运过程中要对使用面进行保护，确保不被损伤。为保证模板与模板间不漏浆，在模板的缝中贴双面胶，保证两块模板间连接紧密。模板安装前要擦试干净，在表面均匀涂上脱模剂。

(3) 模板的对拉螺栓的布置。

采用对拉螺栓加固，穿墙套筒要加定位堵头以保证穿墙孔眼的位置严密，防止漏浆，穿墙套管的强度要足够定位模板间距，抵抗新浇筑混凝土的液态压力，从而不产生因与模板间隙过大而漏浆的现象。

2. 明缝的施工工艺

明缝是对清水混凝土整体表面进行分块处理，从而达到建筑结构与外观装饰艺术统一的建造技术。施工缝应与所设每一道水平明缝相吻合。明缝的设计尺寸为2 cm×1 cm，安装模板时将其固定在竹胶板上。明缝要求线条顺直、平整光滑，在混凝土施工时由附在模板上的嵌明缝条形成。为选择合适的嵌条材料，我们综合比较了木条、不锈钢条、塑料条等几种材料，最后决定选用质量性能较好、便于安拆的塑料条。为便于嵌条的脱离，将嵌条加工成斜角企口状，并在嵌条表面涂抹脱模剂或黄油。

3．禅缝的施工工艺

禅缝是在清水混凝土表面精心设计的有规则的装饰线条，可表现出规律和韵感之美，由模板拼缝形成，它比明缝更进一步地对表面进行了分割及装饰，所以必须综合考虑模板的规格、施工安排、饰面效果等。模板拼缝不严密、模板侧边不平整、相邻模板厚度不一致等问题都会造成拼接缝处漏浆或错台，影响禅缝的观感质量。

4．清水混凝土的浇筑

浇筑前做好计划和协调准备工作，选用硅酸盐水泥、普通硅酸盐水泥和矿渣水泥，且水泥的等级不低于42.5级，在整个墙体施工中水泥应为同一厂家、同一品种、同一强度等级、同一批号，才能保证混凝土表面观感一致，质感自然。必须严格控制好预拌混凝土的质量，保证混凝土性能的均一性。混凝土必须连续浇筑，施工缝须留设在明缝处，避免因产生施工冷缝而影响混凝土的观感质量。掌握好混凝土的振捣时间，以混凝土表面呈现均匀的水泥浆、不再有显著下沉和大量气泡上冒时为止。为减少混凝土表面气泡，宜采用二次振捣工艺，第一次在混凝土浇筑入模时振捣，第二次在第二层混凝土浇筑前再进行，顶层混凝土一般在0.5 h后进行二次振捣。

5．清水混凝土的养护

完成后的混凝土工程在强度达到3 MPa（冬期不小于4 MPa）时拆模。拆模后应及时养护，以减少混凝土表面出现色差、收缩裂缝等现象。清水混凝土常采取覆盖塑料薄膜或阻燃草帘并与洒水养护相结合的方法，拆模前和养护过程中均应经常洒水保持湿润，养护时间不少于7天。冬期施工时若不能洒水养护，可采用涂刷养护剂与覆盖塑料薄膜、阻燃草帘相结合的养护方法，养护时间不少于14天。

6．清水混凝土的成品保护

后续工序施工时，要注意对清水混凝土的保护，不得碰撞及污染混凝土表面。在混凝土交工前，用塑料薄膜保护外墙，以防污染。对易被碰触的阳角部位处，拆模后可钉薄木条或粘贴硬塑料条加以保护。另外还要加强教育，避免人为污染或损坏。

7．清水混凝土的表面修复

一般的观感缺陷可以不予修补，确需修补时，应遵循以下原则：修补应针对不同部位及不同状况的缺陷而采取有针对性的不同修补方法，修补腻子的颜色应与清水混凝土基本相同，修补时要注意对清水混凝土成品的保护，修补后应及时洒水养护。清水混凝土饰面系统的工艺如图1－191所示。

8．对拉螺栓孔的封堵

对拉螺栓孔的封堵采用掺有外加剂和掺合料的补偿收缩水泥砂浆，砂浆的颜色与清水饰面混凝土的颜色接近。具体操作如下所述。

(1)清理螺栓孔，并洒水润湿。

(2)用特制堵头堵住墙外侧，用颜色稍深的补偿收缩砂浆从墙内侧向孔里灌浆至孔深，用平头钢筋捣实。

(3)再灌补偿收缩砂浆至与内墙面平齐，要求孔眼平整。

(4)砂浆终凝后，喷水养护。

（九）沥青混凝土的施工工艺

沥青混凝土施工工艺的流程为：施工放样→清理基层面→铺缘石→洒透层油→摊铺沥青混凝土→碾压成型→开放交通→摊铺面层→碾压面层。

沥青混凝土的剖面结构如图1－192所示，其摊铺与碾压如图1－193所示。

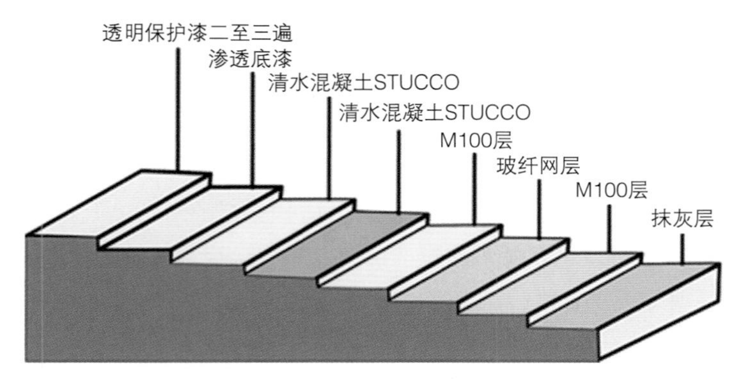

图1-191 清水混凝土饰面系统的工艺示意图

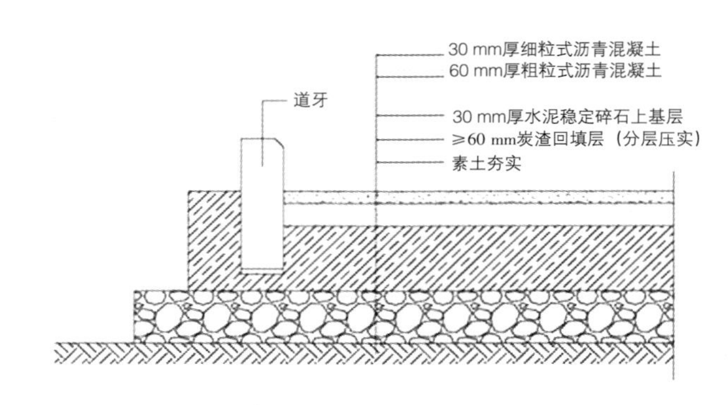

图1-192 沥青混凝土的剖面结构

图1-193 沥青混凝土的摊铺与碾压

2

第二章 石材景观材料

SHICAI JINGGUAN CAILIAO

第二章 石材景观材料

在园林景观中石材的运用由来已久（见图2-1），天然石材是古老的建筑材料，具有强度高、装饰性好、耐久性高、来源广泛等特点。现代开采与加工技术的进步，使得石材在现代景观中得到了广泛的应用。无论是罗马时代的庭院的石阶还是现代园林中的石板广场，无论是东方古典园林中的假山、驳岸还是日式庭院中的置石，石材这一古老的建筑材料在人类园林史上一直占有一席之地，并且通过加工技术的进步而更具生命力。常用的石材主要有花岗岩、大理岩、页岩和板岩、砂岩、人造石等五大类。花岗岩质地坚硬，园林景观中常用的花岗岩有：黄锈石、黄金麻、芝麻白、芝麻黑、新疆红、樱花红、森林绿、蒙古黑、中国黑等。中国古典园林中常用的大理岩有：汉白玉、青石板等。园林景观中常用的页岩板岩有：芝麻黄、黄木纹、青石板等。园林景观中常用砂岩有：红砂岩、黄砂岩等，近年来还流行黄木纹砂岩和澳洲砂岩等。园林景观中常用的人造石的种类有：聚酯型人造石材、复合型人造石材、水泥型人造石材等。

图2-1 石材的运用

第一节 石材的基础应用知识

一、岩石的基础知识

（一）岩石的定义

岩石是地质作用的产物，是一种或几种矿物的集合体，它由矿物按照一定的方式结合而成，具有一定的结构和构造。岩石是地壳和上地幔的物质基础，根据成因可分为岩浆岩、沉积岩和变质岩。

（二）岩石的形成

岩石的形成是一个循环的过程。地壳发生变动，地壳深处高温熔融的岩浆缓慢上升接近地表，形成巨大的深成岩体，以及较小的侵入岩，如岩脉、熔岩流和火山。岩浆在入侵地壳或喷出地表的冷却过程中形成岩浆岩，如花岗岩。地壳运动使岩石上升到地表，风化侵蚀作用或火山作用使岩石成为碎屑，被冰川、河流和风搬运到地表及地下不太深的地方，形成沉积岩，如页岩。大多数沉积物都堆积在大陆架上，有些则被水流通过海底峡谷搬运沉积到更深的海底。大规模的造山运动中，在高温高压作用下，沉积岩和岩浆岩在固体状态下发生再结晶作用而形成变质岩，如片岩和片麻岩。在地表常温、常压条件下，岩浆岩和变质岩又可以通过母岩的风化侵蚀和一系列沉积作用而形成沉积岩。变质岩和沉积岩进入地下深处后，温度、压力进一步升高，促使岩石发生熔融而形成岩浆，经结晶作用而形成岩浆岩，从而形成新的造岩循环。图2-2所示为岩石的形成。

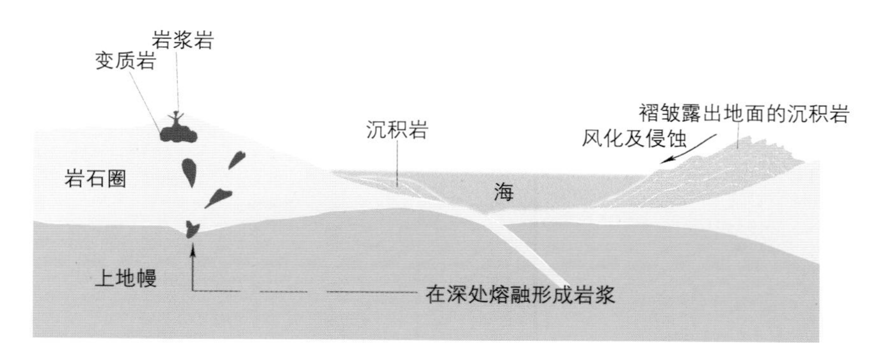

图2-2　岩石的形成

二、天然石材中的造岩矿物及其特性

天然石材是从岩石中开采出来，未经加工或加工成块状或板状材料的统称。岩石由矿物组成，而矿物是指在地质作用下所形成的具有一定化学成分和一定结构和构造的单质或化合物。组成岩石的矿物称为造岩矿物，主要造岩矿物如表2-1所示。

表2-1　造岩矿物

序号	(1)	(2)	(3)	(4)
外观				
名称	钾长石	斜长石	石英	角闪石
晶形	常呈短柱、厚板状	板状、柱状、粒状或块状	常呈他形粒状	长柱状、粒状、纤维状、放射状
颜色	肉红色、浅黄红色、浅黄白色或白色	白色、灰白色、淡灰色、灰色或深灰色	无色透明、白色、乳白色、灰白半透明	绿色、黑色
分布	酸性和碱性岩浆岩的主要成分，常见于花岗岩、正长岩和某些片麻岩中，如庐山红、石棉红、天全红、岑溪红、五莲红、杜鹃红中，都有较多分布	岩浆岩中最主要的造岩矿物，广泛分布在岩浆岩、变质岩和沉积碎屑岩中	常见于浅色、红色花岗岩中，如厦门白、西丽红、石棉红等板材中常见	常见于中性岩浆岩中，是其中最主要的暗色矿物；在区域变质作用中也大量出现，如福建大白花花岗岩的黑点

续表

特性	钾长石微氧化后析出带红色的三价铁，故岩石呈红色。硬度比花岗岩小，具有较大的韧性，因此易于磨光，结构均匀，可拼性好	坚硬、强度高，但耐久性不如石英。有光泽，但深色者光泽暗淡，无臭、无味，以色淡、有光泽者为佳	强度高，材质坚硬耐久，呈现玻璃光泽，化学稳定性良好。但受热至573 ℃以上时，晶体会发生转变，产生开裂现象	莫氏硬度：5~6 呈现玻璃光泽，透明
化学成分	二氧化硅：52%~65%； 碱质：9%； 氧化钙：3.5%； 氧化铝：15%~20%	由钠长石和钙长石等按不同比例形成	主要成分是二氧化硅	由镁、铁、钙、钠、铝等的硅酸盐或铝硅酸盐组成

序号	(5)	(6)	(7)	(8)
外观				
名称	辉石	橄榄石	方解石	黑云母
晶形	呈短柱状，集合体常呈粒状或放射状	短柱状、粒状集合体或呈散粒状分布于其他矿物颗粒间	板状、柱状，各种菱面体，集合体为粒状	板状、柱状
颜色	从白色、灰色或浅绿色到绿黑色、褐黑色以至黑色，随含铁量的增高，颜色变深	黄绿色或灰黄绿色，随铁含量的增加，颜色可达深绿色至黑色	无色或白色，含杂质时会出现灰色、黄色、浅红色、绿色、蓝色等	从黑色到褐色、红色或绿色都有，具有玻璃光泽
分布	常见于济南青、珍珠黑、竹潭绿等花岗岩中，而浅色花岗岩中则少或无	是组成上地幔的主要矿物，也是陨石和月岩的主要矿物成分	是石灰岩、大理岩中的主要矿物，也是所有大理岩中的基本成分	在深成岩和浅成岩中，特别是酸性的岩石中，大都含有黑云母

续表

特色	莫氏硬度：5~6； 比重：随含铁量的增高而增大，顽火辉石为3.15左右，紫苏辉石为3.3~3.6，古铜辉石介于两者之间，而正铁辉石则可达3.9	莫氏硬度：6.5~7，随成分的改变而改变； 光泽和透明度：呈现玻璃光泽，透明或半透明	强度高，硬度不大，开光性好，耐久性仅次于石英、长石。易被酸分解，易溶于含二氧化碳的水中。作为外墙饰面的大理岩，一般经2~3年后颜色就会淡化	极高的电绝缘性，耐酸碱，耐腐蚀，弹性、韧性和滑动性好，耐热、隔声、热膨胀系数小，片体两表面光滑，径厚比大，形态规则，附着力强等
化学成分	钙、钠、镁、铁、锰、锂、铝等的硅盐酸	主要成分是铁或镁的硅酸盐	钙、碳、氧	二氧化硅：45.02%；氧化镁：16.88%；氧化铝：10.46%；氧化钾：10.18%；硫：2.43%；磷：1.93%；氧化钠：0.46%

序号	(9)	(10)	(11)	(12)
外观				
名称	白云母	绿泥石	滑石	黄铁矿
晶形	大板块状，六方晶体或细粒	六方晶体片状、鳞片状或玫瑰花形	块状、叶片状、纤维状或放射状	常呈立方体、八面体、五角十二面体，集合体呈致密块状、粒状或结核状
颜色	淡褐色、淡绿色、淡红色到无色，具有玻璃光泽或丝绢光泽	深灰色，或从浅绿色至绿黑色	白色、灰白色	浅黄铜，表面常具黄褐色、条痕绿黑色或褐黑色
分布	花岗岩中的主要矿物	区域变质形成的岩石，如片岩和千枚岩，还形成于伟晶岩	滑石是热液蚀变矿物，富镁矿物经热液蚀变常变为滑石	在岩浆岩中，黄铁矿呈细小浸染状，为岩浆期后热液作用的产物

续表

特色	绝缘、耐高温、有光泽，具有良好的隔热性、弹性和韧性	光泽：玻璃光泽； 莫氏硬度：6.5，薄片可弯曲，易折断，无弹性	已知最软的矿物，其莫氏硬度为1，用指甲可以在滑石上留下划痕	莫氏硬度：6～6.5； 相对密度：4.9～5.2
化学成分	二氧化硅：45.2%；氧化铝：38.5%；氧化钾：11.8%；水：4.5%	成分变化较大，还常含有氧化钙及二氧化钛	镁、铝、铁的硅酸盐	铁：46.55%；硫：53.45%；常含有钴、镍等元素

三、岩石的分类以及岩石的结构与构造

（一）岩石的分类

造岩矿物在不同的环境条件和地质条件下形成不同类别的岩石，按照地质因素的不同可分为岩浆岩、沉积岩和变质岩，三种不同的岩石具有不同结构与构造。

1．岩浆岩

岩浆岩又称为火成岩。岩浆岩是组成地壳的主要岩石，占地壳总体积的65%。按岩浆冷却条件的不同，岩浆岩又分为深成岩、喷出岩和火山岩三种。

（1）深成岩：深成岩的密度大、抗压强度高、吸水率小、抗冻性好、耐磨性好及导热性大；由于其孔隙率小，因此可以磨光，但由于其十分坚硬，所以难以加工。建筑上常用的深成岩有花岗岩、辉长岩、闪长岩、正长岩等。

（2）喷出岩：喷出岩是熔融的岩浆喷出地表后，在急剧降压和快速冷却的条件下形成的。

（3）火山岩：火山岩是火山爆发时，岩浆被喷到空中，急速冷却后落下而形成的碎屑岩石，如火山灰、浮石等。其特性是多孔，表观密度小，强度、硬度和耐久性都比较低，保温性好。其中，火山灰被大量用作水泥的混合材料，浮石可配制轻质集料混凝土，用作墙体材料。

2．沉积岩

沉积岩又称为水成岩，仅占地壳体积的5%，但其分布极广。沉积岩常含有生物化石，与岩浆岩相比，表观密度小，孔隙率和吸水率较大，强度和耐久性较低。根据沉积的方式可分为以下三种。

（1）机械沉积岩：矿物成分复杂，颗粒粗大。散状的有黏土、砂、砾石等，它们经过自然胶结后形成相应的页岩、砂岩、砾岩等。

（2）化学沉积岩：颗粒细，矿物成分单一。主要有菱镁矿、白云石、石膏及部分石灰岩等。建筑工程中常用的石灰岩，俗称青石，可砌筑墙身、桥墩、阶石、路面及用作石灰和粉刷材料的原料等。石灰岩除用作建筑石材外，也是生产水泥的主要原料，其碎石常用作混凝土的骨料。

（3）生物沉积岩：由海水或淡水生物（如孢子、贝壳、珊瑚等）死亡后的残骸沉积而成。这类岩石大多都质轻松软，强度极低。主要的生物沉积岩有石灰岩、贝壳石灰岩、硅藻土等。

3．变质岩

变质岩主要分为正变质岩和副变质岩，由岩浆岩经变质作用而形成的变质岩称为正变质岩，其耐久性变差，如花

岗岩经变质作用形成的片麻岩，易产生分层脱落，使耐久性变差；由沉积岩经变质作用而形成的变质岩称为副变质岩，其结构较致密，坚实耐久，如石灰岩经变质作用形成的大理岩。建筑中常用的变质岩有大理岩、石英岩和片麻岩等。

（二）岩石的结构与构造

岩石的结构是指岩石中矿物的结晶程度、颗粒大小、晶体形态、自形程度及矿物之间的相互关系等所呈现的特点。岩石的构造是指岩石中不同矿物集合体之间或矿物集合体与其他组成部分之间的排列方式和充填方式所体现的特征。岩浆岩有一些自身特有的结构和构造特征，比如喷出岩是在温度、压力骤然降低的条件下形成的，造成溶解在岩浆中的一些成分以气体形式大量溢出，形成气孔状构造。深成岩最明显的特点是纹理，其主要与组成晶子（粒子）的大小和形状有关。

岩石的结构与构造对岩石的鉴定、分类、饰面石材加工、装饰效果等起着重要的作用，不仅可表现出不同的肌理和质地，还可反映出岩石的形成条件，如有些岩石的矿物成分相同，但由于其结构不同，就属于不同的岩类或种属。

四、石材的技术性质

装饰石材的技术性质，可分为物理性质、力学性质和工艺性质。

（一）物理性质

1．表观密度

天然石材根据表观密度的大小可分为： 轻质石材，表观密度≤1800 kg/m^3；重质石材，表观密度>1800 kg/m^3。表观密度的大小反映石材的致密程度与孔隙多少。在通常情况下，同种石材的表观密度越大，则抗压强度越高，吸水率越小，耐久性越好，导热性越好。

2．吸水性

通常用吸水率表示石材吸水性的大小。石材的孔隙率越大，吸水率越大；当孔隙率相同时，开口孔数越多，吸水率越大。如花岗岩的吸水率通常小于0.5%，致密的石灰岩的吸水率可小于1%，而多孔的贝壳石灰岩的吸水率可高达15%。

3．耐水性

通常用软化系数表示石材的耐水性。岩石中含有黏土或易溶物质越多，岩石的吸水性越强，则其耐水性越差。

4．抗冻性

抗冻性是指石材抵抗冻融破坏的能力，通常用冻融循环次数F表示，一般有F10、F15、F25、F100、F200五种。能经受的冻融循环次数越多，石材的抗冻性越好。石材的抗冻性与吸水性有密切的关系，吸水率大的石材，其抗冻性差。通常吸水率<0.5%的石材是抗冻的。

5．耐热性

石材的耐热性与其化学成分及矿物组成有关。石材经高温后，由于热胀冷缩、体积变化而产生内应力，或因组成矿物发生分解和变异等导致结构破坏。如含有石膏的石材，在100 ℃以上时结构开始破坏。

（二）力学性质

1．抗压强度

抗压强度通常用以100 mm×100 mm×100 mm的立方体试件的抗压破坏强度的平均值表示。 根据《砌体结构设计规范》(GB 50003—2011）规定，石材共分九个强度等级：MU100、MU80、MU60、MU50、MU40、MU30、MU20、MU15和MU10。

2．冲击韧性

冲击韧性取决于岩石的矿物组成与构造。石英岩、硅质砂岩的脆性较大。含暗色矿物较多的辉长岩、辉绿岩等具有较高的韧性。通常晶体结构的岩石比非晶体结构的岩石韧性大。

3．硬度

硬度取决于造岩矿物的硬度与构造。凡由致密、坚硬的矿物组成的石材，硬度就高。岩石的硬度以莫氏硬度表示，通常结晶颗粒细小而彼此黏结在一起的致密材料，具有较高的强度。致密的火山岩在干燥及吸水饱和的情况下，抗压强度并无差异（吸水率极低），若是多孔性岩石，其在干燥和潮湿的情况下强度就有显著差别。

4．耐磨性

耐磨性是指石材在使用条件下抵抗摩擦、边缘剪切以及冲击等复杂作用的能力。石材的耐磨性包括耐磨损与耐磨耗两方面。凡是用于可能遭受磨损作用的场所，如台阶、人行道、地面、楼梯踏步等，以及可能遭受磨耗作用的场所，如道路路面的碎石等，应采用具有高耐磨性的石材。

（三）工艺性质

石材的工艺性是指石材便于开采、加工、施工、安装的性质。如加工性、磨光性和抗钻性。

1．加工性

石材的加工性，主要是指对岩石开采、锯解、切割、凿琢、磨光和抛光等加工工艺的难易程度。如果石材的质地粗糙且较脆，同时有颗粒交错结构，并含有层状构造，则基本满足一般的加工要求。

2．磨光性

磨光性是指石材能否被磨刀打磨光滑的性质。一般来说，若石材的结构细致均匀，那么基本具有良好的磨光性，可以磨出高反射且平整光洁的表面。相反，如果石材疏松多孔并且有鳞片状构造，那么石材的磨光性较差。

3．抗钻性

抗钻性是指石材钻孔时其难易程度的性质。影响抗钻性的因素很复杂，一般石材的强度越高、硬度越大，越不易钻孔。

花岗岩：花岗岩是一种非常坚硬的火成岩岩石，它的密度很高，耐划痕、耐腐蚀。它是地板和厨房台面的首选材料。

大理岩：大理岩是石灰岩的衍生物，大理岩是一种变质岩，可以抛光打磨，多用于寺庙里的龙柱、地砖、石狮。大理岩材质软而细致，容易被划伤或被酸性物质腐蚀，是很好的雕塑石材，许多有名的雕像都是由大理岩制成的，如著名的维纳斯雕像。其他如墙面或摆饰，也常用大理岩加工而成，如花瓶、烟灰缸、桌子等家用品。

板岩：因其容易裂成薄板状，且在山区极易取得的特质，原住民至今仍使用板岩作为建材，筑成石板屋或围墙。

砾岩：有些砾岩含有鹅卵石及砂，而且黏结不良，容易分散开来，例如中国台湾西部第四纪的头　山层中就有这种砾岩，其中的鹅卵石和砂都是建材。

石灰岩：最常见的石灰岩是由珊瑚形成的，通称为珊瑚礁石灰岩。在澎湖，珊瑚礁石，被居民用作围墙建材，以遮蔽强烈的东北季风，保护农作物。

泥岩：由于其主要成分是黏土，自古就被作为砖瓦、陶器的原料。

安山岩：由于材质坚硬，常用作庙宇的龙柱、墙壁的石雕、墓碑、地砖等。

五、石材的运用原则

在建筑设计和施工中，应根据材料的适用性和经济性等原则来选择石材。既要发挥天然石材的优良性能，体现设计风格，又要经济合理。

（一）天然石材的选用原则

天然石材有不同的品种，其性能变化较大，而且由于天然石材的密度大，运输不便，再加上石材的材质坚硬，加工较困难，所以成本较高。因此在建筑设计和施工中，应根据适用性和经济性等原则选择石材。一般来说，天然石材的选用要考虑以下几方面问题。

1．经济性

在条件允许的情况下，尽量就地取材，以缩短运输距离、减轻劳动强度来降低成本。

2．石材的适用性

在装饰工程中，用于不同部位的装饰石材，对其性能和装饰效果有不同的要求。应用于地面的石材，主要考虑其耐磨性，同时还要照顾其防滑性；用于室外的饰面石材，要求其耐风雨侵蚀的能力强，经久耐用。同一类岩石，品种不同，产地不同，性能（物理力学性能：强度、耐水性、耐久性等；装饰性：色调、光泽、质感等）上往往相差很大。因此在选择石材时，一定要确定该石材的质量是否符合每种天然石材的技术要求，并且在同一装饰工程部位上应尽可能选用同一矿山的同一种岩石。

3．石材的安全性

由于天然石材是构成地壳的基本物质，因此可能含有放射性的物质。在使用天然石材时，必须按国家标准规定正确使用。研究表明，一般红色品种的花岗岩的放射性指标都偏高，并且颜色越红，放射性比活度越高，花岗岩放射性比活度的一般规律为：红色>肉红色>灰白色>白色>黑色。

4．石材的装饰性

单块石材的装饰效果与整个饰面的装饰效果会有差异。若要大面积铺贴石材，可借鉴已用类似石材装饰好的建筑饰面，避免因炫彩不当，达不到设计要求而造成浪费。

（二）天然石材的选购原则

在选择天然石材的装饰材料时，应充分考虑装饰的整体效果，例如磨光花岗岩板材的表面平整光滑、色彩斑斓、质感坚实、华丽庄重、装饰性好。

天然石材的主要危害是放射性的危害，在购买时应向经销商索要该产品有关放射性的检测报告书，注意一定要是所选定的品种，因为同一品牌不同型号的产品质量可能有差别。

购买石材时应注意以下几个方面。

（1）天然石材色泽不均匀，且易出现瑕疵，所以在选材上应尽量选择色彩协调的，并注意在分批验货时，最好逐块进行比较。

（2）由于开采工艺复杂，往往需经过长途运输，所以大幅面石材易出现裂纹，甚至断裂，这也是选材时要注意的。

（3）选购中可以用手感觉石材的表面粗糙度，掌握其几何尺寸是否标准，检查其纹理是否清楚。

（4）石材板材的外观质量主要通过目测来检查，优等品的石材板材不允许有缺棱、缺角、裂纹、色斑、色线及坑窝等质量缺陷，其他级别的石材板材允许有少量缺陷存在，级别越低，允许值越高。

六、景观用石材的开采加工

（一）石材的开采

石材的开采分为人工开采和爆破开采两类。而爆破开采又分为微爆破开采和大爆破开采两类。大理岩、沿海一带的花岗岩（沿海一带的花岗岩比较软）常常用人工开采或微爆破开采，比较坚硬的花岗岩（如四川一带）一般用大爆破开采。

从矿山开采出来的石材荒料（荒料是指符合一定规格要求的正方形或矩形六面体石料块材）运到石材加工厂后，经一系列加工过程才能得到各种饰面的石材制品。由石材荒料锯切出的毛板材的数量的多少，直接影响饰面石材加工的经济指标。这一指标可用石材的出材率表示，即1 m^3的石材荒料可获得的板材的平方米数。例如当板材的厚度按20 mm计算时，一般石材的出材率为12～21 m^2/m^3。因此，由于受锯片厚度和荒料质量的影响，饰面板材的出材率通常较低。

1．刻槽分裂法

刻槽分裂法是石材养护、石材开采的最好方法。

刻槽分裂法的主要工具有刻槽工具与静态液压分裂机。

刻槽工具有钻杆、引槽刀、刻槽刀等，操纵便利，使用时先钻孔，钻好孔后取下钻杆，换上引槽刀，划线定位，定位后，再用刻槽刀刻槽。液压分裂机需在静态液压环境下进行工作，其分裂快、油压可调，其功率只有1.5 kW，单机分裂力却可达4000～5000 kN。工作时不会产生冲击、噪声、粉尘、飞屑等，附近的环境不会受到影响，即使在人口稠密的地区或室内，以及精密设备旁，都可以无干扰地进行工作。液压分裂机数秒钟就可以完成一个分裂过程，并且可以连续无中断地工作，效率高。刻槽刀的使用寿命长，一般情况下，一把刻槽刀在花岗岩上能刻300 m以上，在大理岩上能刻2000 m甚至更长。静态液压分裂机由分裂机和动力油站两部分组成，分裂机和动力油站具有体积小、质量小的特点，搬运也十分便利。

由动力油站输出的高压油驱动油缸产生巨大的推力，经机械放大后即可使被分裂物体按预定的方向裂开。刻槽后，用液压分裂机、静态膨胀剂以及炸药炮轰均有效果，且用药量相对未刻槽前减少1/3，花岗岩孔间距可放开2～4倍，大理岩的孔间距可放开到1.5～2倍，从而大大减少成本和钻孔数目。其刻槽速度非常快，为钻孔速度的15～20倍，刻槽深度可达6 m以上。

现今最常见的开采方式是：用膨胀剂静态爆破法分解石材。此方法虽成材率比以前的黑炸药爆破法提高了不少，但不足之处是耗时太长、钻孔太密、用量大，经济成本较高。刻好槽后，再用液压分裂机分裂成型。它的作用是分裂速度快、安全、可控性好。液压分裂机可以预先精确地确定分裂方向，分裂、拆除精度高。

为了提高成材率，大都采用机械方式开采，如对大理岩采用金刚石绳锯，对花岗岩采用火焰切割等，虽然这种方法使成材率有一定程度的提高，但因其开采成本高，只在我国少数几家大型企业得以应用，在大部分中小企业中仍得不到推广。

2．石材机械的分类

（1）按生产工艺过程分类。

石材机械按生产工艺过程分类，可分为石材开采机械、石材加工机械、石材装修机械、石材维护机械、石材加工工具、石材检测机械等，另外还有一些工具和辅具，如金刚石锯片、磨具、磨料、石材化学防护用品、各类石材监测仪器等。

（2）按加工工艺分类。

石材机械按加工工艺分类，可分为切割机和钻机等。如切割机，在切割石材毛板，现场装修、检测时都会用到装有金刚石节块（或整边）圆锯片的切割机；再如钻机（见图2-3、图2-4），在矿山取样、加工钻孔、装修、艺术品雕刻时也会用上各类不同的钻机。

（3）按刀具材料分类。

使用金刚石、立方氮化硼等作磨料制作的石材加工工具统称为超硬材料工具；使用石材碎料制作的过程称为合成石生产线等。

3．石材机械的举例

（1）勘查与矿山的设计阶段：钻机、放射性检测仪、样品分析仪、分裂机等。

（2）石材的开采阶段：凿岩机、金刚石绳锯、桅杆吊（见图2-5）、顶石机、立式穿孔机（见图2-6）、卧式穿孔机（见图2-7）、转载机（见图2-8）、矿山开采机（见图2-9）、刻槽分裂（见图2-10和图2-11）、矿山开采绳锯（见图2-12）、汽车吊、挖掘机、空压机等。

（3）石材的加工阶段：砂锯、圆盘锯、框架锯、磨机、异型加工机、抹胶机、板材加工流水线、合成石流水线、金刚石工具等。

（4）石材的装饰、装修阶段：墙锯、清洗机、翻新机、化学锚栓、放线仪等。

（5）石材的检测阶段：压力机、放射性检测仪、卡尺、钢直尺等。

（6）石材的维修与防护：石材翻新机、清洗机、吸水机、光泽度检测仪等。

（7）石材的综合利用：合成石流水线、过滤机、石材冲压机、石材制砖机等。

图2-3 钻机

图2-4 车载钻机

图2-5 桅杆吊

图2-6 立式穿孔机

图2-7 卧式穿孔机

图2-8 转载机

图2-9 矿山开采机

图2-10 槽刻分裂机一

图2-11 槽刻分裂机二

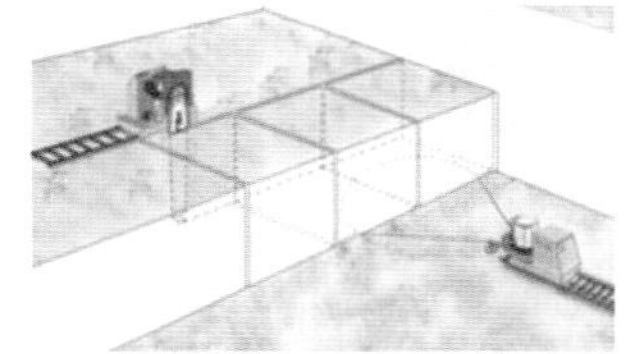

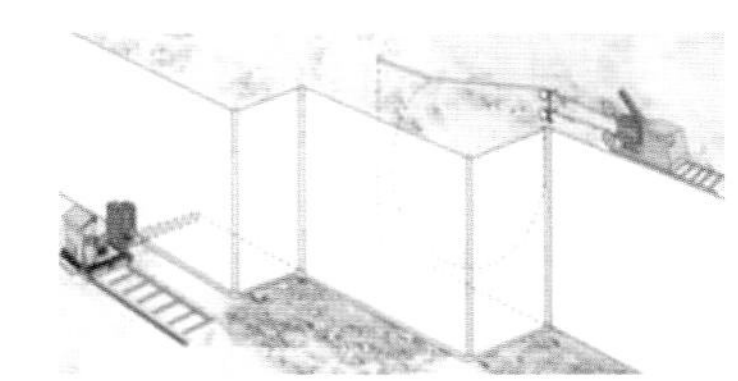

图2-12 矿山开采绳锯

（二）石材的加工方法

1．加工分类

根据加工工具及工艺的不同特性分类，饰面石材的加工有两种基本的方法。

（1）磨切加工法：它是最现代化，也是目前最常采用的一种加工方法。它根据石材的硬度特点，采用具有锯、磨、切割等不同作用的刀具及机械，完成饰面石材的加工。其特点是自动化、机械化程度高，生产效率高，材料利用率高。

（2）凿切加工法：它是一种应用比较广泛的石材加工的方法，采用人工或者机械（如凿子、剁斧、气锤）方法进行凿切，并对石材进行加工。其特点是可形成凹凸不平、明暗对比强烈的表面，突出石材的粗犷质感。但劳动强度较大，需要工人较多，虽然可采用气动式或电动式机具，但很难实现完全的机械化和自动化。

2．加工方法及常用设备

花岗岩的基本加工方法有：锯割加工、研磨抛光、切断加工、凿切加工、烧毛加工、辅助加工及检验修补（见图2-13）。

（1）锯割加工。

用锯石机将花岗岩荒料锯割成毛板（一般厚度为20 mm或10 mm）或条状、块状等形状的半成品。该工序属粗加工工序，该工序对荒料的成材率、成材质量、企业的经济效益有重大影响。常用设备有：花岗岩专用的框架式大型自动加砂砂锯、多刀片双向切割机、多刀片计算机控制花岗岩切割机和花岗岩圆盘锯石机等。

（2）研磨抛光。

将锯好的毛板进一步加工，使其厚度、平整度、光泽度达到要求。该工序步骤是：① 粗磨校平；② 逐步经过半细磨、细磨、精磨及抛光，使花岗岩原有的颜色、花纹和光泽充分显示出来，取得最佳的装饰效果。常用设备有：自动多头连续磨机、金刚石校平机、桥式磨机、圆盘磨机、逆转式粗磨机、手扶磨机。

（3）切断加工。

用切割机将毛板或抛光板按所需规格尺寸进行定型并切断加工。常用设备有：纵向多锯片切割机、横向切割机、桥式切割机、悬臂式切割机、手摇切割机等。石材光板（经过抛光的板材称为光板）经过切割机切割成所需要的尺寸规格，石材即出厂销售了。有时候也需要在施工现场对石材进行现场加工，如改小、切角，则通常使用手提式切割机进行切割加工。有时需要特殊加工，如有些石材需要在上面打孔、磨边等，则通常用手提式切割机、角磨机对石材光板进行加工。

（4）凿切加工。

凿切加工是通过楔裂、凿打、劈剁、整修、打磨等办法将毛胚加工成所需产品，加工的成品表面可以是岩礁面、网纹面、锤纹面或光面。常用手工工具加工有：锤、剁斧、錾子、凿子等。有些加工过程可采用劈石机、刨石机、自动锤凿机、自动喷砂机等。

（5）烧毛加工（喷烧加工）。

烧毛加工是利用组成花岗岩的不同矿物颗粒的热膨胀系数的差异，用火焰喷烧使其表面部分颗粒热胀松动脱落，形成起伏有序的粗饰花纹。这种粗面花岗岩板材适用于防滑地面和室外墙面装饰。常用的设备有：花岗岩自动烧毛机。

（6）辅助加工。

辅助加工是将已切齐、磨光的石材按需要磨边、倒角、开孔洞、钻眼、铣槽、铣边等。常用的设备有：自动磨边倒角机、仿形铣机、薄壁钻机、手持金刚石圆锯、手持磨光抛光机等。

（7）检验修补。

天然花岗岩难免有裂隙、孔眼，加工过程中也可能产生小的缺陷，在通过清洗检验吹干后，将正品入库，缺陷不严重的可以通过黏结、修补以减少废品率。

锯割加工

切断加工

烧毛加工

凿切加工

研磨抛光

烧毛加工

图2-13 花岗岩的基本加工方法

3．石材表面纹理常见的加工方式

石材表面纹理常见的加工方式有很多，以下为常见的9种类型。

（1）研磨：研磨石材表面平整，有细微光泽，其光泽度可以有不同的选择；或其表面非常平滑，但多孔，在行人很多的地方这种表面很常见。研磨石材表面的颜色不如抛光表面的鲜明。

（2）抛光：抛光表面光度高，对光的反射强，能充分地展示石材本身丰富艳丽的色彩和天然的纹理，表面平滑而少孔。在生产中使用抛光砖和抛光粉形成抛光面（见图2-14）。

图2-14　抛光

抛光设备有多种，一般使用金刚砂作为磨料。花岗岩一般使用复合材料胶结的金刚砂磨块（也叫磨头）进行抛光，一般有1#、2#、3#、4#、5#和0#，共6种磨块，1#最粗，5#很细，0#则是不含金刚砂的抛光膏。加工时一般从1#到5#顺序进行，最后使用0#抛光。大理岩一般使用毛毡加蜡，再加各种不同粗细颗粒的金刚砂细粉进行抛光。

图2-14所示为某景观节点的旱喷泉，铺装的是磨光面的中国黑花岗岩。镜面反光效果配上黑色的质地，使此处景观节点尤为优雅，但磨光面石材的运用面积不宜过大，否则雨雪天气容易造成安全隐患。

（3）火烧：火烧是指用乙炔、氧气或丙烷、氧气或石油液化气、氧气为燃料产生的高温火焰对石材表面加工。火烧可以烧掉石材表面的一些杂质和熔点低的成分，从而在表面上形成粗糙的饰面，手摸上去会有一定的刺感。火烧面的特点是表面粗糙自然，不反光，加工快，价格相对便宜，且其表面多孔，必须使用渗透密封剂。

图2-15所示为某小块铺装形式，芝麻白和揭阳红的火烧面花岗岩搭配，由于水面在阳光下反光强烈，设计者选择了火烧面花岗岩而非磨光面花岗岩，使得路面不跟水面“争宠”。

图2-15　火烧

（4）翻滚：翻滚表面有点粗糙，是通过将大理岩、石灰岩（有时还有花岗岩）的碎片在容器内翻滚，使之形成古旧的样式。经常需要加入合适的酸蚀化学剂，令其表面有点粗糙，制作成古旧的效果，有时候需要使用增色剂加强色泽（见图2-16）。

图2-16　翻滚

（5）喷砂：用砂和水的高压射流将砂子喷到石材上，形成有光泽但不光滑的表面。可以根据石材的硬度调节高压射流的强弱，以达到喷砂表面所需的深浅、均匀程度（见图2-17）。

图2-17所示为人行路档，由于路档为整块石头，难免给人敦实的感觉，在表面运用喷砂进行处理，再加上在倒角处做凹缝，这样有效地削减了石材的敦实感。喷砂面细腻，不像火烧面一整块都粗糙不均，且喷砂面排列的颗粒大，更具有历史厚重气息。

图2-17　喷砂

（6）剁斧：它是用合金片做成的工具，通过人工或机器有规律地锤打石材表面，生成条状纹路。通过锤打形成的表面纹理，有防滑作用。通过锤打的粗糙程度、效果的不同，可分为荔枝面、龙眼面及菠萝面等。荔枝面：也叫龙眼面，荔枝面是用形如荔枝皮的锤在石材表面敲击，从而在石材表面形成的如荔枝皮的粗糙表面，分为机荔面（机器）和手荔面（手工）两种。一般而言，手

图2-18 剁斧

图2-19 机刨面

荔面比机荔面更细密一些，但费工费时。荔枝面相对于火烧面更显细腻，尤其是手荔面。所以荔枝面这种加工形式的石材常运用于私密的小径以及附近的路面铺装，而精致的路面，会使得路面与局部的小景观显得更加融洽。菠萝面：大体上同荔枝面，不过凹洼深、点状大，立体感强烈。

图2-18所示为在芝麻白表面进行的剁斧处理，剁斧面较机刨面形式活泼，更具有跳跃性，多运用于绿地、公园等路面，较防滑。

（7）机切：以刀具直接切割而获得的表面效果，通过不同的刀具，呈现不同的纹理，可分为拉丝面、机刨面、拉沟面等。拉丝面：用切割机划出规则的长条槽，防滑。机刨面：通过专门的刨机，用合金片划出长条槽。做出的成品效果确实不错，但由于费工、费时、成本高、浪费板材，已基本淘汰。拉沟面：在石材衣面上开一定深度和宽度的沟槽。

图2-19所示为进行机刨处理的芝麻黑表面。机刨面的形式规矩，韵律感强，但稍显呆板，多运用于较宽广的路面，如广场；或者建筑物周围的路面，更具几何美感。

（8）水洗：它是一种经高压水喷射石材表面、造成肌理的处理方法，通过剥离石材表面质地较软的成分，形成独特的毛面装饰效果，也叫水冲面、水喷面。

（9）酸洗：用强酸腐蚀石材表面，使其有小的腐蚀痕迹，外观比磨光面更为质朴。大部分的石头都可以酸洗，但是最常见的是大理岩和石灰岩。酸洗也是软化花岗岩光泽的一种方法。先酸洗后再做仿古加工可呈现酸洗仿古面的效果。

4．花岗岩板材的加工

花岗岩荒料经锯切加工制成花岗岩板材后，用不同的工序将花岗岩板材加工成以下品种。

（1）剁斧板材：经剁斧加工，表面粗糙，具有规则的条纹状斧纹。一般用于室外地面、台阶、基座等处。

（2）机刨板材：经机械加工，表面平整，有相互平行的机械刨纹。一般用于地面、台阶、基座、踏步等处。

（3）粗磨板材：经过粗磨，表面光滑、无光泽，常用于墙面、柱面、台阶、基座、纪念碑、基碑、铭牌等处。

（4）磨光板材：经过磨细加工和抛光，表面光亮，晶体裸露，有的品种同大理岩板材一样具有鲜明的色彩和绚丽的花纹，多用于室内外地面、墙面、立柱等装饰及旱冰场地面、纪念碑、基碑、铭牌等处。

（5）烧毛板材：将锯切后的花岗岩板材，利用火焰喷射器进行表面烧毛，使其恢复天然表面。烧毛后的石板先用钢丝刷刷掉岩石碎片，再用玻璃渣和水的混合液高压喷吹或用手动磨机研磨，以使表面色彩和触感都满足要求。火焰烧毛不适于天然大理岩和人造石材。

第二节 石材在景观中的运用

一、花岗岩在景观中的应用

花岗岩是一种由火山爆发的熔岩在受到相当的压力的熔融状态下隆起至地壳表层，岩浆不喷出地面，而在地底下慢慢冷却凝固后形成的构造岩，是一种深成酸性火成岩，属于岩浆岩。花岗岩是火成岩，也叫酸性结晶深成岩，是火成岩中分布最广的一种岩石，由长石、石英和云母组成，岩质坚硬密实。

在对实时高温作用下（常温～850 ℃）和高温作用（常温～1300 ℃）冷却后的花岗岩试件的单轴受压破坏过程做了大量的试验后，得到了实时高温作用下花岗岩的全应力-应变曲线和高温作用冷却后岩石破坏全过程的力学特征和声发射特征，表明在高温作用下，强度等力学性质连续恶化。第一，在经高温作用冷却后，花岗岩在200～600 ℃

的温度区间内出现了一个随温度升高，强度不降反增的异常现象。第二，在850 ℃之后，花岗岩的强度降低，呈现出较明显的塑性特征，花岗岩结构发生塑性转变的相变行为。第三，花岗岩承受900 ℃以上的高温作用后，声发射信号强度降低，持续时间增长，尤其在经过峰值后，残余塑性变形，释放出较密集的声发射信号。随着花岗岩所受温度升高，出现突发密集声发射信号的时间点延迟。

黑色花岗岩的质地坚硬，属于硬石材，耐酸碱腐蚀、耐高温日晒、耐冰雪，一般其使用年限是70～200年。经磨光处理后，其光亮如镜，质感丰富，有华丽高贵的装饰效果，是高级装饰工程中常用的材料。

（一）花岗岩的组成和外观特征

花岗岩是应用历史最久、用途最广、用量多的岩石，也是地壳中最常见的岩石。花岗岩一般为浅色，多为灰色、灰白色、浅灰色、红色、肉红色等，其主要化学成分为SiO_2、Fe_2O_3、FeO、MgO、CaO。其矿物成分主要以浅色硅铝矿物为主，暗色铁镁矿物较少。硅铝矿物的主要成分为碱性长石（正长石、微斜长石、歪长石），石英，酸性斜长石，其中石英含量大于20%。铁镁矿物的含量在15%以下，一般为3%～5%，比较常见有黑云母、角闪石。副矿物有锆英石、榍石、磷灰石、独居石等。

当花岗岩中斜长石的数量增加时，将逐渐过渡为花岗闪长岩或石英闪长岩；而当石英的数量减少，并保持碱性长石的数量不变时，则会过渡为正长岩。正长岩呈细粒、中粒、粗粒等粒状结构，或似斑状结构，一般深色矿物的自形程度较好，长石次之，石英的自形程度不好。浅成岩多具斑状结构（平均密度为2.7 g/cm³），孔隙率一般为0.3%～0.7%，吸水率一般为0.15%～0.46%。浅成岩的压缩强度在200 MPa左右，细粒花岗岩可高达300 MPa以上，花岗岩抗冻性好，板材可拼性好，色率少于20%，一般为10%左右，色调以淡的均匀色和美丽的花色为主。花岗岩的节理发育往往有规律，如果节理间距符合开采要求，不但无害，反而有利于开采出形状规则的石料。

花岗岩常以岩基、岩株、岩块等形式产出，并受区域大地构造控制，一般规模都比较大，分布也比较广泛。在我国，花岗岩石材矿床除分布在褶皱带、地盾和陆台结晶基底地区外，还大量出现在我国东部中生界、燕山期陆台活化的广大地区，如广东、福建、江西、浙江等省都是很有名的花岗岩产地。

（二）花岗岩的技术特性

花岗岩属硬石材，石质坚硬致密，表观密度为2700～2800 kg/m³；抗压强度高，为100～230 MPa；吸水率小，不大于1%；组织结构排列均匀规整，孔隙率小；化学性质稳定，不易风化，耐酸、耐腐蚀、耐磨、抗冻、耐久；但硬度大，开采困难；质脆，但受损后只是局部脱落，不影响整体的平直性；耐火性较差，由于花岗岩中含有石英类矿物成分，当燃烧温度达到573～870 ℃时，石英产生晶型转变，导致石材爆裂，强度下降，因此，花岗岩的石英含量越高，耐火性能越差。

（三）花岗岩的板材分类

1．板材分类

(1) 花岗岩板材按形状分，有如下两种类型。

a．普型板材（N）：正方形或长方形的板材。

b．异型板材（S）：其他形状的板材。

(2) 花岗岩板材按表面加工程度分，有如下三种类型。

a．细面板材（RB）：表面平整、光滑的板材。

b．镜面板材（PL）：表面平整、具有镜面光泽的板材。

c．粗面板材（RU）：表面平整、粗糙，具有较规则的加工条纹的机刨板、剁斧板、锤击板、烧毛板等。

2．板材规格以及质量等级

天然花岗岩板材的规格很多，室外地面标准板材的规格如表2-2所示，大板材及其他特殊板材规格由设计和施工部门与生产厂家商订。

表2-2 花岗岩的板材规格

室外地面		
长/mm	宽/mm	高/mm
300	150	30
300	300	30
600	300	30
600	600	30
900	600	30

按板材的规格尺寸允许偏差、平面度允许极限公差、角度允许极限公差，其外观质量分为优等品（A）、一等品（B）、合格品（C）三个等级。

3．命名与标记

（1）板材命名的顺序：荒料产地地名、花纹色调特征名称、花岗岩（G）。

（2）板材标记的顺序：命名、分类、规格尺寸、等级、标准号。

（3）标记示例：用山东济南墨色花岗岩荒料生产的400 mm×400 mm×20 mm、普型、镜面、优等品板材示例如下：命名：济南青花岗岩；标记：济南青（G）N PL 400×400×20A JC205。

4．技术要求

（1）普型板材的规格尺寸允许偏差应符合表2-3的规定。

（2）异型板材的规格尺寸允许偏差由供、需双方商定。

（3）平面度允许极限公差应符合表2-3的规定。

（4）角度允许极限公差、外观质量、物理性能。

① 普型板材的角度允许极限公差应符合表2-4的规定。拼缝板材正面与侧面的夹角不得大于90°，异型板材的角度允许极限公差由供、需双方商定。

表2-3 技术要求

（单位：mm）

分类	细面和镜面板材			粗面板材		
等级	优等品	一等品	合格品	优等品	一等品	合格品
长、宽度	0	0		—	—	—
	-1.0	-1.5		—	—	—
厚度≤15 mm	+0.5	+1.0	+1.0	—	—	—
	—	—	-2.0	—	—	—
厚度>15 mm	-1.0	+2.0	+2.0	+1.0	+2.0	+2.0
	—	—	-3.0	-2.0	-3.0	-4.0

表2-4 角度允许极限公差

(单位：mm)

分类	细面和镜面板材			粗面板材		
等级	优等品	一等品	合格品	优等品	一等品	合格品
板材长度范围						
≤400 mm	0.40	0.60	0.80	0.60	0.80	1.00
＞400 mm			1.00		1.00	1.20

② 外观质量：同一批板材的色调花纹应基本调和。

③ 物理性能：铅面板材的正面应具有镜面光泽，能清晰地反映出景物；镜面板材的镜面光泽度值应不低于75光泽用位，或按供、需双方所协商的样板（协议板）执行，其体积密度不小于2.50 g / cm³，吸水率不大于1.0%，干燥压缩强度不小于60.0 MPa，弯曲强度不小于8.0 MPa。

（5）试验方法。

① 规格尺寸：用刻度值为1 mm的钢直尺测量板材的长度和宽度；用测量精度为0.1 mm的游标卡尺测量板材的厚度。长度、宽度分别测量3条边，厚度测定4条边的中点，分别用偏差的最大值和最小值表示长度、宽度、厚度的尺寸偏差。用同块板材上厚度偏差的最大值和最小值之间的差值表示同块板材上的厚度极差，读数准确至0.2 mm。

② 平面度：将直线度公差为0.1 mm的钢平尺贴放在被检测平面的两条对角线上，用塞尺测量尺面与板面间的间隙。当被检测平面的对角线长度大于1000 mm时，用长度为1000 mm的钢平尺沿对角线分段检测。以最大间隙的塞尺读数表示板材的平面度允许极限公差，读数准确至0.05 mm。

③ 角度：用内角垂直度公差为0.13 mm，内角边长为450 mm×400 mm的90° 钢角尺测量，将钢角尺的长边紧贴板材的长边，短边紧贴板材的短边，用塞尺测量板材与钢角尺短边之间的间隙。当被检测角大于90° 时，测量点在钢角尺根部；当被检测角小于90° 时，测量点在距根部400 mm处；当钢角尺的长边大于板材的短边时，用上述方法测量板材的两对角；当钢角尺的长边小于板材的长边时，用上述方法量板材的四个角。以最大间隙的塞尺读数表示板材的角度允许极限公差，读数准确至0.05 mm。

④ 外观质量：a.色调：将选定的协议板与被检测板材同时平放在地上，在距板材1.5 m处目测。b.缺陷：将钢平尺紧贴有缺陷的部位，用刻度值为1 mm的钢直尺测量缺陷的长度、宽度。体积密度按GB/T 9966.3—2001的规定进行。干燥压缩强度按GB 9966.1—2001的规定进行。弯曲强度按GB/T 9966.2—2001的规定进行。

（6）检验规则。

① 出厂检验：a.项目：规格尺寸允许偏差、平面度允许极限公差、角度允许极限公差、外观质量、镜面光泽度。b.组批：同一品种、等级、规格的板材以200 m²为一批，不足200 m²的单一工程部位的板材往一批计。c.抽样：规格尺寸、平面度、角度、外观质量的检验从同一批板材中抽取2%，镜面光泽度的检验从以上抽取的板材中取5块进行。d.判定：单块板材的所有检验结果均符合技术要求中相应的等级时，判为该等级。同一批板材中，优等品中不得有超过5%的一等品；一等品中不得有超过10%的合格品；合格品中不得有超过10%的不合格品。当检验结果不符合上述要求时，应加倍抽样检查。如仍不符合要求，则判定该批板材的质量不符合该等级。

② 型式检验：检验项目包含技术要求中的全部项目的检验方式。有下列情况之一时，进行型式检验。

a．新建厂投产时。

b．荒料、生产工艺有较大改变时。

c．正常生产时每年进行一次。

d．工程质量监督机构提出进行型式检验的要求时。

(7) 标志、包装、运输与储存。

① 标志：出厂板材应注明生产厂名、商标、标记。配套工程用料应在每块板材侧面标明图纸编号。包装箱上必须有“向上”、“怕湿”和“小心轻放”等指示标志。

② 包装：包装时应按板材品种、规格、等级分别包装，并附产品合格证、说明书及配套工程用料图纸。包装质量应符合产品在正常条件下安全装卸、运输的要求。

③ 运输：板材运输过程中应防湿。严禁滚摔、碰撞。

④ 储存：板材应在室内储存，室外储存应加遮盖。板材应按品种、规格、等级或工程料部位分别码放。板材直立码放时，应让光面相对，层间加垫，垛高不超过1.5 m；板材平放时，应让光面相对，地面必须平整，垛高不超过1.2 m。包装箱码放高度不超过2 m。

(四) 天然花岗岩的常见品种

我国自产的天然花岗岩约有300余种，其中有四川的四川红，广西的岑溪红，山西的贵妃红、橘红，内蒙古的丰镇黑，河北的中国黑，山东的将军红，新疆的新疆红和河南的洛阳红等。进口花岗岩有印度红、蓝钻、绿晶、巴西蓝、西班牙米黄等。黑色系：内蒙古的蒙古黑、中国黑。山东的济南青、黑钻、黑金沙等。绿色系：河北的承德绿、孔雀绿、绿钻等。灰色系：灰钻、灰麻等。花色系：河南的菊花青，山东琥珀花、珍珠花、大白花等（见表2-5、表2-6）。

表2-5　天然花岗岩的常见品种

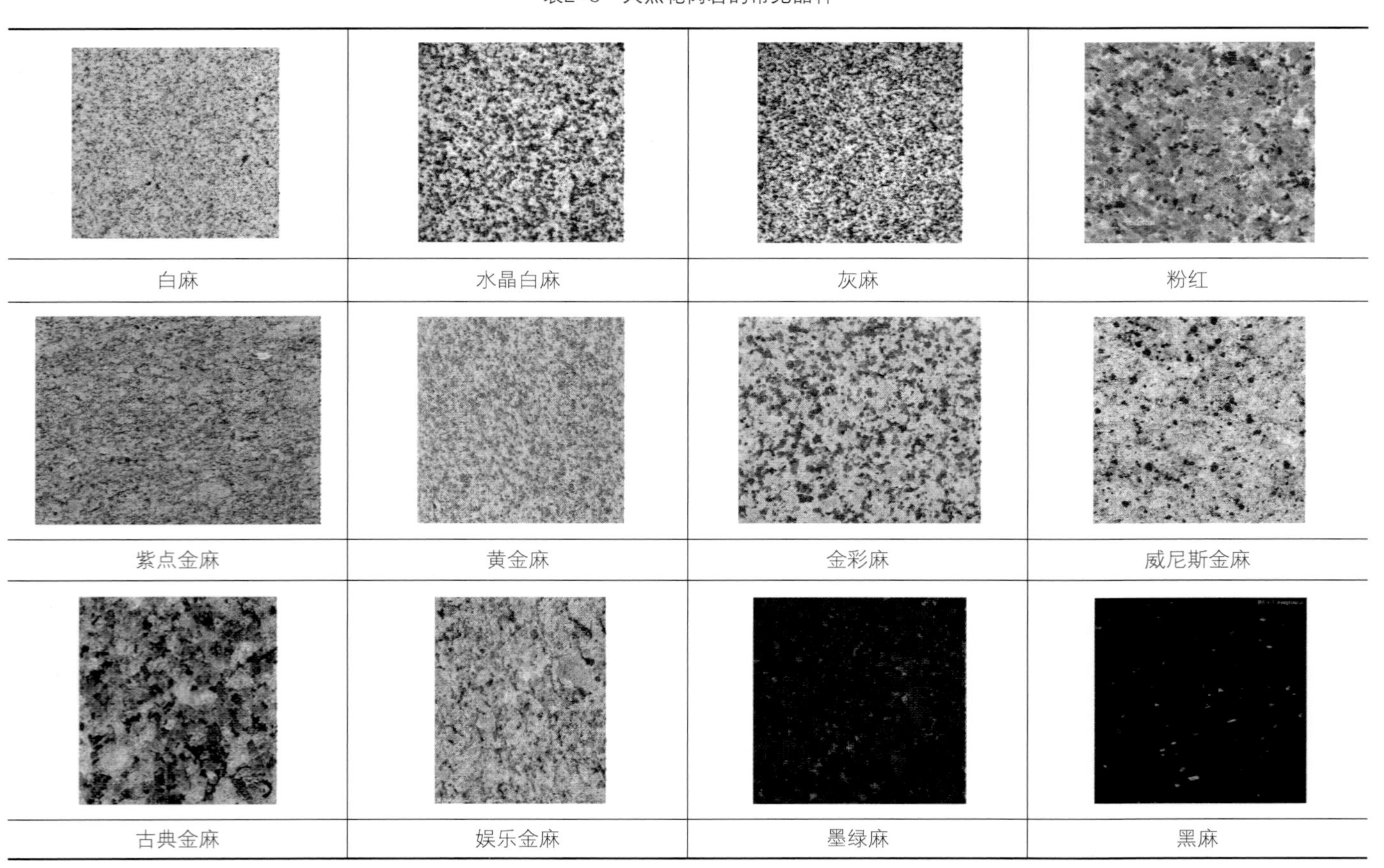

续表

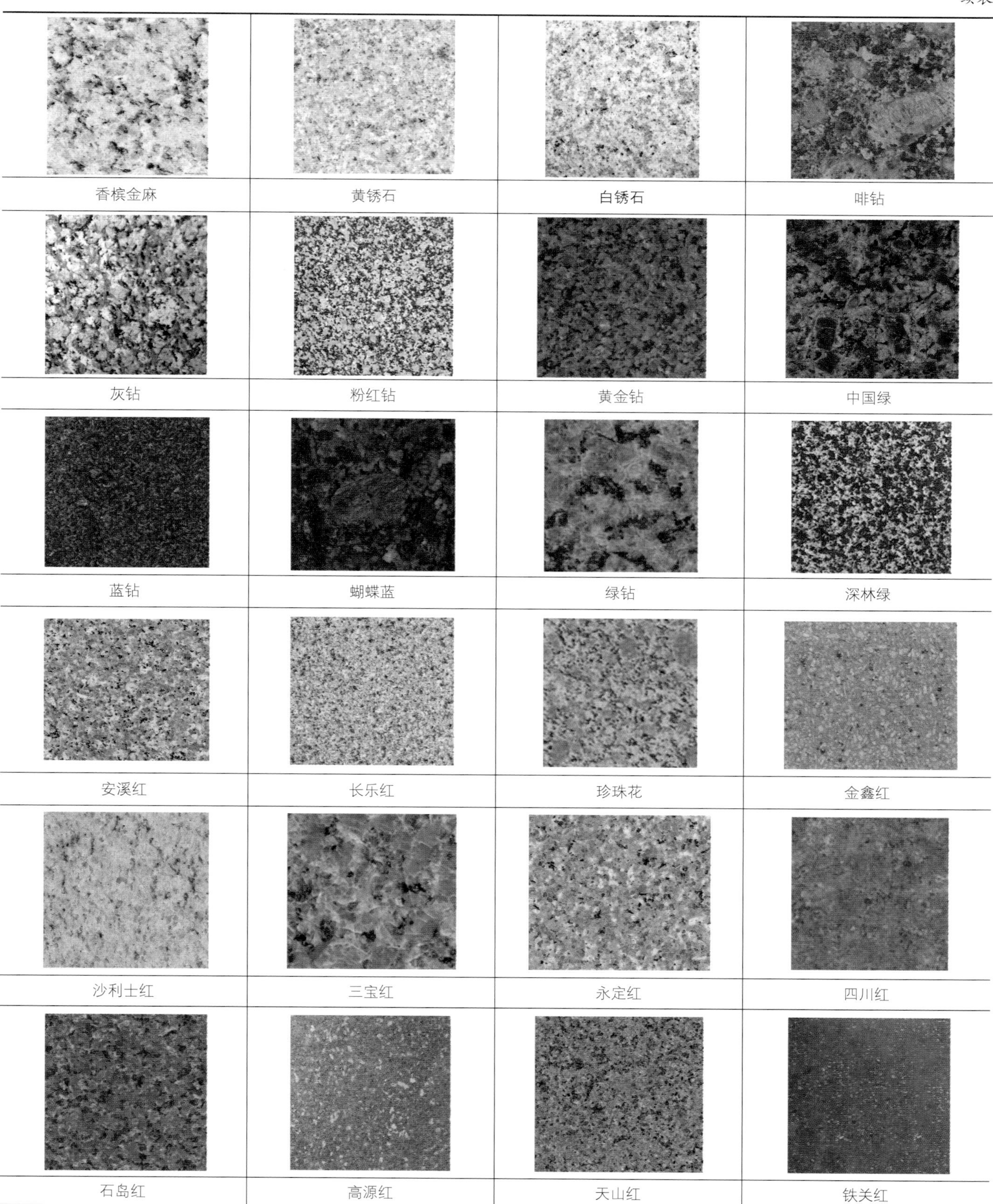

香槟金麻	黄锈石	白锈石	啡钻
灰钻	粉红钻	黄金钻	中国绿
蓝钻	蝴蝶蓝	绿钻	深林绿
安溪红	长乐红	珍珠花	金鑫红
沙利士红	三宝红	永定红	四川红
石岛红	高源红	天山红	铁关红

续表

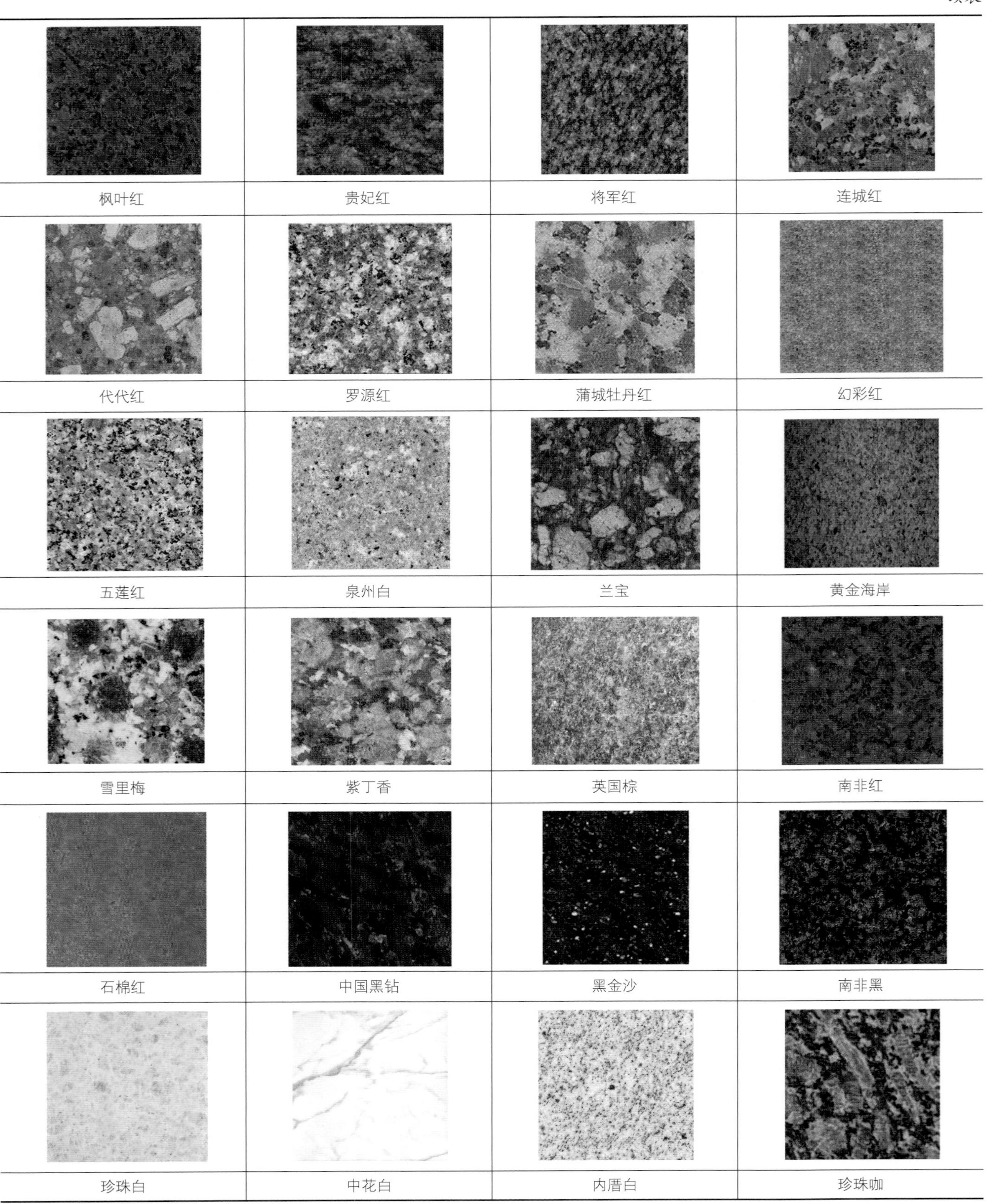

枫叶红	贵妃红	将军红	连城红
代代红	罗源红	蒲城牡丹红	幻彩红
五莲红	泉州白	兰宝	黄金海岸
雪里梅	紫丁香	英国棕	南非红
石棉红	中国黑钻	黑金沙	南非黑
珍珠白	中花白	内厝白	珍珠咖

续表

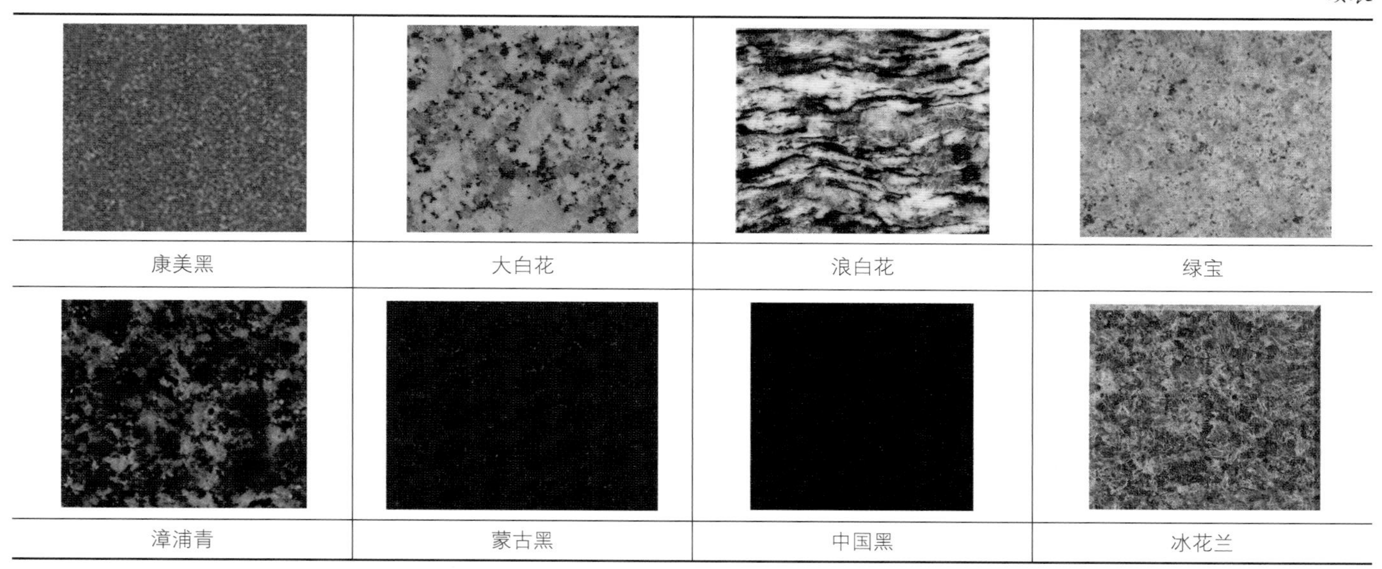

康美黑	大白花	浪白花	绿宝
漳浦青	蒙古黑	中国黑	冰花兰

表2-6　天然花岗岩常见品种的运用

序号	名称	特　点	运　用	产地
1	黄锈石	密度：2.62 g/cm³； 吸水率：0.18%； 抗弯强度：11.5 MPa； 抗压强度：139 MPa	磨光板、火烧板、薄板、台面板、环境石、地铺石、路延石、墙壁石、石制家具。价格低廉，用作景观石材时常做成荔枝面和火烧面。石雕及各种建筑工程配套用石材。加工：磨光面、亚光面、荔枝面、火烧面、喷砂面、龙眼面、斧剁面、机刨面、菠萝面、拉丝面、拉槽面	山东、福建、湖北
2	白锈石	密度：2.62 g/cm³； 吸水率：0.18%； 抗弯强度：11.5 MPa； 抗压强度：139 MPa	磨光板、火烧板、薄板、台面板、环境石、地铺石、路延石、墙壁石、石制家具、石雕。加工：磨光面、亚光面、荔枝面、火烧面、喷砂面、龙眼面、斧剁面、机刨面、菠萝面、拉丝面、拉槽面	汶上县
3	黑麻	密度：2.67 g/cm³； 吸水率：0.25%； 抗弯强度：14.1 MPa； 抗压强度：210 MPa	地铺石、台面板、石磡、工程外墙板、室内墙面板、地板、广场工程板、环境装饰路沿石等。加工：多采用火烧面的加工方式	福建
4	白麻	密度：2.67 g/cm³； 吸水率：0.30%； 干燥压缩强度：165 MPa； 抗弯强度：17.8MPa；	地面和墙面装饰、石磡、窗台、台面以及踏步过门石等。质地坚硬、细腻如雪。加工：光面、火烧面、荔枝面、机刨面、蘑菇面、自然面	山东

续表

序号	名称	特　　点	运　　用	产地
5	墨绿麻	密度：2.78 g/cm^3； 吸水率：0.13%； 抗压强度：123.5 MPa； 抗弯强度：16.7 MPa	室外地面、墙面。好的墨绿麻，白点较少，并且切出板材后鸡爪纹比较少，故不需胶补；而较差一些的墨绿麻切出板材后，鸡爪纹较多，则需要胶补。所有的墨绿麻，在太阳下放久后，都会变黄，只是变黄的程度不一样而已，其主要缺陷是有黑色色斑	巴西
6	粉红麻	抗压强度：139 MPa； 抗弯强度：11.5 MPa； 吸水率：0.19%	室外地面、墙面	广西
7	黄金麻	结构致密、质地坚硬、耐酸碱，承载性高，抗压能力及延展性好，很容易切割、塑造	加工抛光面、亚光面、细磨面、火烧面，水刀处理和喷砂等。一般用于地面、台阶、基座、踏步、檐口等处，多用于室内外墙面、地面、柱面的装饰，可以创造出薄板大板等	山东
8	幻彩红	体积密度：2.57 g/cm^3； 吸水率：0.30%； 抗压强度：107.10 MPa； 抗弯强度：13.60 MPa	主要用于锯切大板或制作景观石、风景石和其他工艺品	四川、湖北
9	雪里梅	结构致密、质地坚硬、耐酸碱，承载性高，抗压能力及研磨延展性好，很容易切割、塑造	用于地面、台阶、基座、踏步、檐口。可以在室外长期使用，可以创造出薄板大板	河南
10	绿宝	结构致密、质地坚硬、耐酸碱、耐气候性好，承载性高，抗压能力及延展性好，很容易切割、塑造	用于地面、台阶、基座、踏步、檐口等处，多用于室内外墙面、地面、柱面的装饰等。加工：抛光面、亚光面、细磨面、火烧，水刀处理和喷砂等。可以创造出薄板大板	河南
11	中国黑	抗压性：139 MPa； 抗弯性：11.5 MPa； 吸水率：0.17%	室外装修，如公园、广场等	河北
12	黑金沙	密度：2.97 g/cm^3； 吸水率：0.19%； 抗压强度：122.6 MPa； 抗弯强度：17.4 MPa 良好的抗冻性能	板材、室外地砖	印度

续表

序号	名称	特　点	运　用	产地
13	黄金钻	密度：2.64 g/cm^3； 吸水率：0.23%； 抗弯强度：10.8 MPa； 抗压强度：122 MPa	公共场所及室外的装饰及板材。加工：锯、切、磨光、钻孔、雕刻等	沙特阿拉伯
14	三宝红	结构致密、质地坚硬、耐酸碱、耐气候性好	荒料、石材板、室外墙面、地面、柱面的装饰、厚板、薄板、各种异型板	广西
15	枫叶红/溪红	体积密度：2.62 g/cm^3； 吸水率：0.24%； 抗压强度：158.8 MPa； 抗弯强度：8.9 MPa； 放射性很强	厚板、薄板、各种异型板	广西
16	娱乐金麻	密度： 2.64 g/cm^3； 吸水率： 0.31%； 抗压强度：119.00 MPa； 抗弯强度：10.20 MPa	墙面、地面	巴西
17	金彩麻	密度：2.64 g/cm^3； 抗压强度：128.8 MPa； 抗弯强度：9.6 MPa； 吸水率：0.4%	其颜色易搭配，材质坚硬，不易变形，目前市场用料非常多。火烧面用得较多，主要是外墙	巴西
18	英国棕	体积密度：2.97 g/cm^3； 抗压强度：122.6 MPa； 抗弯强度：17.4 MPa； 吸水率：0.19%	室外墙面	印度
19	啡钻	密度：2.76 g/cm^3； 吸水率：0.14%； 抗压强度：123.5 MPa； 抗弯强度：16.7 MPa	可做成面效果：抛光、亚光、细磨、火烧、水刀处理和喷砂等。一般用于地面、台阶、基座、踏步、檐口等处，多用于室内外墙面、地面柱面的装饰	芬兰
20	五莲花	耐磨性：0.6 g/cm^2； 吸水率：0.36%； 耐酸度：96.5%； 耐碱度：98.42%	盲道铺装、人行道板材铺装（铺路石）、广场石、楼梯踏步板	山东

（五）花岗岩的运用

1．地面

（1）规则式铺地：规则式铺地整齐、洁净、坚固、平稳，尤以图案多样和色彩丰富见长。因此，在设计时应特别注意材质的选择、色彩的搭配和图案的构筑，与环境协调统一，创造出美好的空间景域。规则式铺地在城市街道、园林步行路中最为常见（见图2-20）。

图2-20 规则式铺地

(2) 民俗石器铺地：用农耕文化中的石碾石磨等铺设道路，这种民俗石器观光道路，烙着岁月的痕迹，凝聚着中国劳动人民的勤劳与智慧，铭刻着我们的祖辈对美好生活的向往与追求（见图2-21）。

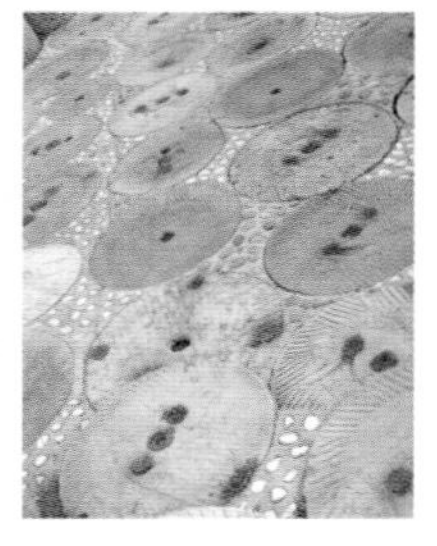

图2-21 石碾石磨铺地

(3) 不规则式铺地：由石材拼砌而成，经济、美观、自然。用其砌成的园路，能轻易地融合于自然环境之中。不规则砖石砌成的园路，多用于次要园路和游憩小路，供游人休息、散步之用（见图2-22）。

(4) 嵌草铺装：天然石块等材料嵌草铺装而成，可分为规则和不规则两大类，二者均通过质感对比的手法，将石材的坚硬、粗犷和青草的柔软、细腻形成鲜明的对比，从而营造出刚柔相济、和谐统一的自然美，是园林中常用的铺装方法之一（见图2-23）。

图2-22　不规则式铺地

图2-23　嵌草铺装

（5）带图案的铺地：多见于庭院、广场、游憩场所等相对安静的场地。所用材料种类繁多，其中以砌块材料较为常见。用不同的质感、色彩相互搭配、对比，与环境相互烘托，创造出风格各异的图案，为城市园林景观平添了无限的风光（见图2-24）。

（6）彩砖铺地：因其整齐、洁净、应用方便，尤其是色彩丰富等特点，在现代园林中广泛应用，使园林风景大大增色。在设计及应用彩砖铺路时，应特别注意色彩的搭配和图案的构成，以求与环境相协调（见图2-25）。

图2-24　带图案的铺地

图2-25　彩砖铺地

（7）砂石铺地：主要由卵石、碎石等材料拼装而成，主要有黄、粉红、棕褐、豆青、墨黑等多种色彩。它们的风格或圆润细腻，或朴素粗犷，极易与园林尤其是中国传统园林的环境和意境相协调，因而具有浓厚的“中国味”（见图2-26）。

（8）蘑菇石与花岗岩：一个粗犷，一个细腻，仿佛是一个文人雅士和一个柔弱女子的搭配，给人干净、清新之感。在整块路面上，这种搭配也不觉单调，而是颇有趣味（见图2-27）。

（9）卵石与花岗岩：在常见的卵石铺路上镶嵌、碎拼花岗岩，有利于打破沉闷的气氛，使园路顿时变得活跃不少。不过这种铺装形式较费时，只可用于小型道路中（见图2-28）。

（10）马蹄石与花岗岩：在花岗岩铺地中开辟一道马蹄石小路，马蹄石较为活泼，较能吸引人们的眼球，所以能很好地引导人们的行为（见图2-29）。

2．景观设计元素的应用

常用的景观设计元素有围墙、园亭、园路、水体。在相对近距离的观赏环境中，水、石、植物、小品、地形等景观要素的不同组合触动着观者的情感脉络，能够最直接地把景观的概念展示出来（见图2-30）。

图2-27　砂石铺地

图2-28　蘑菇石与花岗岩

花坛背景的设计是花园设计中的关键，石材在花园设计中是一种受欢迎的材料，常运用于路径或花园楼梯等景观构筑物中，如廊架、花架、连廊等（见图2-31）。

3．块料石材及其运用

块料石材的颜色、大小、形状各有不同，能用作地面（散铺）或钢筋捆扎景墙等的景观设计元素（见图2-32）。

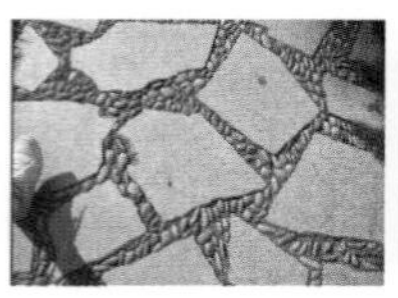

图2-28 卵石与花岗岩

图2-29 马蹄石与花岗岩

图2-30 景观设计元素

图2-31 石材的运用

续图2-31

图2-32　块料石材的运用

图2-33 毛石

（六）天然花岗岩和石灰岩的应用实例

1．自然石

毛石是指不成型的石料，处于开采以后的自然状态，它是岩石经爆破后所得的形状不规则的石块。形状较不规则的称为乱毛石，有两个大致平行面的称为平毛石。乱毛石一般要求石块中部的厚度不小于150 mm，长度为300～400 mm，质量为20～30 kg，其强度不宜小于10 MPa，软化系数不应小于0.75。平毛石的形状较乱毛石整齐，其形状基本上有六个面，但表面粗糙，中部的厚度不小于20 mm。毛石主要用于砌筑基础、勒角、墙身、堤坝、挡土墙等，也可配制片石混凝土等（见图2-33）。

常用的自然石有千层石、溪石、砾石、水冲石、太湖石、龟纹石、晚霞红、鹅卵石等（见表2-7）。其中鹅卵石有：天然颜色的机制鹅卵石、河卵石、雨花石、干粘石、造景石、木化石、文化石等。图2-32中的自然石可用作假山石、景观石、刻字石、门牌石、园林石、观赏石、奇石、草坪石等，适用于园林、公园、绿地、广场、车站、机关、企业、住宅小区、凉亭、庭院等（见图2-34）。

表2-7 自然石的种类

序号	(1)	(2)	(3)	(4)
图片				
名称	龟纹石	千层石	太湖石	泰山石
特性	主要成分为石炭岩，半裸于地表，古朴苍秀，典雅雄奇，其形态有竖层结构和横层结构两种。龟背花纹，其斑纹亦有方形、棱形、鱼鳞形、竹叶形等	沉积岩，纹理呈层状结构，在层与层之间夹一层浅灰岩石。外形平整，石形扁阔，纹理独特。石质坚硬致密，外表有很薄的风化层，比较软；石上纹理清晰，多呈凹凸、平直状，线条流畅，时有波折、起伏	石灰岩，为典型的传统供石，特征是“瘦、皱、漏、透”，多玲珑剔透、重峦叠嶂之姿，宜作园林石等	质地坚硬，基调沉稳、凝重、浑厚，多以渗透、半渗透的纹理画面而出现，结晶颗粒较粗，画面突出，对比色调强烈。在石面上，交织白色纹理，或凸或凹，构成图案，且光润亮泽。有石筋和石皮之分
颜色	灰白色、深灰色或褐黄色	灰黑色、灰白色，灰棕相间，其棕色稍显突	多为灰色，少见白色、黑色	以黑色、白色为主，有的嵌入红色或黄色的纹饰
运用	假山石、驳岸石，制作盆景假山	假山石，点缀园林或庭院，厅堂供石，制作盆景	宜作园林石等，如苏州留园的“冠云峰”、上海豫园的“玉玲珑”	石刻、风水石、观赏石
产地	青海省兴海县、安徽宿州市、湖南张家界、山东费县城北的钟罗山山系、重庆歌乐山、涂山	河北省遵化市、安徽灵璧县	太湖	泰山山脉周边的溪流山谷

续表

序号	(5)	(6)	(7)	(8)
图片				
名称	水冲石	鹅卵石	灵璧石	黄蜡石
特性	外形大多圆润有形，表面细润光洁。水冲石最大的特点是花纹绚丽多姿，石质坚实，以纹石较为珍贵。以质、色、形、纹以及独特的神韵和外观而著称	品质坚硬，色泽鲜明古朴，具有抗压、耐磨、耐腐蚀的天然石特性，是一种理想的绿色建筑材料	三奇即色奇、声奇、质奇，五怪即瘦、透、漏、皱、丑。灵璧石在所有的奇石中，莫氏硬度最好，处于4～7之间，最利于长期收藏	坚而细腻，莫氏硬度为7左右，色泽金黄，石表滑润，块体以15～50 cm大小居多，质地多以细蜡、晶蜡为主，偶有冻蜡
颜色	以黑色、黄色、青灰色为主	黑色、白色、黄色、红色、墨绿色、青灰色	漆黑色、灰黑色、浅灰色、赭绿色	黄蜡色、白蜡色、红蜡色、绿蜡色、黑蜡色、彩蜡色等
运用	景观石，更是游园、景区、别墅区建造人工河、泉滴潭池等水石景观的首选景观石材料	路面铺设，公园假山，盆景填充材料，园林艺术和其他高级上层建筑材料	观赏石，园林庭院，中者可作小丘蹬道、河溪步石、池塘波岸缀石、草坪散石点缀、盆景点缀	收藏，观赏石、景观石、刻字石
产地	湘西吉首市	贵州、广西、山东、辽宁	安徽灵璧县	广东台山、云南、湖南

序号	(9)	(10)	(11)	(12)
图片				
名称	钟乳石	山皮石	斧劈石	斑马石
特性	钟乳石光泽剔透、形状奇特，笋状、石柱状、帘状	经过自然风化后，山上的表皮浅层细小的混合石土	形状修长、刚劲，本身褶皱凹凸起伏较小，吸水性能较差，难于生苔	黑白相间的条带酷似斑马身上的条纹，因而被人们称为斑马石
颜色	乳白色、浅红色、淡黄色、红褐色	灰色、暗红色，也有黑褐色	深灰色、黑色为主、灰中带红锈或浅灰色	黑白条带相间排列

续表

运用	盆景石、假山石、景观石	假山石、驳岸石、景观石	园庭点缀和风景石	园林石、绿地点缀、假山石
产地	广西、云南	北京	江苏武进、丹阳	山东
序号	(13)	(14)	(15)	(16)
图片				
名称	晚霞红（朝阳红、幻彩石）	虎皮石	石笋石	砾石
特性	颜色犹如傍晚时分的晚霞，乃至出现五彩缤纷的彩霞，但并不像彩虹那么有规律，而好像是被打翻的颜料一样很随意。好似一种抽象画，有一种朦胧的美。此石花纹天成，色泽鲜艳，犹如晚霞，属于国内奇缺型景观石材	保留了石棉纤维状构造的石英集合体，它的颜色和纹理与树木十分相似，石体吸水性强	观赏石中的硬石类，大多呈条柱状，如竹笋形，修长直立；质地硬中带软，青灰色的细岩中往往沉积了一些卵石，犹如白果嵌在其中；外表状似松皮，往往三面已风化，色泽、纹理亦更自然耐观；在石料断裂处常有尖锐的棱角；形状以长者为佳	指平均粒径大于1 mm的岩石或矿物碎屑物。按平均粒径大小，又可把砾石细分为巨砾、粗砾和细砾三种：平均粒径1～10 mm的，称为细砾；10～100 mm的，称为粗砾；大于100 mm的，称为巨砾
颜色	晚霞般的红色	黄色、褐色、白色等	青灰色、豆青色、淡紫色等	颜色丰富
运用	刻字石、风景石，住宅小区、凉亭、庭院等	一般用来制作项链或雕刻饰品，盆景石、假山石	造园盆景制作材料，水族景观石，水中假山	铺路
产地	河南省西南部伏牛山脉	山东省济南市平阴县	浙江省常山县	南京等地

续表

序号	(17)	(18)	(19)	(20)
图片				
名称	五彩石	云雾石	溪石	河卵石
特性	石质细腻，手感润滑，图案、花纹美丽	黑白分明，层次感和立体感强	抗压强度强，抗弯强度弱	无不规则棱角
颜色	青色、黄色、赤色、白色、黑色五种颜色	黑色、白色	黄色、灰色	黄色、灰色
运用	图画观赏石	用于公园、公共休闲场所、房地产小区，是优化景区风景用石的首选之石	景观石，园林造景	庭院、道路、建筑施工用石的理想选择
产地	临朐县石家河乡焦家庄村、崔册村一带	广西忻城县	杭州	靠海河近处，河卵石居多

图2-34　自然石的运用

自然石在庭院中的运用如图2-35所示。

图2-35　自然石在庭院中的运用

二、大理岩在景观中的应用

大理岩是变质岩的一种，因其盛产于云南大理而得名。大理岩是石灰岩或白云岩受接触或区域变质作用而重结晶的产物，其矿物成分主要为方解石，遇盐酸产生气泡，具有等粒或不等粒的变晶结构，颗粒粗细不一。大理岩也是景观装饰石材中的一大门类。

大理岩的剖面通常可以形成一幅天然的水墨山水画，古代常选取具有成型的花纹的大理岩来制作画屏或镶嵌画。白色大理岩常被称为汉白玉。

大理岩相对于花岗岩而言质地较软，不光被用作一些普通家庭装饰，还被用来作为景观石的石材原料。选用时应根据大理岩的特点来，因材选材、用材。

（一）大理岩的组成和外观特征

（1）化学成分：主要为$CaCO_3$，此外还有Mg、Fe、Zn、Mn等元素，化学性质呈碱性。

（2）矿物成分：主要为方解石、白云石，有少量石英、长石等。由白云岩变质成的大理岩，其性能比由石灰岩变质而成的大理岩优良。

（3）外观特征：天然大理岩分纯色和花纹两大类，纯色大理岩为白色，如汉白玉；当变质过程中含有氧化铁、石墨等矿物杂质时，可呈玫瑰红、浅绿、米黄、灰、黑等色彩。磨光后，其光泽柔润（见图2-36）。

黑白根

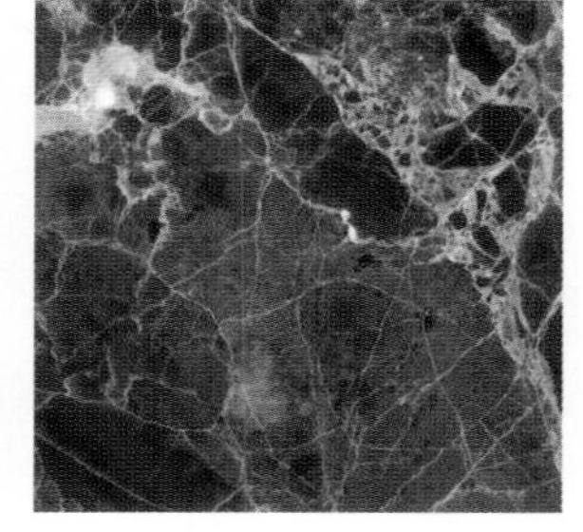

深啡网

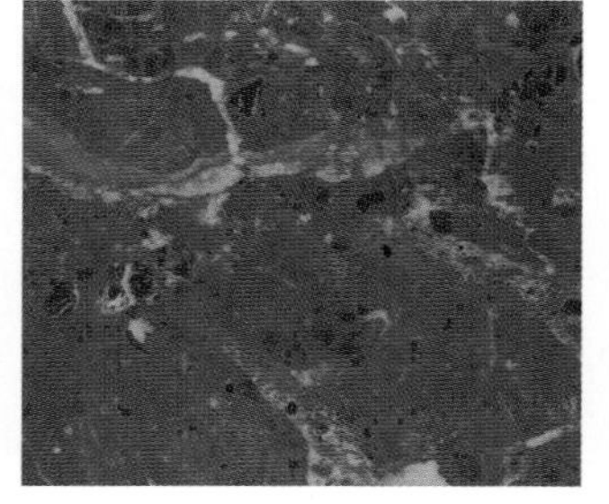

紫霞红

米黄啡网

图2-36　大理岩的外观特征

大花绿

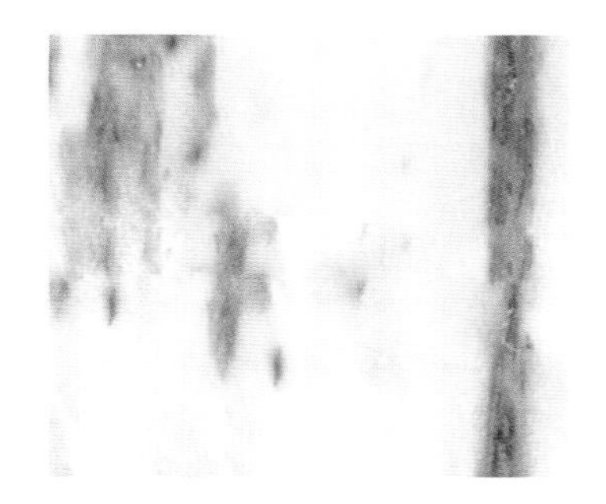
丹巴青花

房山白

爵士白

续图2-36

（二）大理岩的技术特性

（1）表观密度为2600～2700 kg/m³，抗压强度为70～300 MPa，吸水率低，不易变形，耐久、耐磨。

（2）硬度中等，较花岗岩低，莫氏硬度为2.5～5，易加工，磨光性好。由于大理岩的板材硬度较低，如在地面上使用，磨光面易受损，所以尽可能不将大理岩板材用于地面。

（3）抗风化性能差，除了极少数杂质含量少、性能稳定的大理岩（如汉白玉、艾叶青等）以外，磨光大理岩的板材一般不适宜用于室外装饰。由于大理岩中所含的白云石和方解石均为碱性石材，空气中的二氧化碳、硫化物、水等对大理岩具有腐蚀作用，使其表面失去光泽，变得粗糙多孔或崩裂。

（三）大理岩的主要特点

（1）力学性能稳定，组织缜密，材质稳定，能够保证长期不变形，膨胀系数小，防锈、防磁、绝缘。

（2）材质颗粒细腻均匀，其结晶粒度的粗细千变万化；颜色众多，有红色、白色、灰色、米色、黄色、绿色、紫色、蓝色、棕色、黑色等；同时，其纹理图案繁多，有山水型，云雾型，图案型（螺纹、柳叶、古生物等），雪花型等。大理岩的质感柔和，美观庄重，格调高雅，花色繁多，能进行各种加工，是装饰豪华建筑的理想材料，也是用于艺术雕刻的传统材料。

（3）资源分布广泛，便于大规模开采和工业化加工。

（4）质地比花岗岩软，属于中硬度石材，有较高的抗压强度和良好的物理化学性能，但是其材质的间隙较大，同时伴有裂纹、裂缝，容易断裂。

（5）属于变质岩，其形成过程复杂多样，且矿物种类繁多，所以不同的大理岩其材质性能差别很大，像莫氏硬度就从2.5到5相差了一倍。所以大理岩的使用有一定的标准：体积密度不小于2.6 g/cm³，吸水率不大于0.75%，干燥压缩强度不小于20 MPa，抗弯强度不小于7.0 MPa。

（四）大理岩板材的分类、规格、质量等级及技术要求

1．分类

大理岩材板按形状可分为普通型板材（N）和异型板材（S）。大理岩饰板多为镜面板材。

2．板材规格

天然大理岩标准板材的规格如表2-8所示。大板材及其他特殊板材的规格由设计或施工部门与生产厂家商定。国际和国内板材的通用厚度为20 mm，称为厚板。厚板的厚度较大，可钻孔、锯槽，适用于传统湿作业法和干挂法等施工工艺，但施工较复杂，进度也较慢。随着石材加工工艺的不断改进，厚度较小的板材也开始应用于装饰工程，常见的有10 mm、8 mm、7 mm等，也称为薄板。薄板可采用水泥砂浆或专用胶黏剂直接粘贴，石材利用率高，便于运输和施工，但幅面不宜过大，以免加工、安装过程中发生碎裂或脱落，造成安全隐患。

表2-8 天然大理岩标准板材的规格

(单位：mm)

室内地面			室内墙面		
长	宽	厚	长	宽	厚
300	150	20	300	150	25
300	300	20	300	300	25
600	300	20	600	300	25
600	600	20	600	600	25
900	600	20	900	600	25
900	900	20	900	900	25
800	800	20	800	800	25

3．质量等级与命名标记

(1) 质量等级。

根据国家标准GB/T 19766—2005，天然大理岩分为优等品（A）、一等品（B）和合格品（C）。

(2) 命名标记。

根据国家标准《天然大理岩建筑板材》（GB/T 19766—2005）对大理岩板材的命名和标记方法所作的规定，板材命名顺序为：荒料产地地名——花纹色调特征名称——大理岩代号（M）；板材标记顺序为： 命名——分类（普通型板材为N，异型板型为S）——规格尺寸（单位为mm）——等级——标准号。

4．技术要求

(1) 规格尺寸允许偏差、平面度允许极限公差、角度允许极限公差。

规格尺寸允许偏差、平面度允许极限公差、角度允许极限公差应符合表2-9的规定，其测量方法同花岗岩板材。异型板材的规格尺寸偏差由供、需双方商定。

表2-9 天然大理岩普型板的规格尺寸允许偏差、平面允许极限公差、角度允许极限公差

(单位：mm)

等级	规格尺寸			板材长度（平面度）				板材长度（角度）	
	长、宽度	厚度							
		≤15	>15	≤400	400～800	800～1000	≥1000	≤400	>400
优等品	0 -1.0	±0.5	+0.5 -1.0	0.20	0.50	0.70	0.80	0.30	0.50
一等品	0 -1.0	±0.8	+1.0 -2.0	0.30	0.60	0.80	1.00	0.40	0.60
合格品	0 -1.5	±1.0	±2.0	0.50	0.80	1.00	1.20	0.60	0.80

(2) 花纹色调。

同一批板材的花纹色调应基本一致，其测定方法同花岗岩板材。

(3) 缺陷。

板材正面的外观缺陷应符合表2-10的规定，其测定方法同花岗岩板材。

表2-10　天然大理岩板材外观质量的要求

<table>
<tr><th>缺陷名称</th><th>规定内容</th><th>优等品</th><th>一等品</th><th>合格品</th></tr>
<tr><td>缺棱</td><td>长度≤8 mm，宽度≤1.5 mm（长度<4 mm，宽度<1 mm的不计），周边每米长允许个数（个）</td><td rowspan="5">0</td><td>1</td><td>2</td></tr>
<tr><td>缺角</td><td>面积≤3 mm×3 mm（面积<2 mm×2 mm的不计），每块允许个数</td><td>1</td><td>2</td></tr>
<tr><td>裂纹</td><td>长度>10 mm，每块允许条数</td><td>0</td><td>0</td></tr>
<tr><td>色斑</td><td>面积≤6 m^2（面积<2 m^2的不计），每块允许个数</td><td>1</td><td>2</td></tr>
<tr><td>砂眼</td><td>直径≤2 mm</td><td>不明显</td><td>有，但不影响使用</td></tr>
</table>

5. 性质要求

(1) 大理岩的使用性能。

国家标准GB/T 19766—2005，规定了大理岩的外观质量、物理力学性能（见表2-11）和化学性能等技术要求。

表2-11　大理岩石材物理力学性能国家建材标准

项　目	指　标
体积密度/ (g/cm^3)	≥2.30
吸水率/ (%)	≤0.50
干燥压缩强度/MPa	≥50.0
抗弯强度/MPa	≥7.0
耐磨度/ ($1/cm^3$)	≥10

注：当用两块或多块大理岩进行组合拼接时，大理岩之间的耐磨度差异应不大于5；建议用于经受严重踩踏的阶梯、地面和月台的石材耐磨度不小于12。

(2) 大理岩的结构特性。

大理岩是变质岩中的一种，主要由方解石和白云石组成，空气中的二氧化硫遇水后，对大理岩中的方解石有腐蚀作用，即生成易溶的石膏，从而使表面变得粗糙多孔，并失去光泽。但大理岩的吸水率小、杂质少、晶粒细小、纹理细密、质地坚硬，如汉白玉、艾叶青等。

(3) 大理岩的装饰性。

大理岩的颜色丰富多彩，色彩斑斓。赤、橙、黄、绿、青、蓝、紫，以及由这些颜色组合而成的丰富多彩的颜色、花纹，在我们已知的大理岩中都能找到。白色大理岩中有洁白如玉者，如汉白玉、宝兴白；绿色石材中有碧绿如翡翠者，如绿宝石，白玉翡翠；红色石材中有如朝霞旭日、晚霞落日者，如红皖螺、徐州红。大理岩的颜色、花纹以其天然的纹理、自然的色彩包含了大自然的万千气象，蕴含着四时美景，充分展现了石材的自然之美。

中国古代就知道利用石材的颜色及花纹展示出纹理和特征来构成一幅山水画。有文人形容大理岩的颜色和纹理之美：“石最具观赏价值的是石之变化无穷的纹理，举凡花草禽兽之类均有。”自然山水是大理岩中最为常见的景致，胜景名山，风云变幻，非亲历其境者不能领略。

（五）大理岩的常用品种

1．汉白玉

汉白玉，别称康巴玉，主要化学成分是碳酸钙，它是一种化合物，化学式是$CaCO_3$，基本不溶于水。它可以以下形态存在：霰石、方解石、白垩、石灰岩、石灰华等。同时，它还是重要的建筑材料。汉白玉质地坚硬，石体中泛出淡淡的水印，俗称汗线，故而得名汉白玉。它晶莹洁白，色白纯洁，内含闪光晶体，底色纯白、透明，内含颗粒花纹，光泽度一般，难胶补。汉白玉的产量占整个大理岩产量的30%左右，多用于雕塑人像、佛像、动植物等。其常见缺陷为底色有差异，有时呈淡黄色；无明显花纹，颗粒较稳定；特别易崩易碎，但比松香黄好些。

图2-37　汉白玉栏杆

在日常生活中，我们经常能看到色调淡雅、纹理清晰、图案美观的汉白玉。人们常用汉白玉来装饰墙壁，制作桌面及各种文具和工艺品。北京故宫各大殿的台基周围的栏杆（见图2-37），就是用汉白玉制作的。天安门前的华表、金水桥，宫内的宫殿基座、石阶、护栏也都是用汉白玉制作的。历史上的皇宫陵墓如北京故宫和十三陵，均大量使用了汉白玉（见图2-38）。

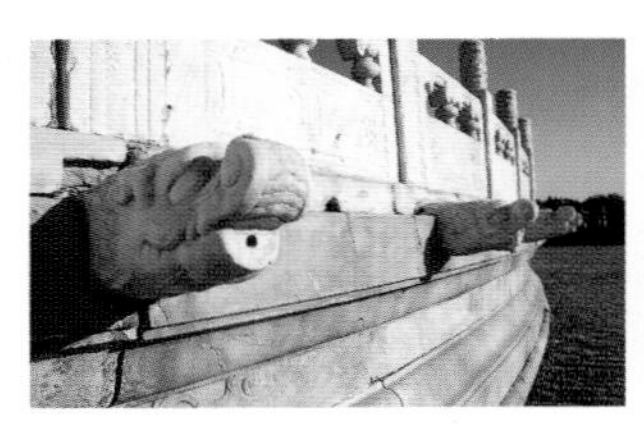

图2-38　汉白玉在景观中的应用

2. 青石板

图2-39　青石板地面

青石板是一种新型的高级装饰材料，纯天然无污染、无辐射、质地优良、经久耐用、价廉物美。丰富的石文化底蕴又使其具备了极高的观赏价值和收藏价值。图2-39所示为青石板地面。

青石板属于沉积岩类（砂岩），随着岩石埋深条件的不同和其他杂质（如铜、铁、锰、镍等金属氧化物）的混入，形成多种色彩。

青石板学名为石灰石，是水成岩中分布最广的一种岩石，全国各地都有产出，主要成分为碳酸钙及黏土、氧化硅、氧化镁等。当氧化硅含量高时，青石板硬度就高，青石板的容重为1000~2600 kg/m^3，抗压强度为10~100 MPa，材质软，易风化。

青石板易于劈制成面积不大的薄板，过去常用于园林中的地面、屋面瓦等（见图2-40）。因其古朴自然，一些室内装饰中也将其用于局部墙面装饰，达到返璞归真的效果，颇受欢迎。青石板取其劈制的天然效果，表面一般不经打磨，也不受力，挑选时只要选用没有贯通的裂纹的即可。

图2-40　青石板在景观中的应用

青石板质地密实，强度中等，易于加工，采用简单工艺即可凿割成薄板或条形材，是理想的建筑装饰材料。用于建筑物墙裙、地坪铺贴以及庭院栏杆（板）、台阶等，具有古建筑的独特风格。

常用青石板的色泽为豆青色和深豆青色，以及青色带灰白结晶颗粒等。青石板按加工工艺的不同分为粗毛面板、细毛面板和剁斧板等多种，也可根据建筑意图加工成光面（磨光）板。

三、文化石在景观中的应用

(一) 文化石

文化石（cultured stone）不是专指一种岩石，而是对一类能够体现独特建筑装饰风格的饰面石材的统称。这类石材本身也不包含特定的文化内涵，但是文化石具有粗砺的质感、自然的形态，其自然原始的色泽纹路展示出石材的内涵与艺术魅力，与人们崇尚自然、回归自然的文化理念相吻合，可以说，文化石是人们回归自然、返璞归真的一种体现。这种心态，我们也可以理解为是一种生活文化。因此，这类石材被人们统称为文化石或艺术石。

文化石可分为天然文化石和人造艺术石两大类。

（二）天然文化石的分类

1．按材质分类

天然文化石根据材质不同，主要可分为砂岩和板岩两种。

（1）砂岩。

砂岩是一种碎屑成分占50%以上的沉积岩，由碎屑和填充物两部分组成。按其沉积环境可分为：石英砂岩、长石砂岩和岩屑砂岩。

① 化学成分：主要是SiO_2和Al_2O_3。砂岩的化学成分变化很大，主要取决于碎屑和填充物的成分。

② 矿物成分：主要以石英为主，其次是长石、岩屑、白云母、绿泥石等。

③ 外观特征：质地细腻，是一种亚光饰面石材，具有天然的漫反射性和防滑性。有的则具有原始的沉积纹理，天然装饰效果理想。常呈白色、灰色、淡红色和黄色等。近些年常用作非光面的外墙饰面，通过其特有的色调和质感，营造一种欧美的乡村风情。

④ 物理特性：表观密度为2200～2500 kg/ m^3，抗压强度为45～140 MPa，吸湿性能良好，不易风化，不长青苔，易清理，但脆性较大，孔隙率和吸水率大，耐久性差。

⑤ 结构特征：结构致密，具有变余结构和板理构造，易于劈成薄片，获得板材。

⑥ 技术特性：硬度较大，耐火、耐水、耐久、耐寒，但脆性大，不易磨光。

（2）板岩。

板岩包括瓦板岩、锈板岩。瓦板岩由于与晶体状岩石最接近，与它们有很多共同点，瓦板岩主要用于屋顶的安装，规格、形式与排列、叠加的不同组合，使屋面更富立体感。锈板岩的形成主要是由于板岩中含有一定比例的铁质成分，当这些铁质成分与水和氧充分接触后，就会引起氧化反应，生成锈斑。这些锈斑形成天然的纹理，色彩绚丽，图案多变，每一块都绝无仅有。锈板岩有粉锈、水锈、玉锈、紫锈等类型。

图2-41 蘑菇石板

2．按加工形式分类

天然文化石根据加工形式不同，又可分为平石板、蘑菇石板、乱形石板、鹅卵石、条石、彩石砖、石材马赛克几个种类。

（1）平石板：平石板可分为粗面、细面、波浪面等平板和仿形砖，形状大多为规格一致的规则状，主要用于内外墙面的装饰，形态也较为规整。

（2）蘑菇石板：蘑菇石板（见图2-41）一般是长方形厚板，其装饰面的周边应打凿成宽细一致的边框，中间是凸起的散乱的蘑菇状，因此蘑菇石板一般采用大小一致的、形态规整的石材，大多用于内外墙面的装饰。

（3）乱形石板：乱形石板分为规则乱形石板和非规则的平面乱形石板。前者为大小不一的规则形状，如三角形、长方形、正方形、菱形等，用于地面装饰的也有六边形等多边形；后者多为规格不一的直边乱形（如任意三角形、任意四边形及任意多边形）和随意边乱形（如自然边、曲边、齿边等）。乱形石板的色彩可以是单色，也可以为多色。乱形石板的表面可以是粗面或自然面，也可以是磨光面。它多用于墙面、地面、广场路面等的装饰（见图2-42）。

（4）条石：条石是指形状厚度、大小不一的条状石板。主要用堆砌的方法，将条石层层交错叠垒，叠垒方向可水平、竖直或倾斜，组合成各种粗犷、简单的图案和线条，其断面可平整，也可参差不齐。其特点是随意层叠而不拘一格（见图2-43）。

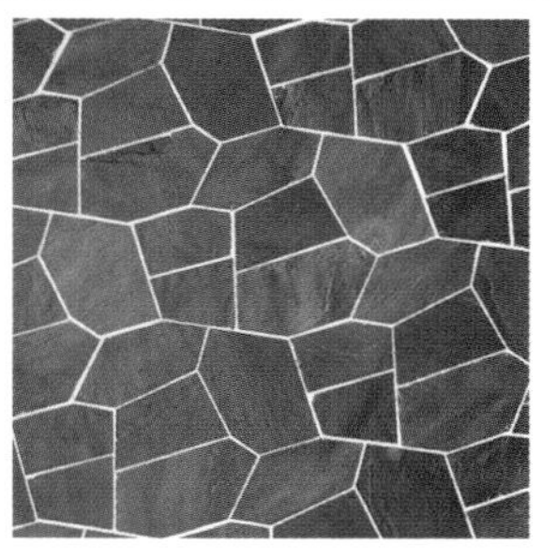

图2-42　天然板岩乱形石板与人造乱形石板

图2-43　天然板岩条石与人造条石

（5）彩石砖：彩石砖是仿砖类石材，利用各种天然石质材料制成，有丰富的自然质地和色彩，使建筑的最小单元在表现上依然魅力无穷。常用的规格是100 mm×100 mm，广泛用于广场、庭院地面的铺设。材质坚实，不会因气候变化或低温影响而变质。彩石砖的防滑效果好。

（6）石材马赛克：由天然石材所开解、切割、打磨成的各种规格、形态的马赛克块拼贴而成，是最古老和传统的马赛克品种。最早的马赛克就是用小石子镶嵌、拼贴而成的。石材马赛克具有纯天然的质感和天然石材的纹理，风格古朴、高雅，是马赛克家族中档次最高的种类。根据其处理工艺的不同，有哑光面和亮光面两种形态，规格有方形、条形、圆角形、圆形和不规则平面、粗糙面等（见图2-44）。

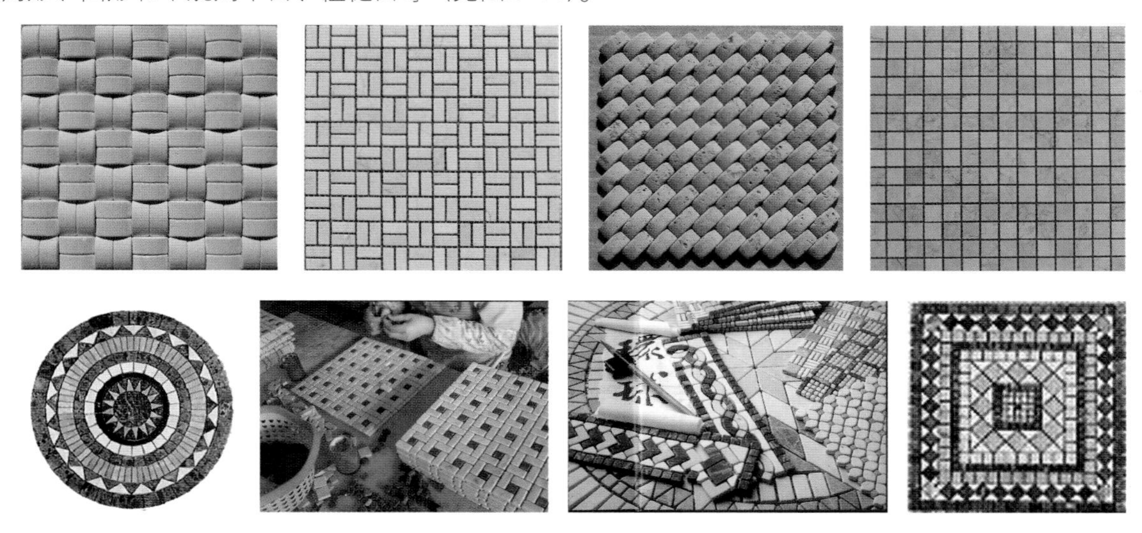

图2-44　石材马赛克

（三）天然文化石的用途

天然文化石材质坚硬、色泽鲜明、纹理丰富、风格各异，但文化石不够平整，一般用于室外或室内局部装饰。文化石有青黑、深绿、银灰等各种不同颜色和规则或不规则等各种形状。

天然文化石来自于自然界中的板岩、砂岩等，它们经过加工，就能成为良好的装饰建材。天然文化石抗压、耐磨、耐火、耐寒、耐腐蚀，吸水率低，且最主要是它耐用，不怕脏，可无限次擦洗。

由于其色泽、纹路能保持自然原石的风貌，能将石材质感的内涵与艺术性展现无遗，营造出古朴、自然的氛围，并且可以给人坚毅、至诚的感觉，所以近年来天然文化石受到青睐，广泛被用于墙体、地面的铺设。

文化石最主要的两项特征是：规格尺寸小于400 mm×400 mm，表面粗糙。

（四）人造艺术石

人造艺术石是以无机材料（如耐碱玻璃纤维、低碱水泥和各种改性材料及添加剂等）配制并经过挤压、铸制、焙烧等工艺而制成的。其表面风格参照天然文化石。粗犷凝重的砂质表面和参差起伏的层状排列，造就了逼真的自然外观和丰富的层理韵律。

人造艺术石有仿蘑菇石、剁斧石、条石、鹅卵石等多个品种，具有质轻、坚韧、耐候性强、防水、防火、安装简单等特点。人造艺术石无毒、无味、无辐射，符合环保要求。

按照人造石材生产所用的原料，人造艺术石可分为以下五类。

(1) 聚酯型人造石材。

聚酯型人造石材是以不饱和聚酯树脂为胶黏剂，与石英砂、方解石、石粉或其他无机填料按一定的比例配合，再加入催化剂、固化剂、颜料等添加剂，经混合搅拌、固化成型、脱模烘干、表面抛光等工序加工而成的。使用不饱和聚酯树脂的产品光泽好、颜色鲜艳丰富、可加工性强、装饰效果好；这种树脂黏度低，易于成型，常温下可固化。成型方法有振动成型、压缩成型和挤压成型。聚酯型人造石材的特点有以下几点。

① 花色品种多、色泽鲜艳、装饰性好。通过不同颜色的搭配可生产出不同色泽的人造石材，其外观极像天然石材，并避免了天然石抛光后表面存在轻微凹陷的缺陷，其质感与装饰效果完全可以达到天然石材的效果。

② 质量小、强度高、厚度薄、耐磨性较好。可以制成薄板（多数为12 mm厚），规格尺寸最大可达到5000 mm×5000 mm。

③ 耐蚀性、耐污染性好。聚酯型人造石材胶黏剂的原料是不饱和聚酯树脂，因而具有良好的耐酸性、耐碱性和耐污染性，对醋、酱油、食油、鞋油、口红、红墨水、蓝墨水、红药水、紫药水等不着色或着色十分轻微，且聚酯型人造石材的吸水率$<0.1\%$。

④ 可加工性好。聚酯型人造石材可根据设计要求生产出具有各种形状、尺寸和光泽的制品，并且制品可锯割、切割、钻孔等，加工容易，安装与使用十分便利。

(2) 复合型人造石材。

复合型人造石材采用的胶黏剂中，既有无机材料，又有有机高分子材料。其制作工艺是：先用水泥、石粉等制成水泥砂浆的坯体，再将坯体浸入有机单体中，使其在一定条件下聚合，形成人造石材。对板材而言，底层用性能稳定而价廉的无机材料，面层用聚酯和岩粉制作。无机胶黏剂可用快硬水泥、普通硅酸盐水泥、铝酸盐水泥、粉煤灰水泥、矿渣水泥以及熟石膏等。有机单体可用苯乙烯、甲基丙烯酸甲酯、醋酸乙烯、丙烯晴、丁二烯等，这些单体可单独使用，也可组合使用。复合型人造石材制品的造价较低，但它受温差影响后聚酯面易产生剥落或开裂。

(3) 水泥型人造石材。

水泥型人造石材是以各种水泥为胶黏剂，以砂、天然碎石粒为骨料，经配制、搅拌、加压蒸养、磨光和抛光后制成的人造石材。配制过程中，混入色料，可制成彩色水泥石。水泥型人造石材的生产取材方便，价格低廉，但其装饰性较差。水磨石、水洗石和各类花阶砖即属此类。

① 水磨石。

水磨石是最早的人造石材。水磨石是将碎石拌入水泥制成混凝土制品后表面磨光的制品，常用来制作地砖、台面、水槽等。

水磨石按制品表面加工程度可分为：磨面水磨石（M）、抛光水磨石（P）。

水磨石的常用规格尺寸为：300 mm×300 mm、305 mm×305 mm、400 mm×400 mm。

其他规格尺寸由设计、使用部门与生产厂家共同议定。

等级：水磨石按其外观质量、尺寸偏差和物理力学性能可分为优等品（A）、一等品（B）和合格品（C）。

标记：产品标记由牌号（商标）、类别、等级、规格和标准号组成。

水磨石面层的外观缺陷规定如表2-12所示。水磨石磨光面有图案时，其越线和图案偏差如表2-13所示。水磨石的规格尺寸允许偏差、平面度允许极限公差、角度允许极限公差如表2-14所示。

表2-12 水磨石面层的外观缺陷规定

缺陷名称	优等品	一等品	合格品
返浆、杂质	不允许		长×宽≤10 mm×10 mm的，不超过2处
色差、划痕、杂石、漏砂、气孔	不允许	不明显	
缺口	不允许	长×宽>5 mm×3 mm的缺口不应有； 长×宽≤5 mm×3 mm的缺口，石材周边不超过4处，同一条棱上不超过2处	

表2-13 水磨石磨光面有图案时，其越线和图案偏差

缺陷名称	优等品	一等品	合格品
图案偏差	≤2 mm	≤3 mm	≤4 mm
越线	不允许	越线距离≤2 mm，长度≤10 mm，不超过2处	越线距离≤3 mm，长度≤20 mm，不超过2处

表2-14 水磨石的规格尺寸允许偏差、平面度允许极限公差、角度允许极限公差

（单位：mm）

类别	等级/项目	长度、宽度	厚度	平面度	角度
球面和柱面用水磨石（Q）	优等品	0 −1	±1	0.6	0.6
	一等品	0 −1	+1 −2	0.8	0.8
	合格品	0 −2	+1 −3	1.0	1.0
地面和楼面用水磨石（D）	优等品	0 −1	+1 −2	0.6	0.6
	一等品	0 −1	±2	0.8	0.8
	合格品	0 −2	±3	1.0	1.0

续表

类别	等级 项目	长度、宽度	厚度	平面度	角度
踢脚板、立板和三角板类水磨石（T）	优等品	±1	+1 −2	1.0	0.8
	一等品	±2	±2	1.5	1.0
	合格品	±3	±3	2.0	1.5
隔断板、窗台板和台面板类水磨石（G）	优等品	±2	+1 −2	1.5	1.0
	一等品	±3	±2	2.0	1.5
	合格品	±4	±3	3.0	2.0

图2-45　水洗石

② 水洗石。

水洗石（见图2-45）是兴于南方的一种铺装材料，由直径5～15 cm的石材颗粒与混凝土结合而成。水洗石的颜色有米黄色、红色、褐色、黄色等，主要由加入的颜料的颜色确定。水洗石效果最佳时，是被水冲洗后。可在水洗石中加入不锈钢条、铜条等装饰元素。

（4）烧结型人造石材。

烧结型人造石材的生产方法与陶瓷工艺相似，是将长石、石英、辉绿石、方解石等粉料和赤铁矿粉，以及一定量的高岭土共同混合，一般配比为石粉60%、黏土40%，采用混浆法制备坯料，用半干压法成型，再在窑炉中用1000 ℃左右的高温焙烧而成。烧结型人造石材的装饰性好，性能稳定，但需经高温焙烧，因而能耗大，造价高。

（5）微晶玻璃型人造石。

微晶玻璃型人造石是指通过基础玻璃在加热过程中进行晶化控制而制得的一种含有大量微晶体和玻璃体的复合固体材料。尽管其抛光板的表面光洁度远高于石材，但是由于其特殊的微晶结构，光线由任意角度射入，都会产生均匀、和谐的漫反射效果，形成自然柔和的质感。微晶玻璃型人造石即使长期暴露于风雨及污染空气中，也不会产生变质、褪色、强度降低等现象，其质地坚硬，不易受损。

由于不饱和聚酯树脂具有黏度小，易于成型，光泽好，颜色浅，容易配制成各种明亮的色彩与花纹，固化快，常温下可进行操作等特点，因此在上述石材中，目前使用最广泛的是以不饱和聚酯树脂为胶黏剂而生产的聚酯型人造石材，其物理、化学性能稳定，适用范围广，又称为聚酯合成石。

四、新材料在景观中的应用

（一）二十一世纪外装饰的主流——砂岩

近些年，装饰、装修升温、炽热，各类装饰新材料、新格调出现速度之快，市场需求之旺盛，人人均有感受。在令人眼花缭乱的装饰市场上，真正具有生命力的新产品——砂岩艺术装饰产品，正以其独有的优势稳占市场，越来越受到人们的关注（见图2-46）。

在当今装饰市场中，纯欧洲古典建筑造价过高，中国古典装饰过繁，而现代装饰过简，唯有欧洲格调装饰与现代建筑艺术相结合的产品，才最适合极具时代感的现代人对审美的追求。

目前我国室外墙装饰常用材料多选用幕墙玻璃和瓷砖，据我国有关权威部门报道，幕墙玻璃和瓷砖虽有好的一面，但也有很多的不足之处：用幕墙玻璃装饰外墙，有光污染，给城市带来热岛效应，对环境有污染，并且抗震性能差，安全性不高，并且易风化，这些材料将来会被逐步淘汰。

图2-46 砂岩

现在流行的砂岩艺术装饰构件是环保装潢材料之一，砂岩具有无辐射、吸声、吸潮、色泽自然等特点，适用于高级会所、园林景观、背景墙、文化墙。它必将以其独特的风姿领导现代装饰新潮流，无论是新建筑物群，还是旧房改造外装饰，它都适合。纵观石材行业，砂岩艺术装饰产品具有极其广阔的前景，必然成为二十一世纪外装饰的主流。

（二）石材行业的后起之秀——火山岩

火山岩（见图2-47）是石材行业的后起之秀，它之所以慢慢被业内所认可，是因为其具有得天独厚的自身优势，它的“才能”是其他天然石材所不能比拟的。

图2-47 火山岩

首先，与其他天然石材相比，火山岩性能优越，除具有普通石材的一般特点外，还具有自身独特的风格和特殊功能。拿玄武岩来说，与大理岩等石材相比，玄武岩石材的低放射性，使之可以安全用于人类生活的居住场所，不会让选用此种石材作室内装饰的消费者如坐针毡。

其次，火山岩石材抗风化、耐气候变化，经久耐用；吸声降噪，有利于改善听觉环境；古朴自然，避免眩光，有益于改善视觉环境；吸水防滑，阻热，有益于改善体感环境；独特的“呼吸”功能能够调节空气湿度，改善生态环境。种种独特优点，可以满足当今时代人们在建筑装修上追求古朴自然、崇尚绿色环保的新时尚。

第三，火山岩石质坚硬，可以生产出超薄型石板材，经表面精磨后光泽度可达85°以上，色泽光亮纯正，外观典雅庄重，广泛用于各种建筑外墙装饰及市政道路广场、住宅小区的地面铺装，更是各类仿古建筑、欧式建筑、园林建筑的首选石材，深受国内外广大客户的喜爱和欢迎。

最后，火山岩石铸石管材具有极好的耐磨损、耐腐蚀性能。它可以替代有害的石棉和玻璃制品，替代金属材料，而且不失玻璃、金属等材料的优点。它与金属相比，质量小，耐腐蚀，寿命长。火山岩石铸石管材寿命可达百年，弹性、韧性均比钢材高出许多。另外，火山岩石铸石棒材塑性高于塑料，其板材强度高于轻金属合金，可承受坦克的碾压，耐腐蚀性也远远高于玻璃。

第三节 石材的施工工艺

一、石材主要的施工机锯

常用的施工机锯如图2-48所示。

石材雕刻机

异型石材磨边机

分裂机

切割机

抛光机

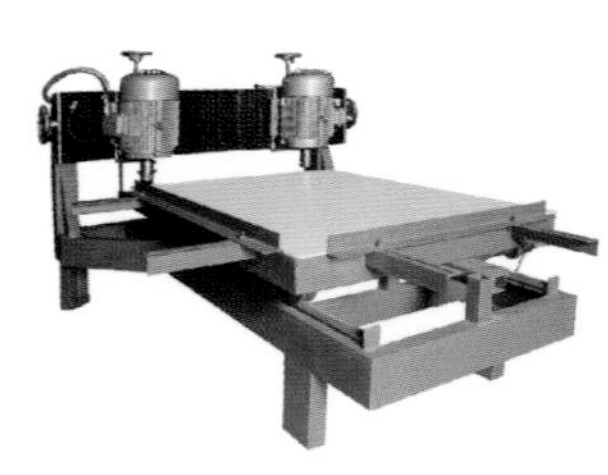
石材开槽机

图2-48 施工机锯

其中，分裂机用于护坡形成、边坡治理工程中的岩石的破碎，异型石材磨边机、切割机等用于石材的加工，抛光机用于石材的养护。

二、墙面石材干挂的施工方法和技术措施

1．主要工序的施工方法

(1) 结构偏差的实测。

实测结构的偏差对于结构的修整、二次设计的排板及板材加工等工作具有非常实际的指导意义。偏差的实测采取用经纬仪投测与垂直、水平挂线相结合的方法，挂线采用细钢丝。测量结果应及时记录，并绘制实测成果图，提交技术负责人和翻样人员进行二次设计。

(2) 施工图的二次设计。

接到完整的设计图纸后，应认真阅览和理解图纸，将问题汇总并及时与业主、监理、设计院、质检部门进行会审，交换意见，确定具体做法，扫清施工图纸中的障碍，进行二次图纸设计，并尽早提交施工现场和厂方。

(3) 放线。

外墙面的水平线以设计轴线为基准。要求各面大墙的结构外墙面在剔除胀模墙体或修补凹进墙面后，使外墙面距设计轴线的误差不大于1 cm。

放线的具体原则是：以各内墙设计轴线定窗口立线，以各层设计标高+50 cm线定窗口上下水平线，弹出窗日井字线并根据二次设计图纸弹出型钢龙骨位置线。每个大角下吊垂线，给出大角垂直控制线。放线完成后，进行自检复线，复线无误再进行正式检查，合格后方可进行下一步工序。

(4) 连接件的焊接与龙骨安装。

连接件采用角钢与结构预埋件三面围焊，为保证连接部位的耐久性，角钢边缘增加一道焊缝，即实际为四面围焊。焊接完成后，按规定除去药皮并进行焊缝隐检，合格后刷防锈漆三遍。连接件的固定位置按连接件的弹线位置确定，采取水平跟线、中心对线、先点焊、确定无误后再施焊的方法。

假柱、挑檐等部位由于结构填充空心砌块围护墙或石材面距结构面的空隙过大，为满足建筑设计的外立面效果，

需在砼结构外侧附加型钢龙骨。型钢龙骨通过角钢连接件与结构预埋件焊接，焊缝要求及检验、防腐的方法同上。次龙骨与挂件的连接采用不锈钢螺栓，次龙骨根据螺栓位置开长孔，与舌板相互配合实现位置的调整。型钢龙骨的安装位置必须符合挂板要求。

（5）挂件安装。

待连接件或次龙骨焊接完成后，用不锈钢螺栓对不锈钢挂件进行连接。不锈钢销钉的位置，T型不锈钢挂件的位置通过挂件螺栓孔的自由度调整，板面垂直无误后，再拧紧螺栓，螺栓拧紧度以不锈钢弹簧垫完全压平为准，隐检合格后方可进入下一步工序。

（6）面板安装。

根据图纸的要求，板材用挂件销接，自下而上分层托挂。板面原则上大面压小面，建筑物大角阳角及柱阳角为海棠角。板材开槽宽60 mm，孔深16 mm，孔中心距板材外表面磨光板12.5 mm、距烧毛板12.5 mm。板材安装必须跟线，按规格、按层找平、找方、找垂直。

挂板时缝宽按二次设计图纸的要求进行调整，先试挂，每块板用靠尺找平后再正式挂板，安装T型不锈钢挂件前应将结构胶灌入槽内。宽缝板处，T型不锈钢挂件与下方已安装好的石材上口之间，用高分子聚合物垫实。

2．关键工序的质量要求与技术措施

（1）连接件的焊接。

一般采用“预埋件+连接板+不锈钢挂件”或“预埋件+连接板+型钢龙骨+不锈钢挂件”固定石材的安装工艺，预埋件已于结构施工时完成，保证预埋件与连接板及型钢龙骨的焊接质量，要求如下所述。

① 焊接前清理焊口，焊缝周围不得有油污、锈物。焊接施工时应现场在业主代表及监理方的见证下取同样厚度的预埋板、连接件、型钢龙骨、焊条等做同条件下的焊接试件，并送质量监督检验部门检测。

② 正式施焊时应正确掌握焊接速度，要求等速焊接，保证焊缝厚度、宽度均匀一致。对电弧长度（3 mm）、焊接角度（偏于角钢一侧）、引弧与收弧都应按焊接规程执行。清除焊渣后进行外观及焊缝尺寸自检，确认无问题后方可转移地点继续焊接。

（2）石材安装。

首先应根据翻样图核对板材规格，核对无误后进行板端开槽和板材安装。为保证开槽的质量（垂直度、槽深、槽位），可采取如下措施。

现场制作木制石材固定架，将石板固定后再开槽。槽位上下对齐T形不锈钢挂件，标出位置后再开槽。槽深用云石机及标尺杆预先调好位置，以标尺杆顶住石材，槽深以16 mm为宜。开槽完毕后应进行自检，自检项目包括槽深、槽位、垂直度及槽侧的石材有无劈裂等。

石材上墙前，先清除槽内浮尘、石渣；试挂后，槽内注胶、安装石材，靠尺校核。

（3）嵌缝。

首先用特制板刷清理石材板缝，将缝内滞存物、污染物、粉末清除干净，再施刷丙酮水两遍，以增加密封胶的附着能力。

宽缝填塞嵌缝胶，填塞深度应平直一致（距石材板面8 mm）、无重叠。

嵌缝胶为美国DC硅酮密封胶，打胶前先贴胶条，避免污染相邻的石材，石材嵌胶后胶体呈弧形内凹面，内凹面距石材表面1.5 mm。胶枪嵌缝一次完成，应保证嵌缝无气泡、不断胶。嵌缝胶溜压应在初凝成型时完成，保证外形一致。

三、石材湿铺的施工方法和技术措施

湿铺主要用于地面工程和一些内墙及个别三层以下的外墙面。湿铺的主要优点是造价低。

主要工序的施工方法如下。

湿铺的铺贴砂浆材料的选择、配合比的控制是相当重要的，不同的板材、不同的部位，要选择不同的黏结材料和配合比。

铺板材用的水泥宜用425#硅酸盐水泥或425#普通水泥，白水泥宜选用525#普通水泥。

铺地面用的配合比宜采用水泥　砂=1　3.5。黏结层的配合比采用水泥　107胶水=10　1。

墙面花岗岩湿铺灌浆的厚度应控制在3～5cm之间，其砂浆配合比宜采用水泥　砂=1　3，厚度控制在8～12 cm之间，并应分层捣灌，每次捣灌高度不宜超过板材高度的1/3，间隔时间最少为4 h。对浅色、半透明的板材（如汉白玉、大花白），宜用白水泥作为黏结材料。对拌料用砂的纯度的要求比较严格，拌料用砂不能有杂质，不能混有泥土，并要统一颜色，避免砂浆的颜色渗透到表面。

花岗岩湿铺的一个主要缺点是墙面缝隙中常淌白、返浆，影响装饰效果，这种现象产生的主要原因是施工时水泥中的氢氧化钙从板材的接缝或孔隙中渗出来，与空气中的二氧化碳反应生成白色的碳酸钙结晶物。为避免这些缺陷，在铺贴前必须将花岗岩板的背面刷洗干净，然后刷上一层1　1的107胶水　水泥进行封闭，待干凝后再铺贴。这样，可以最大限度地预防墙面缝隙淌白、返浆。

为减少和避免墙面缝隙淌白、返浆，铺贴花岗岩板时灌浆的工序十分重要，灌浆时，一定要饱满、密实，不能有空鼓的现象。

除了砂浆配合比的准确性外，砂浆水灰比的控制也是很重要的，原则上宜稠不宜稀，但必须保证砂浆的密实度，尤其当墙面花岗岩密实度不够或含水量过多，砂浆凝固后水分蒸发留有孔隙，使停留在孔隙中的气体与砂浆（水泥）反应时，产生碳酸钙，花岗岩表面便会淌白、返浆。

四、地面石材的施工程序

地面石材铺装的规范程序为：清扫、整理基层地面→水泥砂浆找平→定标高、弹线→安装标准块→选料→浸润→铺装→灌缝→清洁→养护→交工。

1．石材地面的铺贴

石材地面的铺贴施工如图2-49所示。

（1）室外铺装的工序流程：放线定标高→整修基层→压实→垫层→弹线分格→铺贴面层。

（2）室外铺装的施工方法。

① 基层处理：将基层处理干净，剔除砂浆落地灰，提前一天用清水冲洗干净，并保持湿润。

② 试拼：正式铺设前，应按图案、颜色、纹理试拼，试拼后按编号排列，堆放整齐。碎拼面层时可按设计图形或要求先对板材边角进行切割加工，保证拼缝符合设计要求。

③ 弹线分格：为了检查和控制板块的位置，在垫层上弹上十字控制线（适用于矩形铺装）或定出圆心点，并分格弹线，碎拼不用弹线。

④ 拉线：根据垫层上弹好的十字控制线，用细尼龙线拉好铺装面层十字控制线或根据圆心拉好半径控制线；根据设计标高拉好水平控制线。

⑤ 排砖：根据大样图进行横竖排砖，以保证砖缝均匀，符合设计图纸的要求，如设计无要求时，缝宽应不大于1 mm，非整砖行应排在次要部位，但注意对称。

⑥ 刷素水泥浆及铺砂浆结合层：将基层清理干净，用喷壶洒水湿润，刷一层素水泥浆（水灰比为0.4～0.5，但面积不要刷得过大，应随铺砂浆随刷）。再铺设厚干硬性水泥砂浆结合层（砂浆比例符合设计要求，干硬程度为以手捏成团、落地即散为宜，表面洒素水泥浆），厚度控制在放上板块时高出面层水平线3～4 mm。铺好后用大杠压平，再用抹子拍实找平。

⑦ 铺砌板块：板块应先用水浸湿，待擦干表面、晾干后方可铺设。根据十字控制线，纵横各铺一行，依据编号图案及试排时的缝隙，在十字控制线交点处开始铺砌，向两侧或后退方向顺序铺砌。

铺砌时，先试铺，即搬起板块对好控制线，铺落在已铺好的干硬性水泥砂浆结合层上，用橡胶锤敲击垫板，振实砂浆至铺设高度后，将板块掀起，检查砂浆表面与板块之间是否相吻合，如发现有空虚处，应用砂浆填补。安放时，四周同时着落，再用橡胶锤用力敲击至平整。

⑧ 灌缝、擦缝：在板块铺砌后1～2天后，经检查石板块表面无断裂、空鼓后，进行灌浆擦缝，根据设计要求采用清水拼缝（无设计要求的可采用与板块颜色相同的矿物拌合均匀，调成1　1的稀水泥浆），用浆壶将水泥砂浆徐徐灌入板块缝隙中，并用刮板将流出的水泥砂浆刮向缝隙内，灌满为止，1～2 h后，将板面擦净。

⑨ 养护：铺好板块后的两天内禁止行人和堆放物品，擦缝完后，面层应加以覆盖，养护时间不应少于7天。

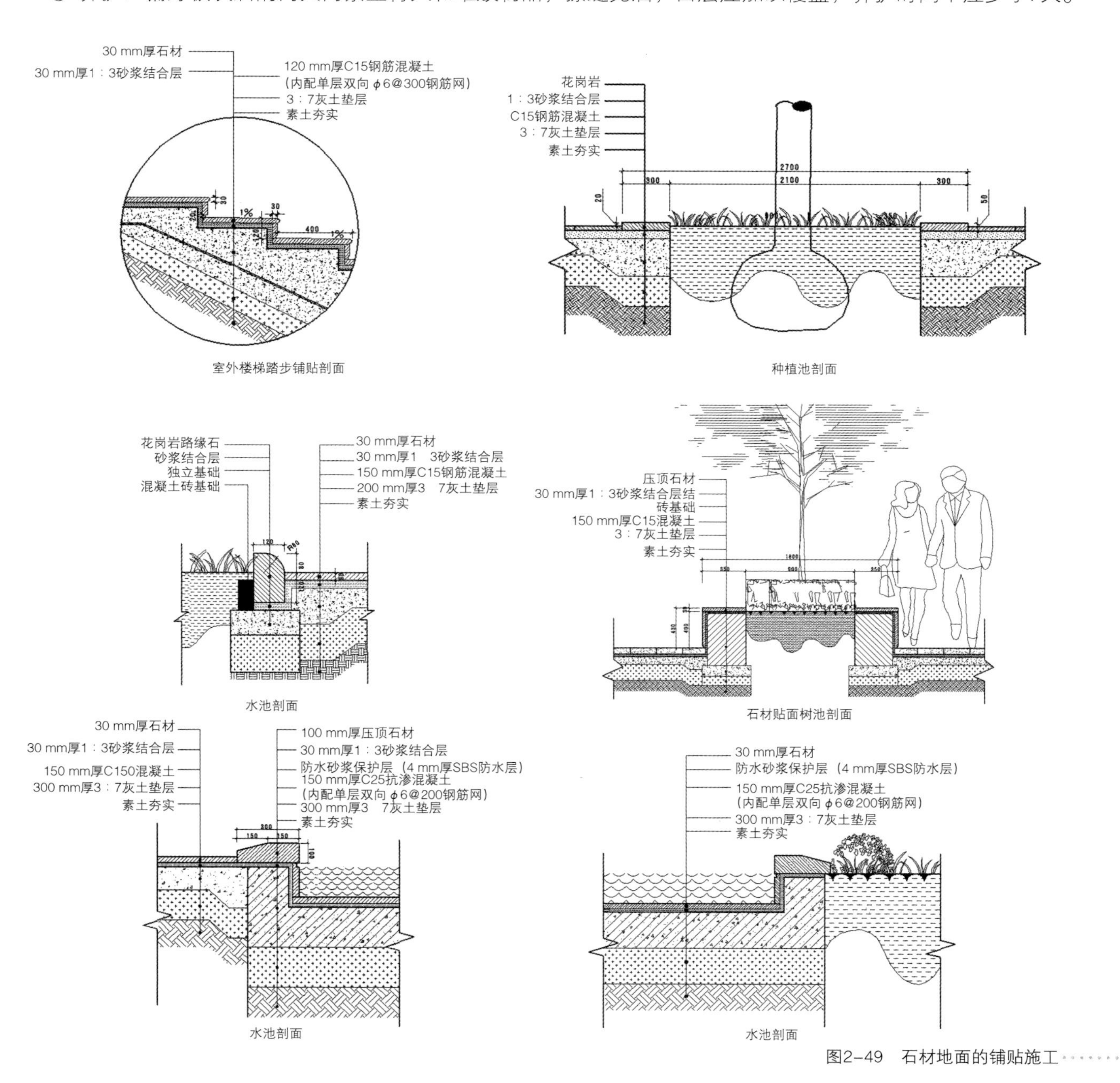

图2-49　石材地面的铺贴施工

2．地面石材的施工规范

（1）基层处理要干净，高低不平处要先凿平和修补，在抹底层水泥砂浆找平前，地面应洒水湿润，以提高与基层的黏结能力。

（2）铺装石材时必须安放标准块，标准块应安放在十字线交点，对角安装。铺装操作时要每行依次挂线，石材必须浸水湿润，阴干后擦净背面。铺贴时从中间向四方退步铺装。安放石材时必须四角同时下落，并用橡胶锤或木锤敲击，使石材紧实平整。

（3）石材地面铺装后的养护十分重要，安装24 h后必须洒水养护，两天之内禁止踩踏行走。为了不影响其他项目的施工，可在地面上铺设实木板供人行走。

3．地面石材铺装的验收

地面石材铺装必须牢固，铺装表面平整、洁净，色泽协调，无明显色差。接缝要平直，宽窄均匀，石材无缺棱掉角现象，非标准规格板材的铺装部位正确、流水坡方向正确。拉线检查误差小于2 mm，用2 m靠尺检查平整度误差，应小于1 mm。

五、砌石驳岸

（1）砌石驳岸(见图 2-50)是园林工程中最为主要的护岸形式。它主要依靠墙身自重来保证岸壁的稳定，抵抗墙后土壤的压力。园林驳岸的常见结构由基础、墙身和压顶三部分组成。

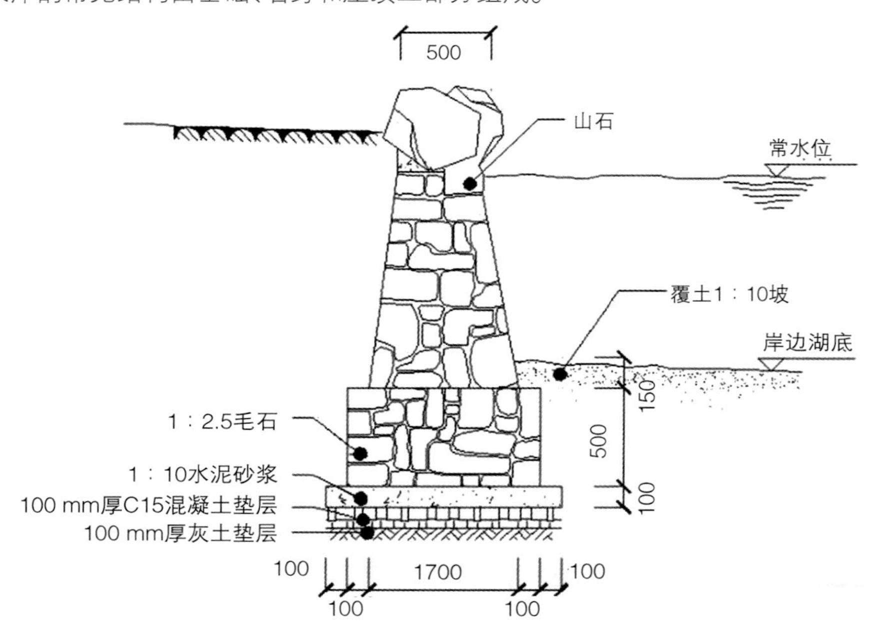

图2-50　砌石驳岸

基础是驳岸的承重部分，上部质量经基础传给地基。因此，要求基础坚固，埋入湖底的深度不得小于 50 cm，基础宽度要求在驳岸高度的 0.6～0.8 倍范围内；如果土质轻松，必须做基础处理。

（2）墙身是基础与压顶之间的主体部分，多用混凝土、毛石、砖砌筑。墙身承受压力最大，主要来自垂直压力、水的水平压力及墙后土壤侧压力，为此，墙身要确保有一定厚度。墙体高度根据最高水位和水面浪高来确定。考虑到墙后土壤侧压力和地基沉降不均匀变化等，应设置沉降缝。为避免因温差变化而引起墙体破裂，一般每隔10～25 m设伸缩缝一道，缝宽20～30 mm。

（3）压顶为驳岸最上面的部分，作用是增强驳岸的稳定性，阻止墙后土壤流失，美化水岸线。压顶用混凝土或大块石做成，宽度为30~50 cm。如果水体的水位变化大，即雨季水位很高，平时水位低，这时可将驳岸迎水面做成台阶状，以适应水位的升降。

（4）驳岸的施工流程。驳岸施工前必须放干湖水，或分段围堰堵截逐一排空。现以砌石驳岸说明其施工要点。砌石驳岸施工工艺的流程为：放线→挖槽→夯实地基→浇筑混凝土基础→砌筑墙身→砌筑压顶。

① 放线：布点放线应依据施工设计图上的常水位线来确定驳岸的平面位置，并在基础两侧各加宽20 cm放线。

② 挖槽：一般采用人工开挖，工程量大时可采用机械挖掘。为了保证施工安全，挖槽时要保证足够的工作面，对需要放坡的地段，务必按规定放坡。岸坡的倾斜度可用木制边坡样板校正。

③ 夯实地基：基槽开挖完成后应将基槽夯实，遇到松软的土层时，必须铺一层厚14～15 cm的灰土（石灰与中性黏土之比为3　7）加固。

④ 浇筑基础：采用块石混凝土基础。浇注时要将块石垒紧，不得列置于槽边缘。然后浇筑M15或M20水泥砂浆，基础厚度为400～500 mm，高度常为驳岸高度的0.6～0.8倍。灌浆务必饱满，要渗满石间空隙。北方地区冬季施工时可在砂浆中加3%～5%的$CaCl$或$NaCl$，用以防冻。

⑤ 砌筑墙身：用M5水泥砂浆来砌块石，砌缝宽1～2 cm，每隔10～25 m设置伸缩缝，缝宽3 cm，用板条、沥青、石棉绳、橡胶或塑料等材料填充，填充时最好略低于砌石墙面。缝隙用水泥砂浆勾满。如果驳岸高差变化较大，应做沉降缝，宽20 mm。另外，也可在墙身后设置暗沟，填置砂石，排除墙后积水，保护墙体。

⑥ 砌筑压顶：压顶宜用大块石（石的大小可视压顶的设计宽度选择）或预制混凝土板砌筑。砌时顶面一般高出最高水位50 cm，必要时亦可贴近水面。桩基驳岸的施工可参考上述方法。

六、水池工程

1．水池概述

水池在园林中的用途很广泛，可用作广场中心、道路尽端以及和亭、廊、花架等各种建筑的建筑小品，组合形成富于变化的各种景观效果。常见的喷水池、观鱼池、海兽池及水生植物种植池等都属于这种水体类型。水池的平面形状和规模主要取决于园林总体规划以及详细规划中的观赏与功能要求，水景中水池的形态种类众多，深浅和材料也各不相同，其中刚性水池如图2-51所示。

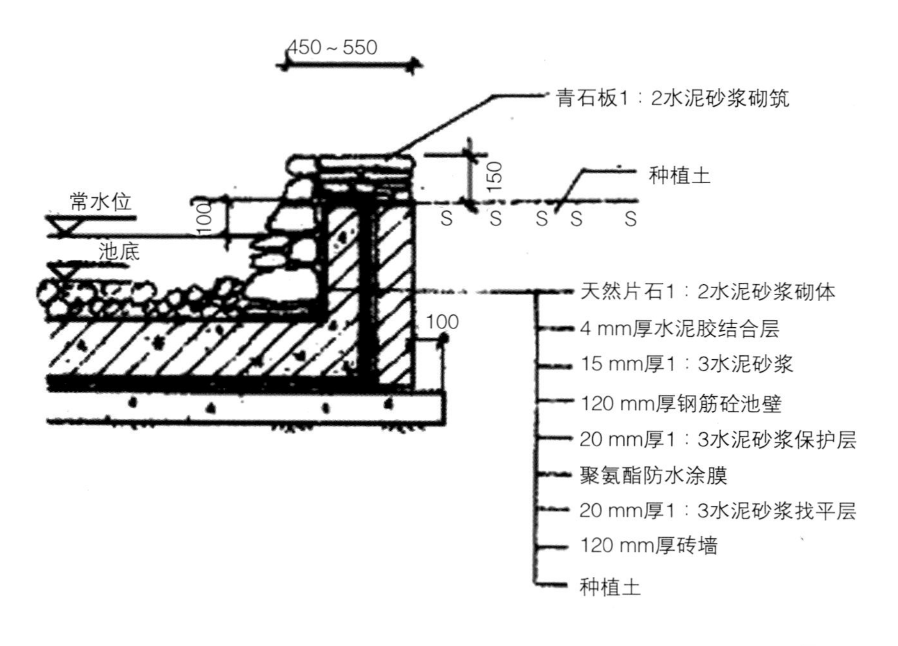

图2-51　刚性水池

2．水池的结构形式

在园林中，人工水池从结构上可以分为刚性水池、柔性水池、临时简易水池三种，具体可根据功能的需要适当选用。

七、溪流工程

1．混凝土结构

在碎石垫层上铺上砂子（中砂或细砂），垫层厚2.5～5 cm，盖上防水材料（EPDM等），然后现浇混凝土，厚度为10～15 cm（北方地区可适当加厚），其上铺水泥砂浆约3 cm，然后再铺素水泥浆2 cm，按设计要求放入卵石即可。

2．柔性结构

如果小溪较小，水又浅，溪基土质良好，可直接在夯实的溪道上铺一层2.5～5 cm厚的砂子，再将衬垫薄膜盖上。衬垫薄膜纵向的搭接长度不得小于30 cm，留于溪岸的宽度不得小于20 cm，并用砖、石等重物压紧，最后用水泥砂浆把石块直接黏在衬垫薄膜上。

3．溪岸施工

溪岸可用大卵石、砾石、瓷砖、石料等铺砌处理。和溪道底一样，溪岸也必须设置防水层，防止溪水渗漏。如果小溪环境开阔，溪面宽、水浅，可将溪岸做成草坪护坡，且坡度尽量平缓，临水处用卵石封边即可。

4．溪道装饰

为使溪流更自然有趣，可将少量的鹅卵石放在溪道上，这会使水面产生轻柔的涟漪。同时按设计要求进行管路安装，最后点缀少量景石，配以水生植物，饰以小桥、汀步等小品。

5．试水

试水前应将溪道全面清洁并检查管路的安装情况，而后打开水源，注意观察水流及岸壁，如达到设计要求，说明溪道施工合格。

八、园林块石护坡

在岩坡较陡、风浪较大的情况下，或因为造景的需要，在园林中常使用块石护坡（见图2-52）。护坡的石料最好选用石灰岩、砂岩等比重大、吸水率小的顽石。在寒冷的地区还要考虑石块的抗冻性。石块的相对密度应不小于2。如火成岩吸水率超过1%或水成岩吸水率超过1.5%，则应慎用。

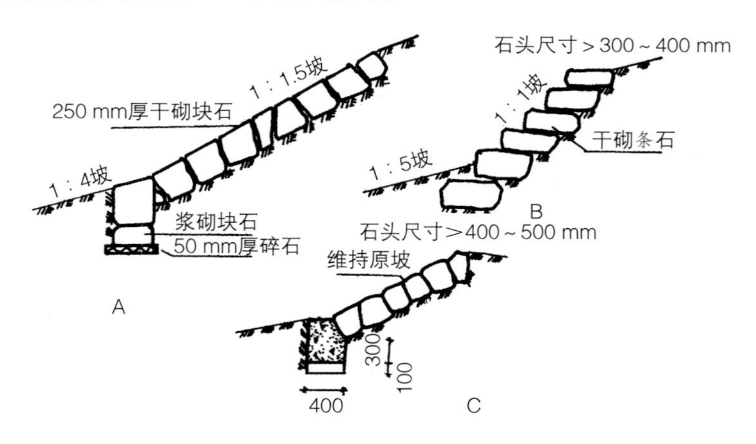

图2-52 块石护坡

3

第三章 木材景观材料

MUCAI JINGGUAN CAILIAO

第三章 木材景观材料

木材作为中国传统园林常用的材料，有着悠久的历史，它和土、石一样，是人类最早用于构建房屋、园林和修路砌桥的材料，是最古老的建筑材料之一，遍布地球的大部分地区并广泛为人们所使用。如今，木材在景观设计中有着举足轻重的地位，它质朴和极具亲和力的天然特质备受景观设计师的青睐。

景观设计施工中所用的木材主要取自树木的树干部分，即树的躯干。木材自古以来便是一种重要的建筑材料，如景观中的木栈道、木桥、休憩平台的木质铺装，以及木长廊、景亭等景观小品，都需要大量的木材。时至今日，木材由于其独特的性质和用途，仍被广泛应用于景观设计当中，并为人们创造了一个个自然美的生活空间。

第一节 木材的基本知识

一、木材的种类

木材泛指用于建筑的木质材料，常被统分为软木材和硬木材。工程中所用的木材主要取自树木的树干部分，木材因取材和加工容易，自古以来就是一种主要的建筑材料。木材的树种很多，按树叶的不同，可分为针叶树和阔叶树两大类。针叶树多为常绿树，树叶细长如针，树干通直高大，纹理平顺，木质均匀且较软，易于加工，故又称软木材。针叶树木材强度较高，体积密度高，胀缩和变形较小，含树脂多，耐蚀性较强。针叶树木材广泛用于各种构件、装修和装饰部件，以及室外防腐木料，常用的树种有红松、云杉、冷杉、柏木等。阔叶树大多为落叶树，树叶宽大，叶脉成网状，树干通直部分一般较短。大部分树种体积密度大，质地较坚硬，难加工，故又称硬木材，这种木材胀缩和翘曲变形大，易开裂，在建筑上常用于制作尺寸较小的构件，一些硬木材经加工后出现美丽的纹理，适用于室内装修，制作家具等。常用的阔叶树树种有樟树、榉树、水曲柳、榆树以及少数质地稍软的桦树、椴树等。

二、木材的加工和用途

木材按加工程度和用途的不同，可以分为原木、原条、板方材等（见图3-1）。

原木是指生长的树木被伐倒后，经修枝（除去皮、根、树梢）并截成规定长度的木材。

原条是指只经过修枝、剥皮，没有加工的木料。

板方材是指按一定尺寸锯解、加工成的板材和方材。截面宽度为厚度的3倍或3倍以上的称为板材；截面宽度不足

图3-1 木材的种类

厚度的3倍的称为方材。

三、木材的构造

木材属于天然建筑材料，由于树种和生长环境的不同，各种木材的构造特征有显著差别。木材的性质与其构造有关，木材的构造决定着木材的实用性和装饰性。因针叶树和阔叶树的构造不完全相同，所以它们的性质也有很大差异。用肉眼所能看到的木材组织，如生长轮或年轮、边材和心材、髓心、髓线等，也可以作为识别时的辅助依据。为便于了解木材的构造，通常将木材横切（垂直于树轴的切面）。木材在宏观下，可分为树皮、木质部和髓心三个部分。其中木质部是建筑材料使用的主要部分，在实际使用过程中，木材的切割方式除依据所需木材的尺寸外，木材的结构也是一个很重要的依据。如图3-2所示，许多树种的木质部接近树干中心颜色较深的部分，水分较少，称为心材；靠近横切面外部颜色较浅的部分，水分较多，称为边材。在树木横切面上深浅相同的同心环，称为年轮。年轮由春材（早材）和夏材（晚材）两部分组成。春材颜色较浅，组织疏松，材质较软；夏材颜色较深，组织致密，材质较硬。相同的树种，夏材所占比例越多，木材的强度越高，年轮密而均匀，木材质量就越好。树干中心的部分称为髓心，髓心的质地松软、强度低、易腐朽、易开裂。对材质要求高的用材不得带有髓心。从髓心向外的呈放射状横穿过年轮的辐射线，称为髓线，髓线与周围的连接较差，木材干燥时易沿髓线开裂。木材的切割方式如图3-3所示。

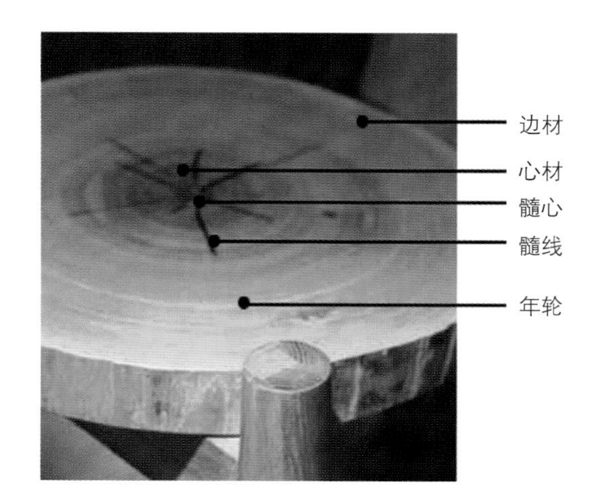

图3-2 木材的结构

图3-3 木材的切割方式

四、木材的基本性质

（一）木材的含水率

木材中的水分可分为三部分：存在于木材细胞壁内纤维之间的水分，称为吸附水；存在于细胞腔和细胞间隙之间的水分，称为自由水（游离水）；另外还有结合水，在木材中含量极少。木材的含水率受很多因素的影响，如树种、采伐时间及保存方式等。树种不同，含水率也不同。一般来说，边材的含水率高于心材的含水率；而且含水率在树干垂直分布，一般梢端含水较多；根据含水率的不同，木材分为生材、湿材、气干材、炉干材和绝干材。生材是指刚伐倒的木材。湿材是指长期处于水中的木材，含水率一般都很高，高过了生材。气干材是指放置于大气中的生材或者湿材，水分逐渐蒸发，最后同大气湿度达到平衡，此种木材，称为气干材，它的含水率在12%~18%之间，平均约为15%。炉干材是指经人工干燥处理（一般用蒸汽、真空、太阳能、微波进行干燥）后的木材，含水率为4%~12%，是装饰中使用最多的木材。绝干材是指在100~105 ℃的温度下干燥而成的木材，含水率最低，接近于零，多用于试验。

平衡含水率是指木材在大气中吸收或蒸发水分，与周围空气的相对湿度和温度相适应而达到水分恒定的含水率。如果木材的含水率小于平衡含水率，就会发生吸湿作用；大于平衡含水率，就会发生蒸发作用。木材的平衡含水率随树种、地区、季节和气候等因素而变化，在12%~18%之间，北方地区约为12%，南方地区约为18%，长江流域则约为15%。含水率是木材进行干燥时的重要指标，直接影响着木材的物理力学性质。因此，要采取适当的措施阻止木材的吸湿。

（二）木材的收缩和膨胀

木材具有显著的湿胀干缩性。当木材从潮湿状态干燥至纤维饱和点时，其尺寸并不改变。继续干燥，当干燥至纤维饱和点以下时，细胞壁中的吸附水开始蒸发，木材发生收缩；反之，当木材的含水率在纤维饱和点以下时，如果细胞壁吸收空气中的水分，随着含水率的增加，木材体积会产生膨胀，直到含水率达到纤维饱和点为止，此后木材的含水率继续增长，体积也不会再膨胀。

木材的湿胀干缩对木材的使用有严重影响，干缩会使木材产生裂缝或翘曲变形以至引起木结构的内部松弛，装修部件损坏等；湿胀则造成凸起。因此，木材在使用前应进行干燥，将其干燥至平衡含水率，使其含水率与使用时所处环境的湿度相适应。理论上，湿胀和干缩率相等，但实际干缩大于湿胀。

（三）木材的密度

木材的密度是指天然木材单位体积的质量，单位一般用g/cm³表示。木材的密度与木材的孔隙率、含水率和树种等有关。木材的孔隙率小，则密度大，反之则小；木材的含水率大，其密度也就大，反之则小；树种不同，其密度也不同。根据木材的密度，可以将其分为轻、中、重三种材质。一般来说，密度低于0.4 g/cm³者为轻木材，高于0.8 g/cm³者为重木材，密度在0.4~0.8 g/cm³之间者为中等材。常用的木材中，密度较大的为0.98 g/cm³，较小的为0.28 g/cm³，例如台湾的二色轻木是最轻的木材，密度仅为0.186 g/cm³，广西的舰木是最重的木材，密度为1.128 g/cm³。但是即使是同一树种，因产地、生长条件、树龄的不同，木材的密度也会随之不同。家具用材一般要求密度适中，而雕刻工艺则要求密度大为好。

（四）木材的强度

工程中使用的木材的强度，主要有抗压强度、抗拉强度、抗弯强度和抗剪强度，并且有顺纹与横纹之分。作用力方向与纤维方向平行时，称为顺纹；作用力方向与纤维方向垂直时，称为横纹。 每一种强度在不同的纹理方向上均不相同，木材的顺纹强度与横纹强度差别很大。理论上，顺纹抗拉强度最大，顺纹抗弯强度和顺纹抗压强度次之，横纹抗拉强度最小。但实际上顺纹抗压强度最大，这是因为木材在自然生长期间受到环境不利因素的影响，产生木节、斜纹、虫蛀、腐朽等缺陷，从而很大程度上影响了抗拉强度，使得抗拉强度反低于抗压强度。木材的强度还因树种而异，实际应用中，应根据木材的生长及相关特征，合理安排布局，充分利用其强度。

另外，木材的强度不仅与木材的构造、受力方向有关，还受含水率、载荷持续时间及木材的缺陷等因素的影响。当木材在纤维饱和点以上时，含水率发生变化，但木材的强度不变。当木材在纤维饱和点之下时，随着含水率的降低，细胞内的吸附水减少，细胞壁趋于紧密，木材的强度就变大，反之强度减小。木材的含水率对各种强度的影响程度也不一样，对抗拉强度的影响最小，对顺纹抗剪强度的影响次之，对顺纹抗压和抗弯强度的影响最大。

木材在长期载荷下不致引起破坏的最大强度称为木材的持久强度。木材的持久强度是木结构设计的重要指标和计算依据。它要比木材的极限强度小得多，一般为极限强度的50%~60%。木材受热后，纤维中的胶结物质处于软化状态，因此强度下降，当环境温度长期超过50 ℃时，不宜采用木结构。

第二节　木材在景观中的使用

一、景观中常用的原木

常用的木材来自针叶树和阔叶树。针叶树的材质一般较软，生产上称为软木材，如北欧赤松、美国南方松以及柳杉等各类杉木。阔叶树种类繁多，其中特别坚硬的木材，则称为硬木材，如菠萝格、柚木、紫檀等。另外，从树的不同部分锯下的木材质量也是不同的。例如，心材源于树的中心，较耐腐蚀；而边材靠近树皮一边，多孔，能更有效地吸收防腐剂和其他的化学物质。

目前专用户外木材的主要类型有：针叶树类（北欧赤松、红松、俄罗斯樟子松等），这种材料性能稳定，防腐剂能进入木材内部细胞组织中；阔叶树类（柚木、紫檀，菠萝格等），这种材料不能从根本上进行防腐处理，需要经常维护保养，且生长慢，费用较高。

每种木材都有各自的特点，如紫檀气味芳香，纹理细致，色彩丰富，质地坚硬；紫杉有清晰的纹理。

同时要注意，堆放木材时建议至少离地300 mm。如果把木材储存于户外，还要用防水帆布或塑料覆盖来保护。

二、防腐木材

（一）防腐木材的基本知识

木材是一种易腐、易燃、易被虫蛀的天然有机材料，如果保存和使用不当，或未进行妥善处理，在半年至两年内就会发生腐朽和虫蛀，影响美观，严重者则丧失使用价值。

图3-4 防腐木材

随着人们环保意识的加强和亲近自然以及个性设计的需求，防腐木材应运而生。要保持木材的美观和使用价值，最行之有效的方法就是对木材进行防腐处理。目前防腐木材在别墅、园林景观、家具装饰、古建等领域得到广泛应用。防腐木材（见图3-4）适用于建筑外墙、景观小品、亲水平台、凉亭、护栏、花架、屏风、秋千、花坛、栈桥、雨棚、垃圾箱、木梁等的室外装饰。外墙木板常用的厚度为12~20 mm，为防止木板太宽导致开裂，宽度一般控制在200 mm以下，长度一般控制在5 m以下。用于室外地板时，木板的厚度一般为20~40 mm。防腐木材是经过防腐工艺处理的天然木材，经常被运用在建筑与景观环境设施中，是现代景观重要的材料之一。防腐木材选用世界各地的优质木材，经过处理的防腐木材在室外条件下，正常使用的寿命可达到20年甚至30~40年之久。经过防腐处理的木料不会受到昆虫和真菌的侵蚀，性能稳定、密度高、强度高、纹理清晰，极具装饰效果。而且防腐木材的防腐剂与细胞极强的结合性能够抑制木料含水率的变化，降低木料变形开裂的程度。

木材的防腐剂本身具有一定毒性，但进入木材后，即和木材纤维发生化学反应，形成牢固结合，不仅不易被雨水等冲刷掉，而且外在的毒性消失，即使人、畜直接接触也无影响。传统方法，如给木材涂覆油漆等则只能将木材和外界隔开，并不能杀灭这些微生物，无法实现长效保护作用。经过现代工艺防腐处理过的木材较之则有本质不同，其寿命可延长几十年以上。

通过设计师的精心设计和巧妙应用，木材可以给园林景观和居住环境带来意想不到的效果，木材经过防腐处理后，更能体现出色泽自然、美观大方、防虫害、防真菌、防腐烂的优点。在当今中国，随着人们对防腐木材认识的加深，防腐木材在居住环境及园林景观里的应用已经逐渐普遍。

1．木材的防腐

中国木材防腐在东晋时葛洪所著的《抱朴子》一书中已有记载，近代木材防腐技术是随着化学工业的发展而发展起来的。1705年，法国首先发现升汞（氯化汞）有杀菌防腐的作用，但直到1832年，英国才在生产中加以应用，其他应用的水溶性防腐剂还有氯化锌、硫酸铜等。1836年，英国开始使用以杂酚油为代表的油质防腐剂，第一次世界大战期间，随着钢铁工业的发展，从煤焦油中分馏出特效防腐剂煤焦杂酚油，价格低廉，持久耐用，其消费量至今仍占主要地位。与此同时，防腐施工方法也由简易的涂抹法、浸泡法、冷热槽浸透法发展到工厂化的加压蒸煮法。近20年来还发展了双真空法和就地注射法，并改进了辅助防腐工艺。在木材防腐工艺中建立起来的木材防腐学，是木材加工工艺学科的一个组成部分，对防腐工艺起着指导和提高的作用。

通常防止木材腐朽的措施有多种，而破坏真菌生存条件是最常用、最直接的措施，常用的方法是使木制品、木结构和储存的木材处于经常通风的干燥状态，保证其含水率在20%以下，并对木制品和木结构表面进行油漆处理。油漆处理是一种极好的破坏真菌生存条件的方法，它可以使木材与空气和水分隔绝，同时又美化了木结构和木制品。而防腐木材的处理是通过涂刷或浸渍等方式，将化学防腐剂注入木材内，化学防腐剂可提高其抵御腐蚀和虫害的能力，使木材成为对真菌有毒的物质，从而使其无法寄生，达到防腐要求。木材的防腐剂一般分为三类，即：水溶性防腐剂、油质防腐剂和膏状防腐剂。水溶性防腐剂多用于室内木结构的防腐处理，常用的品种有氯化锌、氟化钠、硅氟酸钠、氟砷铬合剂、硼酚合剂、铜铬合剂、硼铬合剂等。油质防腐剂颜色深，有恶臭味，有毒，常用于室外木结构的防腐处理，常用的品种有煤焦油、混合防腐油、强化防腐油等。膏状防腐剂由粉状防腐剂、油质防腐剂、填料和胶结材料（煤沥青、水玻璃等）按照一定的比例配制而成，用于室外木结构的防腐。

木材注入防腐剂的方法很多，通常有表面涂刷法、表面喷涂法、冷热槽浸透法、压力渗透法和常压浸渍法等。其中表面涂刷法和表面喷涂法施工最为简单，但防腐剂不能渗入木材的内部，故防腐效果较差。冷热槽浸透法是将木材首先浸入热防腐剂中（>90 ℃）数小时，再迅速移入冷防腐剂中，以获得更好的防腐效果。压力渗透法是将木材放入密闭罐中，抽部分真空，再将防腐剂加压充满罐中，经一定时间浸泡后，防腐剂可以充满木材内部，取得更好的防腐效果。常压浸渍法是将木材浸入防腐剂中一定时间后取出使用，使防腐剂渗入木材内一定深度，以提高木材的防腐能力。目前，国际上通行的对木材进行防腐处理的主要方法是压力渗透法，即采用一种不易溶解的水性防腐剂，在密闭的真空罐内对木材施压的同时，将防腐剂打入木材纤维。经过压力处理后的木材，稳定性更强，防腐剂可以有效地防止真菌和昆虫对木材的侵害，从而使经过处理的木材具有在户外恶劣环境下长期使用的卓越的防腐性能。防腐处理程序并不改变木材的基本特征，相反可以提高木建筑材料在恶劣的使用条件下的使用寿命（见图3-5）。

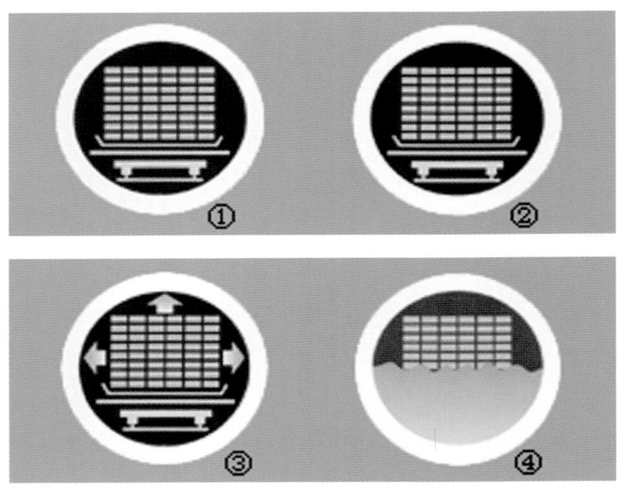

图3-5 木材的防腐处理

2．防腐工艺的流程

① 真空泵排除罐中的空气。

② 使防腐剂充满罐体。

③ 加压以使防腐剂充分渗透入。

④ 抽真空以排除多余防腐剂。

在处理厂，木材先被装入处理容器。容器应先抽真空，以便去除木材细胞内的空气，为添加防腐剂做好准备。真空罐内装满防腐剂，在高压下，防腐剂被压入木材细胞。然后，从处理容器中取出木材，放入固化室中。固化程序是防腐木材加工程序里最重要的一个环节，它是改变防腐剂化学结构的过程，能有效地把防腐剂与木材细胞黏结起来，从而阻止防腐剂从木材中渗漏，延长产品的使用寿命。处理后的木材表面美观，可以防止真菌和昆虫造成的腐蚀和腐烂。

（二）防腐木材的种类

1．俄罗斯樟子松

俄罗斯樟子松（见图3-6）能直接采用压力渗透法做全断面防腐处理，其优秀的力学性能及美丽的纹理深受设计师及工程师所推崇。俄罗斯樟子松防腐板材（见图3-7）应用范围极广，木栈道、亭院平台、亭台楼阁、水榭回廊、花架围篱、步道码头、儿童游戏区、花台、垃圾箱、户外家具以及室外环境、亲水环境及室内外结构等项目均可使用。由于其独特的防腐工艺，所构建的建筑作品都可以长期保存。

2．北欧赤松

质量上乘的北欧赤松（见图3-8~图3-10）经过特殊防腐处理后，具有防腐烂、防虫害、防真菌的功效。专门用于户外环境，并且可以直接用于与水体、土壤接触的环境中，是户外园林景观中木制地板、围栏、桥体、栈道及其他木制小品的首选材料。

图3-6　俄罗斯樟子松

图3-7　俄罗斯樟子松防腐板材

图3-8　北欧赤松原木

图3-9　北欧赤松

图3-10　北欧赤松幼苗

图3-11　西部红雪松板材一

3．西部红雪松

西部红雪松是北美等级最高的防腐木材（见图3-11、图3-12）。它卓越的防腐能力来源于自然生长的一种醇类物质，另外红雪松中可被萃取的一种酸性物质确保了木材不被昆虫侵蚀，无需再做人工防腐和压力处理。红雪松稳定性极佳，使用寿命长，不易变形。另外，它也适用于高湿度的环境，例如桑拿房、浴室和厨房，用于制作橱柜、衣柜等，可防虫害。红雪松由于未做化学处理及其纯天然特性，在全球市场深受欢迎。

4．黄松（南方松）

黄松（南方松）（见图3-13）的强度和比重大，具有优异的握钉力，是强度最高的西部软木，经过防腐和压力处理的黄杉，防腐剂可直达木芯，黄松在安装过程中可以任意切割，断面无须再刷防腐涂料，黄松板材（见图3-14）可以用于海水或河水中，绝对不会腐蚀。

图3-12　西部红雪松块材二

5. 铁杉

铁杉（见图3-15）是目前北美市场上最雅致、用途最广泛的树种，在强度方面略低于黄松，比较适合做防腐处理。经过加压防腐处理的铁杉木材既美观又结实，堪与天然耐用的北美红雪松媲美。铁杉可以保持稳定的形态和尺寸，不会出现收缩、膨胀、翘曲或扭曲，而且抗晒黑。几乎所有木材经过长期日晒后都会变黑，但铁杉可以在常年日晒后仍保持新锯开时的色泽。铁杉具有很强的握钉力和优异的黏结性能，可以接受各种表面涂料，而且非常耐磨，是适合户外各种用途的经济型木材（见图3-16、图3-17）。

图3-13 黄松（南方松）

图3-14 黄松板材

图3-15 铁杉

图3-16 铁杉原木

图3-17 铁杉板材

6. 柳桉木

柳桉木通常分为白柳桉和红柳桉两种。白柳桉，常绿乔木，树干高而直，木材结构粗，纹理直或斜面交错，易于干燥和加工，且着钉、油漆性能均好；红柳桉，木材结构纹理亦如白柳桉，径切面花纹美丽，但干燥和加工较难。柳桉木在干燥过程中少有翘曲和开裂现象，柳安木木质偏硬，有棕眼，纤维长，弹性大，易变形（见图3-18、图3-19、图3-20）。

图3-18 柳桉木原木

图3-19 柳桉木块材

图3-20 柳桉木板材

7．芬兰木

芬兰木属于人工防腐木材，是经加压灌注ACQ防腐剂处理和KDAT（二次窑干）的户外防腐木。芬兰木是经真空脱脂后，在密闭的高压仓中灌注水溶性防腐剂ACQ，使防腐剂浸入木材的深层细胞，从而使木材具有抗真菌、防腐烂、防虫害的功能，且密度高、强度高、握钉力好、纹理清晰，极具装饰效果（见图3-21）。

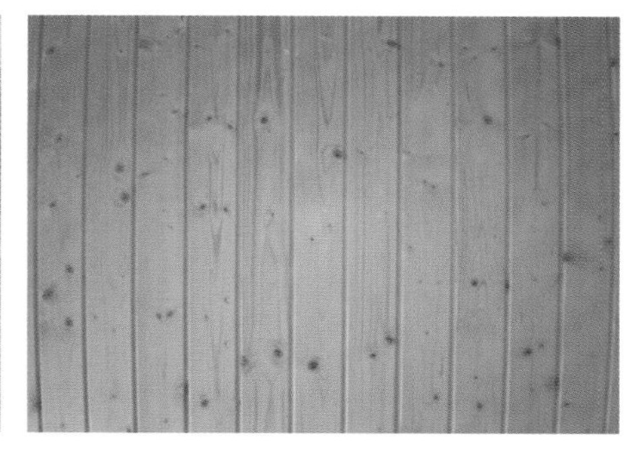

图3-21　芬兰木及其应用

8．菠萝格

菠萝格因颜色有轻微差别，分为红菠萝、黄菠萝两种。红菠萝为大径材，树根部颜色偏红、偏深，品质较好；黄菠萝为小径材，树梢部颜色偏黄、偏浅，色泽较好；菠萝格是木地板现有材种中稳定性最好的（见图3-22）。

图3-22　菠萝格板材

9．山樟木

山樟木来源于南美。木材略有光泽，纹理略交错；结构略粗，均匀；硬度大，强度高。生材加工容易，切面光滑，磨光性好，握钉力强（见图3-23）。

图3-23　山樟木

（三）防腐木材的规格及用途

防腐木材的常用规格及用途如表3-1所示。

表3-1　防腐木材的常用规格及用途

规　　格	用　　途
4000 mm×21 mm×95 mm	阳台地板、凳面、栅栏板、栅栏花格、屋面等
4000 mm×28 mm×95 mm	地板面、凳面、花架顶部横梁、花池外侧板等
4000 mm×45 mm×95 mm	地板面（泳池、长堤）、花架（或凉亭）、主梁等
4000 mm×45 mm×120 mm	地板面（栈道）、花架（或凉亭）、主梁等
4000 mm×45 mm×150 mm	地板面（泳池、长堤）、花架主梁、大梁、支承结构等
4000 mm×95 mm×95 mm	木柱、凳脚、支承结构等
4000 mm×60 mm×60 mm	木柱、龙骨等
4000 mm×50 mm×50 mm	龙骨
4000 mm×40 mm×60 mm	龙骨
4000 mm×120 mm×120 mm	木柱、支承结构等
4000 mm×150 mm×150 mm	木柱、支承结构等
4000 mm×60 mm×自然宽	地板面（泳池、长堤）、花架主梁、大梁、支承结构等
4000 mm×80 mm×自然宽	地板面（泳池、长堤）、花架主梁、大梁、支承结构等
4000 mm×60 mm×120 mm	地板面（泳池、长堤）、花架主梁、大梁、支承结构等
4000 mm×15 mm×95 mm	阳台地板、凳面、栅栏板、栅栏花格、屋面等
4000 mm×45 mm×120 mm	地板面（泳池、长堤）、花架主梁、大梁、支承结构等
4000 mm×28 mm×120 mm	地板面、凳面、花架顶部横梁、花池外侧板等
4000 mm×60 mm×150 mm	地板面（泳池、长堤）、花架主梁、大梁、支承结构等
3000 mm×120 mm×120 mm	木柱、支承结构等
4000 mm×70 mm×70 mm	龙骨
4000 mm×30 mm×50 mm	龙骨
3000 mm×95 mm×95 mm	木柱、凳脚、支承结构等

（四）防腐木材在景观中的应用

1．木栈道及木平台

防腐木材早已广泛应用于景观中的木栈道和木平台，木平台可以做得简单大方，也可做得复杂、高低错落，还可加上栏杆和亭子、花架，使亲近自然的感受走入到人们的生活中（见图3-24）。

图3-24　木栈道及木平台

2．木座椅

木座椅是庭院景观的重要组成部分，具有朴实自然的感觉。木质庭院制品有很多种形式，既有经过简单砍制的原木凳椅，也有工艺复杂、造型考究的各式座椅（见图3-25）。

3．构筑物

凉亭、拱门、小桥等都是园林景观中的主要构筑物，对于丰富景观园林，加深景观层次感，烘托主景和点题都起到了举足轻重的作用。

（1）木屋：各种样式的木屋各具特色，创造了丰富多彩的艺术形象（见图3-26）。

（2）房屋外立面：平整、大气（见图3-27）。

图3-25 木座椅

图3-26 木屋

图3-27 房屋外立面

（3）凉亭：用于休息、赏景、点景，小而集中，又有相对独立的建筑形象，轻巧、灵活，与环境吻合（见图3-28）。

图3-28 凉亭

（4）小桥：形体美观，衬托得周围风景更加秀丽（见图3-29）。

图3-29　小桥

（5）廊架：构成立体的花园式美感（见图3-30）。

图3-30　廊架

（6）标识系统：木质的特色标识（见图3-31）。

（7）果皮桶：充满趣味的木质果皮桶（见图3-32）。

图3-31　标识系统

图3-32　果皮桶

（8）栅栏栏杆：营造轻松的气氛（见图3-33）。

图3-33　栅栏栏杆

(9) 树池和花池：风景视点，衬托周围环境（见图3-34）。

图3-34 树池和花池

(10) 水车：能够体现环境的特色（见图3-35）。

图3-35 水车

(11) 木质港口：利用木材原木、原色建造的大型码头平台、港口主景建筑或水上大型平台，更能体现出生态景观的气势恢宏之感（见图3-36）。

图3-36 木质港口

三、炭化木材

炭化木材是将天然木材放入一个相对封闭的环境中，对其进行高温(180~230 ℃)处理而得到的一种拥有部分炭的特性的木材，称为炭化木材。炭化木材是将木材的有效营养成分炭化，通过切断真菌生存的营养链来达到防腐的目的。木材在整个的被处理过程中，只与水蒸气和热空气接触，不添加任何化学试剂，保持了木材的天然本质。同时，木材在炭化过程中，内外受热均匀一致，在高温的作用下颜色加深，表面具有深棕色的美观效果，并拥有防腐及抗生物侵袭的作用，其含水率低、不易吸水、材质稳定、不变形、不溢脂（完全脱脂）、隔热性能好、施工简单、涂刷方便、无特殊气味，且防腐烂、抗虫蛀、抗变形开裂、耐高温，炭化后效果可与一些热带、亚热带的珍贵木材相比，从而提高环境整体的品味。

(一) 炭化木材的加工流程

炭化木材的炭化工艺分以下三个流程。

(1) 升温，高温窑干。

加温加热，窑内部的温度会迅速升高到100 ℃，等温度升到130 ℃并保持稳定的时候，木材窑干开始，含水率几乎降到为零。

(2) 热处理。

一旦窑干开始，窑内部的温度要上升到185~215 ℃之间。根据炭化木材最后的使用用途，这个温度要持续2~3 h不等。

(3) 冷气与湿度调节。

最后的阶段是使用水喷淋系统降温；当温度降到80~90 ℃，再次开始加湿，使木材含水率达到可用水平。

(二) 炭化木材的优点

(1) 深度炭化防腐木材是不含任何防腐剂或化学添加剂的完全环保的防腐、防虫木材，具有较好的防腐、防虫功能，无特殊气味，对连接件、金属件无任何副作用。

(2) 深度炭化防腐木材不易吸水，含水率低，不易开裂，耐潮湿，不易变形，是优秀的防潮木材。

(3) 深度炭化防腐木材的加工性能好，能克服产品表面起毛的弊病，经完全脱脂处理后，涂布方便。

(4) 深度炭化防腐木材里外颜色一致，泛柔和绢丝样亮泽，纹理变得更清晰，手感温暖。

(三) 炭化木材的规格

炭化木材的尺寸可以定制加工，常规尺寸和市场上防腐木材的尺寸大体一致。常见的有：100×100、95×95、200×200、300×300、25×150、25×300、30×400、30×250、50×150、50×200（单位：mm）等；长度有：3 m、4 m、6 m等。

(四) 安装炭化木材结构基层的处理

安装炭化木材时，炭化木材之间需留0.2~0.5 cm的缝隙（根据木材的含水率决定缝隙大小，可避免雨天积水及炭化木材的膨胀。

厚度大于90 mm的方柱，为减少开裂可在背面开一道槽。

五金件应用不锈钢、热镀锌或铜制的连接件，安装时请预先钻孔，以避免炭化木材开裂。

设计施工中应充分保持炭化木材与地面之间的空气流通，这样可以更有效延长木结构基层的寿命。

四、新型木材

随着木材的户外应用与日俱增，与之相关的各种技术日趋成熟，越来越多的新型木材可供选择，以下是各国研究开发的一些新型木材（见图3-37）。

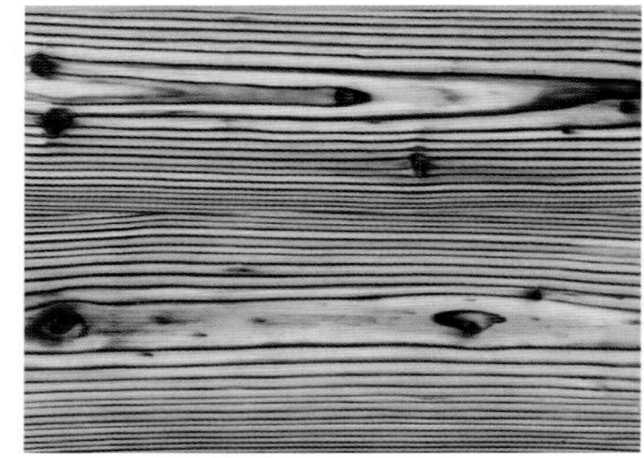

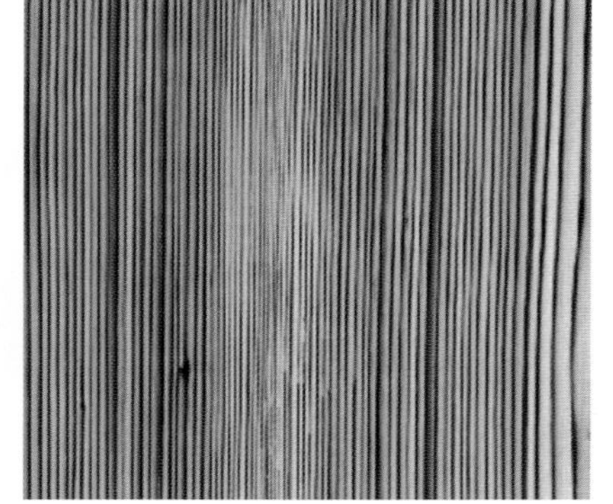

图3-37 新型木材

（一）防火木材

防火木材是一种不怕火的木材，即在抗火材料中添加了无机盐，并把木材先后浸入含有钡离子和磷酸离子的溶液中，使木材内部产生磷酸钡盐的无机层，然后洗净晾干。用这种抗火木材制成的家具、墙壁和天花板等，即使房间里的地毯着火，也不会被烧着。该木材还能防腐朽、防虫害。

（二）超级木材

超级木材的用途和钢相同，但价格比较便宜。这种超级木材是将圆木切成板材，再加工成长2~3 m的条材，然后用树脂黏结在一起，并用微波进行固化。该超级木材具有传统木材的弹性，抗震性能高，并能取代钢材用于商业和民用建筑。

（三）有色木材

有色木材是先将红色和青色的盐基染料装进软管，直接注入杉树树干靠近根部的地方，4个月后再采伐解板，这时木材从上到下浑然一色，而且永不褪色，制成家具，无需再用油漆美化。

（四）复合木材

复合木材是一种用PVC硬质高发泡材料制成的人造木材，主要原料为聚氯乙烯，并加入适量的阻燃剂，使其具有防火功能。其结构为单性独立发泡体，在发泡体中充满比空气重的惰性气体，使其具有不传导的特性，可发挥隔热、隔声、防火等作用。该木材可取代天然木材，用作房屋壁板、隔间板、天花板和其他装饰材料。

（五）陶瓷木材

陶瓷木材，以经高温高压加工而成的高纯度二氧化硅和石灰石为主原料，加入塑料和玻璃纤维等材料制成。该木材具有不易燃烧、不变形、不易腐烂、质量小和易加工等特点，是一种优异的建筑材料。

（六）原子木材

原子木材是将木材和塑胶混合，再经钴60加工处理，由于经塑胶强化后的木材比天然木材的花纹和色泽更为美观，并且容易锯、钉和打磨，用普通木工工具就可对其进行加工。

（七）化学木材

化学木材是一种可注塑成型的木材，该木材是用环氧树脂、聚氨酯和添加剂配合而成，在液态时可注塑成型，固化后则形成制品形状。其物理、化学特性和技术指标与天然木材一样，可进行锯、刨、钉等加工，成本只有天然木材的25%~30%。

（八）耐温木材

耐温木材是一种新的耐高温、阻燃的木材，该木材是由松木和云杉木经过特殊浸泡加工制成，在100 ℃高温下半小时内既不会着火，也不会使火蔓延。

（九）人造木材

人造木材是由一种聚苯乙烯塑料制成的，将聚苯乙烯废塑料压碎、加热，再注入固化剂、黏结剂等9种添加剂，制成仿木材制品，其外观、强度及耐用性等均可与松木媲美。

（十）特硬木材

特硬木材是一种比钢还要硬的覆盖木材，该木材是把木材纤维经特殊处理，使纤维相互交结，再把合成树脂覆盖在木材表面，然后经微波处理而成。这种新型木材不弯曲、不开裂、不缩短，可用作屋顶栋梁、门窗、车厢板等。

木材是一种可塑性很强的材料，非常容易进行造型加工。同时木材的质感给人以亲切、自然、舒适与和谐的总体感觉，与水体、石材乃至铁制工艺品均能够和谐共处。其独有的材质特点，正符合现代人质朴、亲近自然的审美情趣，因此近来已逐渐成为园林和家庭户外装修的时尚，越来越多的人开始喜欢使用木材。

目前，木材的户外应用处于一个新旧材料、新旧技术交替的时期，在不久的将来，专用户外木材及其园林景观制品一定会得以更广泛的应用。

让我们在充分保护好环境的前提下，积极、合理地开发、利用木材资源，使我们的生活更美好、更舒适。

五、木材在园林景观中的优势及缺陷

（一）木材与其他材料相比，在户外园林景观中的优势

木材是对环境友好的材料，是美观、柔韧灵活、使用广泛的环保型天然材料；只要实施可持续森林管理，就是可更新使用的材料；利用太阳能生长，吸收并固定CO_2，可循环和生物降解；生产木制品能耗低，且木材易加工，质量小，强度高，隔热性能好；可通过先进的工程手段提高木材的性能。木材的具体优点可以从视觉、触觉、听觉、调湿特性等方面体现。

1．木材的视觉

木材给人一种视觉上的和谐感，是因为木材能够吸收与反射阳光中的紫外线，从而给人一种温馨与舒适的感觉。

2．木材的触觉

人对材料表面的冷暖感觉主要由材料的传热系数的大小决定。传热系数大的材料，如混凝土构件、金属等材料触摸时会有凉的触觉，这是因为这些材料的传热系数大。而木材的传热系数适中，所以触摸时，给人的感觉是很温和的。

3．木材的听觉

木材的特殊质感在踩踏时会产生特殊的声音，用不同物体对木材进行敲击，木材会发出各异的声音，在景观地面上铺设木材，通过行走产生声音，增添互动乐趣。

4．木材的调湿特性

木材拥有独特的调湿功能，当周围环境的湿度发生变化时（人类居住环境的相对湿度保持在45%~60%为适宜），木材能够根据室内的湿度吸收或排放水分，来调节室内空间的湿度。适宜的空间湿度也是影响人类生活和工作的重要因素。

（二）木材在景观中存在的缺陷

在自然环境中，尤其是比较潮湿的环境中时，再加上自然环境的冻融变化、生物的侵蚀，木材容易发生变形开裂、褪色（见图3-38）、霉变腐烂、虫蛀、掉漆等不良后果，这将严重影响木质景观及设施的美观性和安全性。为了延长木制品的使用寿命，对木材要进行相应的烘干、防腐、油漆等二次处理，来提高的木材的使用寿命，减少维修与维护成本。

图3-38　木质的褪色、开裂

（三）景观中木材的维护

随着现代科技的发展与进步，越来越多的先进技术被应用到景观中，在工艺方面，材料与现代科技的有机结合，大大增强了材料的景观表现力，使现代园林景观更富生机与活力。

经各种后期人工处理的木材被广泛应用于室外环境景观中，克服了普通木材无法避免的不利因素，大幅度地延长了木材在户外的使用年限，避免一些不必要的开支。

第三节　木材的施工工艺

一、常用安装工具

木材常用的安装工具如图3-39所示。

二、防腐木材的施工工艺

（一）防腐木栈道的施工工艺

防腐木栈道多用于与清水平台、公园廊架、森林石台等相连的位置（见图3-40）。木栈道的施工做法、操作要点

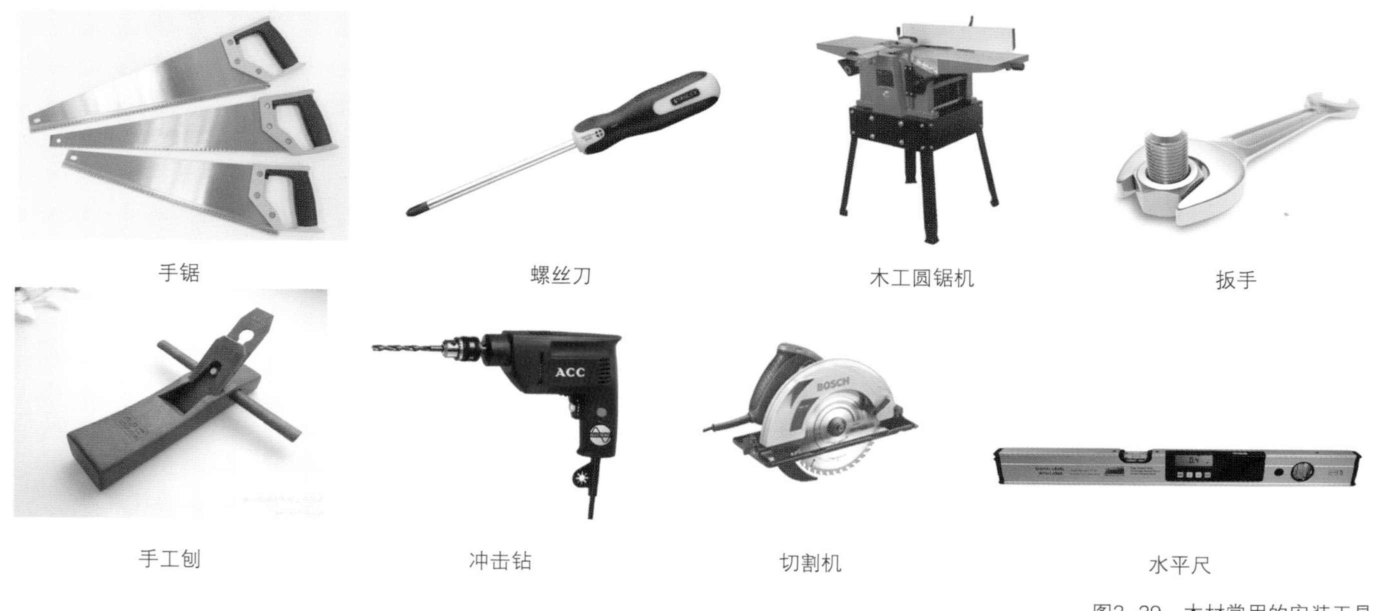

图3-39　木材常用的安装工具

图3-40　防腐木栈道

以及施工的质量好坏直接决定了工程的成败以及将来用户对景观园林绿化工程的关注度及满意度。因此，防腐木栈道的施工就显得尤为重要。

1．施工做法

施工流程为：基层处理→样板引路→木龙骨制作安装→刷木油、安装→清理、养护。

2．操作要点

(1) 基层处理：清除基层表面的砂浆、油污和垃圾，用水冲洗、晾干。

(2) 样板引路：防腐木材施工必须执行样板引路，做出的样板经检查达标后，方能进行大面积的施工。

(3) 木龙骨制作安装：严格按照设计图纸要求，根据基础面层的平面尺寸进行找中、套方、分格、定位弹线，形成方格网，安装和固定木龙骨，龙骨基础安装必须保持水平，保证安装后整个平台的水平面高度一致。

(4) 刷木油、安装：防腐木材整体面层宜用木油涂刷，达到防水、防起泡、防起皮和防紫外线的作用。防腐木材通过镀锌连接件或不锈钢连接件与木龙骨进行连接，每块木材与龙骨接触处需用两颗螺钉。

(5) 清理、养护：安装完后及时对防腐木材表面进行清理，打扫干净，注意对成型产品的养护。

3．施工质量的要求

(1) 防腐木材的品种、质量必须符合设计要求。

(2) 木结构基层的处理必须符合设计要求，应充分保持防腐木材与地面之间的空气流通，以有效延长木结构基层的寿命。

(3) 制作与安装防腐木材时，木龙骨间距应符合设计要求，防腐木材面层之间需按设计要求留缝，缝隙的宽度应均匀一致。

(4) 防腐木材连接安装时须预先钻孔，以避免防腐木材开裂，安装必须牢固。所有的连接应使用镀锌连接件或不锈钢连接件及五金制品，以抗腐蚀，绝对不能使用不同的金属件，否则很快会生锈。

(5) 平台安装完成后，为了保护木材表面清洁美观，宜用木油涂刷表面，而不能用常规油漆涂刷。木油可以在木材表面加上一层保护膜，使其可以达到防水、防起泡、防起皮和防紫外线的作用。

（二）防腐木凉亭的施工工艺

凉亭的安装在户外园林景观施工中属于较为复杂的一种，难度在栏杆、花架之上。在防腐木凉亭安装之前，首选要用混凝土对地基进行浇筑，以达到稳定以及平稳的效果，然后进行防腐木立柱的固定。防腐木立柱的数量取决于防腐木凉亭的款式。六角凉亭一般都为大型木结构，因此，除了防腐木立柱与地基之间的固定外，在每根立柱之间也应用双重横梁进行穿插固定。防腐木立柱之间的卡扣并非挖通，而是进行挖槽，挖得太深会造成卡死，连接不上，挖得太浅又会不牢固，等到所有立柱之间的横梁都固定后，再进行封檐板的加工，待上面的防腐木凉亭封顶后，下面的防腐木座椅以及背靠（美人靠）也进行组装，最后进行木油上色。防腐木凉亭不仅具有观赏性，也有实用性，是居民的一个良好的休息地（见图3-41～至图3-45）。

（三）防腐木材的施工注意事项

(1) 在施工现场，防腐木材应通风存放，应尽可能地避免太阳暴晒。

(2) 在施工时，应尽可能使用加工至最终尺寸的防腐木材，因为防腐剂在木材中的分布，是从外到里呈梯度递减，而防腐效果需要保证一定的防腐剂量才能达到。所以应避免对防腐木材进行锯切和钻孔等机械加工，不要纵向锯切。锯切等加工会造成防腐木材相应的防腐力下降，如果不得已，需要将防腐木材进行锯切、钻孔、开榫、开槽等加工，应使用原防腐剂在新暴露的木材表面进行涂覆处理，以封闭新暴露的木材表面，进行补救。另外，锯切（横向）

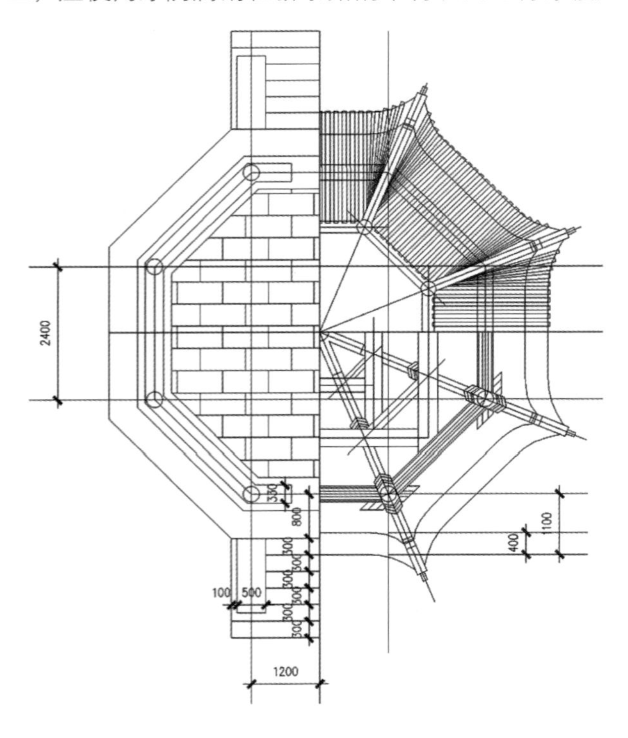

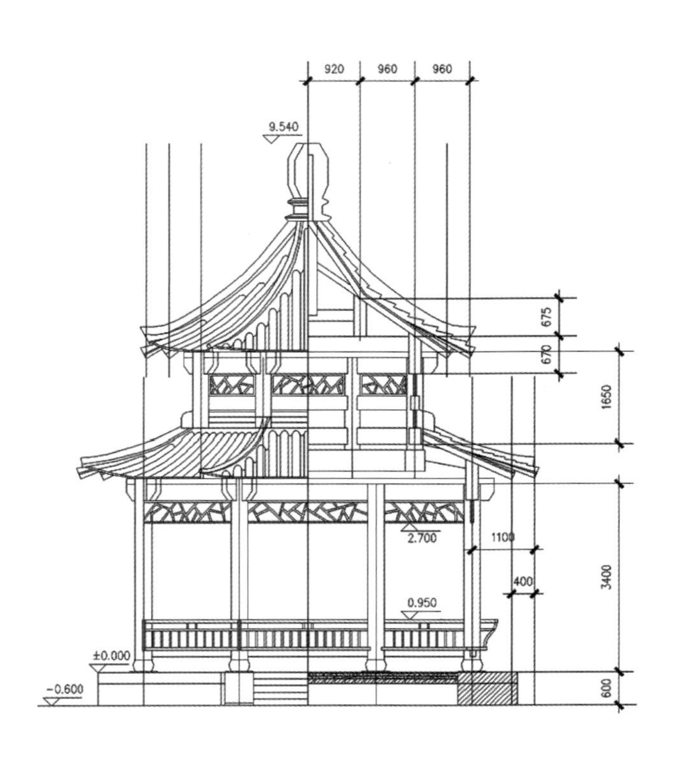

图3-41　凉亭施工图一

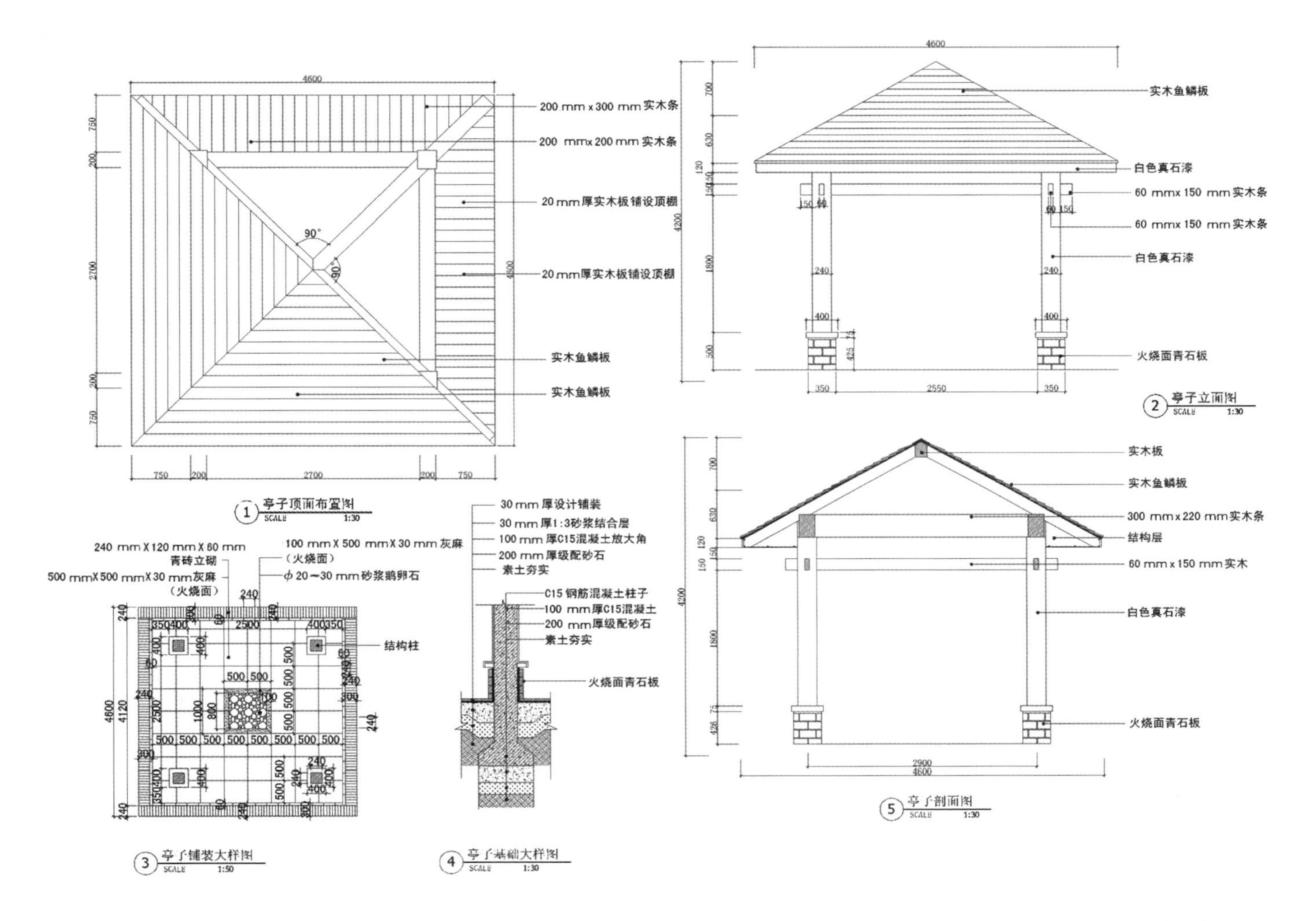

图3-42 凉亭施工图二

图3-43 凉亭施工现场一

图3-44 凉亭施工现场二

图3-45 八角凉亭

的一端要用在生物危害较小的场合，比如被锯切的一端应尽量用在不与土壤和水长期接触的地方，未被锯切的一端用在与土壤和水长期接触的地方。

(3) 龙骨在地面找平后，可直接连接成框架或井字架结构，然后再铺设防腐木材。

(4) 在搭建露台时尽量使用长木板，减少接头，以求美观，板面之间留5~10 mm缝隙。

(5) 所有连接点必须使用热浸式镀锌紧固件，或者不锈钢五金件。

(6) 为了解决户外木景观的耐久性问题，应给安装后的防腐木材表面涂刷户外木材保护油（天然植物木蜡油），其强劲的渗透性，能深度渗入木材的内部，与木材纤维产生毛细作用，持久结合；能抵抗紫外线的辐射、防水、防潮、防霉；活跃的呼吸性，使防腐木材可自由呼吸，调节温度，保持延展性与高弹性，延缓防腐木材的衰老变形与开裂；持久的附着力使防腐木材不起翘、不剥落，增强防腐木材的表面硬度，更耐磨。由于天然植物木蜡油的性能更稳定，不会产生静电，所以耐久性更强，并可防微细粉尘、耐脏、易清洁。传统的桐油与油漆只是覆盖在物体表面的一层皮，关键是不透气，如果涂刷在户外木器上，很快就会起翘、剥落。

(7) 表面用户外防护涂料或油基类涂料涂刷后，为了到达最佳效果，应避免人员走动或重物移动，以免破坏防腐木表面已经形成的保护膜。如想取得更好的防脏效果，必要时再做两道专业户外清漆处理。

(8) 由于户外环境使用下的特殊性，防腐木材会出现裂纹、细微变形，这属正常现象，并不影响其防腐性能和结构强度。

(9) 一般防腐木材的户外防护涂料是渗透型的，对木材纤维会形成一层保护膜，可以有效阻止水对木材的侵蚀，清洁可用一般的洗涤剂来清洗，工具可用刷子。

(10) 防腐木材需1年或1.5年做一次维护，用专业的木材水性涂料或油性涂料涂刷即可。

三、防腐木材的涂饰

(一) 木材表面涂饰的目的

(1) 美化表面：在赋予色彩、光泽、平滑性之际，增强木材纹理的立体感和表面的触摸感。

(2) 保护作用：使木材耐湿、耐水、耐油、耐化学药品、防虫、防腐等。

(3) 特殊作用：温度指示、电气绝缘、隔声、隔热等。

(二) 木材涂饰对涂料的要求

底层涂料对木材具有良好的渗透性、润湿性和优越的附着力，保证涂膜的持久性。涂饰好的面层要有良好的装饰性，保证木纹的清晰度及明显的立体感；涂饰好的涂层要有良好的耐水、耐污染、耐酸碱的能力；为了方便施工，木材的涂料也应具有良好的重涂能力并便于简单施工。

(三) 涂饰施工及注意事项

户外木油涂刷是种最简单的施工方法，自由选择调释好的各种颜色（见图3-46），在干燥的防腐木材表面，清洁后直接涂刷（使用前充分搅拌），其自然的质感可突显木材的天然纹理，在自然的格调中，尽可展现和谐的个性之美，但必须在8 ℃以上的气温条件下进行。

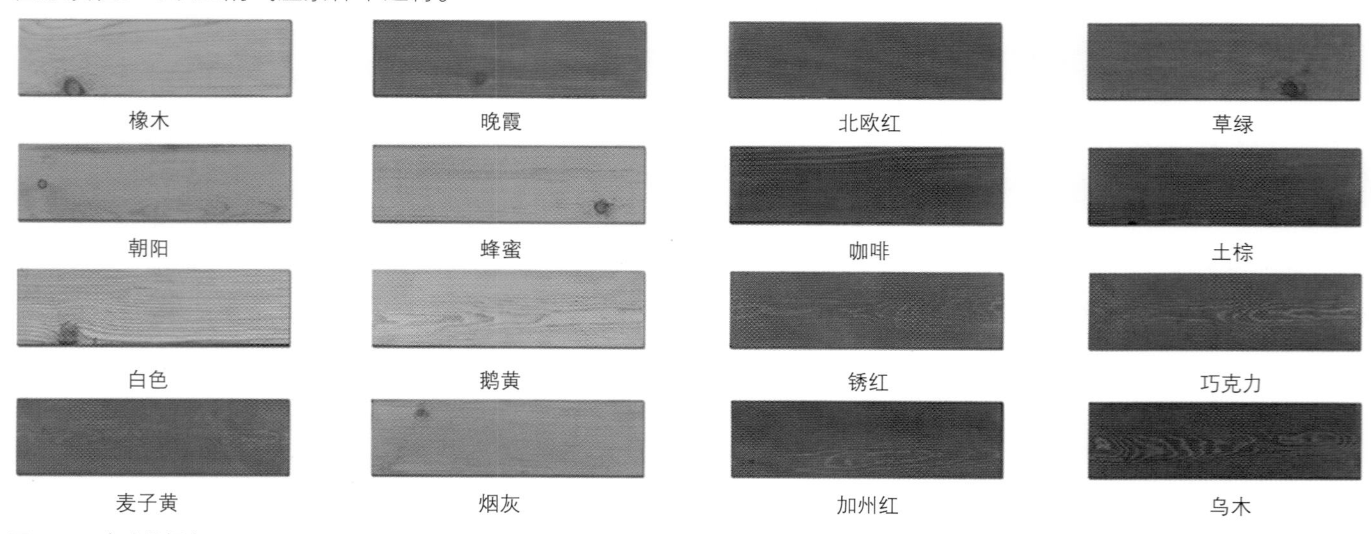

图3-46　木油的颜色

木材的涂饰施工及注意事项如下。

（1）清除木材表面的毛刺、污物，用砂布打磨光滑。

（2）打底层腻子，干后用砂布打磨光滑。

（3）按设计要求刷底漆、面漆。

（4）混色漆严禁脱皮、漏刷、斑迹、透底、流坠、皱皮，要求涂饰表面光亮、光滑，线条平直。

（5）清漆严禁脱皮、漏刷、斑迹、透底、流坠、皱皮，要求涂饰表面光亮、光滑，线条平直。

（6）桐油应用干净的布浸油后挤干，揉涂在干燥的木材面上。严禁漏涂、脱皮、起皱、斑迹、透底、流坠，要求涂饰表面光亮、光滑，线条平直。

（7）木平台烫蜡、擦软蜡工程中，所使用蜡的品种、质量必须符合设计要求，严禁在施工过程中烫坏木材和损坏板面。

四、炭化木材常用的施工铺设法

（一）固定法

用膨胀螺钉把龙骨固定在地面上，膨胀镙钉应使用尼龙材质的，此种材料抗老化性能优异，若使用铁膨胀管，应涂刷防锈漆，然后再铺设炭化木材。

（二）活动铺设法

（1）用不锈钢十字螺钉将炭化木材的正面与龙骨连接。

（2）用螺钉将龙骨固定在防腐木材的反面，用几块炭化木材组成拼成一个整体，既不破坏木材结构，也可自由进行拆卸清洗。

（3）悬浮铺设法，可将龙骨在地面找平连接成框架或井字架结构，然后再铺设炭化木材。

五、炭化木材的施工维护和养护

由于炭化木材是在高温的环境下处理的，木材内的多糖（纤维素）高温分解形成单糖，单糖附着在木材表面，随着时间的增长，表面易发生腐朽，呈褐色或黑褐色。同时，炭化木材吸收结合水的能力不强，但吸收自由水的能力很强，为了减缓这些现象，可在炭化木材的表面涂饰三层油漆。

为了延长炭化木材的使用寿命，应该尽可能使用其现有的尺寸及形状，加工破损部分应涂刷防腐剂和户外防护涂料。如遇阴雨天，最好先用塑料布将木材盖住，等天晴后再刷户外防护涂料。木材在涂刷后24 h之内应避免淋到雨水，表面用户外耐候木漆或木油涂刷完后，为了达到最佳效果，48 h内避免其上有人员走动或重物移动，以免破坏炭化木材面层已形成的保护膜。如想取得更优异的防护效果，必要时面层再做两道专用户外清漆处理。

由于户外环境下使用的特殊性，炭化木材会出现裂纹、细微变形，属正常现象，并不影响其结构强度。一般户外木材防护涂料是渗透型的，在木材纤维的表面会形成一层保护膜，可以有效阻止水对木材的侵蚀，清洁可用一般洗涤剂来清洗，工具可用刷子。炭化木材需要在1 ~1.5年做一次维护。

六、炭化木材的使用注意事项

（1）炭化木材不宜用于接触土壤和水的环境。

（2）炭化木材与未经处理的木材相比，握钉力有所下降，所以推荐使用先打孔、再钉孔的安装方法来减少和避免木材开裂。

（3）炭化木材在室外使用时，建议采用防紫外线木油，以防日晒过久后木材褪色。

4

第四章 烧结景观材料

SHAOJIE JINGGUANG CAILIAO

第四章　烧结景观材料

所谓烧结是把粉末体转变为致密体，是一种传统的工艺过程。人们很早就利用这个工艺来生产陶瓷、耐火材料、超高温材料等。烧结是粉末体或压坯在低于主要组分熔点温度下加热，使颗粒间产生黏结，以提高制品性能的方法。烧结材料包括烧结普通砖、透水砖、陶土砖、陶土仿古青砖、陶土仿古、青瓦、广场砖、拉毛砖、人行道砖、盲道砖和陶制路牙砖，以及一些新型烧结材料，其中包括陶粒、紫砂劈开砖等适用面更广的烧结材料。

第一节　烧结材料的基本知识

一般来说，粉末体经过成型后，通过烧结得到的致密体是一种多晶材料，其显微结构由晶体、玻璃体和气孔组成，烧结过程直接影响显微结构中的晶粒尺寸、气孔尺寸及晶界形状和分布。

一、烧结材料的基本概念

（一）烧结砖的概念及其分类

1．烧结砖的概念

（1）烧结的宏观定义。

烧结的宏观定义为在高温下（不高于熔点），陶瓷生坯固体颗粒相互键联，晶粒长大，空隙与气孔之间的距离渐趋减少，通过物质的传递使得总体积收缩，密度增加，最后成为具有某种显微结构的致密多晶烧结体，这种现象称为烧结。

（2）烧结的微观定义。

烧结的微观定义为固态物质中的分子或原子之间存在互相吸引，通过加热使质点获得足够的能量迁移，使粉末体之间产生颗粒黏结，强度增加并导致致密化和再结晶的过程，称为烧结。

图4-1　烧结砖

图4-2　各类色彩的烧结砖

（3）烧结砖的定义。

烧结砖（见图4-1、图4-2）是以黏土、页岩或粉煤灰为基本原料，经过成型和高温焙烧制作的砖体。通常用于砌筑建筑物或构筑物的砖体都称为烧结砖。

2．烧结砖的分类

砖的种类很多，按生产工艺不同分为烧结砖和非烧结砖。现代景观主要使用的是烧结砖，烧结砖在我国已经有两千多年的历史，按所用原材料可分为黏土砖、陶土砖等；按有无孔洞可分为空心砖和实心砖；按透水性可分为透水砖和不透水砖。

（二）烧结砖的生产流程与生产工艺

1．烧结砖的生产流程

烧结砖的生产流程（见图4-3）：原料→粉碎、配色→压制成型→干燥→烧成→包装→仓储。

图4-3 烧结砖的生产流程

2．烧结砖的生产工艺

普通黏土砖的主要原料为粉质或砂质黏土，其主要化学成分为SiO_2、Al_2O_3和Fe_2O_3和结晶水，由于地质生成条件的不同，可能还含有少量的碱金属和碱土金属氧化物等。黏土砖的生产工艺主要包括取土、炼泥、制坯、干燥、焙烧等。

除黏土外，还可利用页岩、煤矸石、粉煤灰等为原料来制造烧结砖，这是因为它们的化学成分与黏土相似。但由于它们的可塑性不及黏土，所以制砖时常常需要加入一定量的黏土，以满足制坯时对可塑性的要求。由于烧结砖原料中所含杂质的量不同，所以烧结砖经过高温焙烧后所成的砖体的颜色差别也是比较大的。

如果砖体焙烧的温度过高或时间太长，则烧出来的砖叫做过火砖。过火砖的显著特点是砖体颜色较深、敲击的声音脆、烧结变形大等。如果砖体焙烧温度过低或时间太短，则烧出来的砖叫做欠火砖。欠火砖的显著特点为砖体颜色浅、敲击声音暗哑、强度较低、吸水率较大、耐久性较差等。砖在砖窑中焙烧时，与氧作用，因生成三氧化二铁(Fe_2O_3)，从而使砖呈现红色，称为红砖。如果烧制时在氧化氛围中烧成后，再回到原始窑中去闷窑，红色的Fe_2O_3会还原成青灰色的氧化亚铁，这种烧结砖称为青砖。青砖一般较红砖致密，耐碱、耐久性好，但由于价格高，目前生产应用较少。此外，生产中可将煤渣、碳含量高的粉煤灰等工业废料掺入制坯的土中制作内燃砖。当砖焙烧到一定温度时，废渣中的碳也在干坯体内燃烧，因此可以节省大量的燃料和5%~10%的黏土原料。内燃砖燃烧均匀，表观密度小，传热系数低，且强度可提高约20%。

（三）烧结砖的特性

烧结砖采用天然原料经200 ℃高温烧制而成，具有耐压、抗冻、透水、耐磨、耐用等特点，表面亚光，质感好，装饰效果极佳，目前为住宅、商铺及市政工程广泛采用，是提高档次的关键建材，外观古朴，典雅。烧结页岩铺路砖颜色古朴、自然，压制面形成自然纹理，同烧结砖通体颜色一致，经多年使用后仍不失其本色。经特殊工艺生产的窑变砖、过火砖及手工砖，通常用在建筑及古街区的修复上。

烧结砖由压力机压制成型，再经过外燃工艺烧制，抗压强度大于70 MPa，吸水率小于8%，抗冻融性能好，防滑、耐磨损。无污染烧结砖独有的快干性能，使其防滑性能优异，砖体经过高温烧结，内部颗粒发生熔融，使耐磨度极大提高，经车辆碾压也无粉尘产生，不会对环境产生污染，是绿色环保建材。

烧结砖具有很强的耐候性，可以抵抗恶劣环境和腐蚀性物质的侵蚀。烧结砖是唯一吸水和排水速度相等的建筑材料，速度大约比其他建筑材料高70倍，是调节大气与土壤湿度平衡的有效介质，采用柔性铺法可与基层形成透水体系，可有效缓解城市热岛效应。

（四）烧结砖在景观中的应用

烧结砖主要用于人行道、轻型车道及广场（见图4-4），大部分采用柔性铺设方法，无需砂浆及混凝土，干法施工，大量节约机械及劳动力。烧结砖随着时间的推移，其结构变得日益紧密，使砖与基层建筑材料及嵌缝材料互相作用而互锁，固定砖的位置并且通过垫层将载荷向下传递到基层，充分发挥铺路砖的强度优势，提高道路系统整体承受载荷的能力。经过适当的安装，砖路异常的坚固耐久，易于维护，采用无砂浆铺路，破损砖易于更换，通常只需用清水轻轻刷洗即可除去大部分表面污渍。

二、烧结普通砖

（一）烧结普通砖的基本概念

烧结普通砖又称为红砖或标砖，国家标准《烧结普通砖》（GB 5101—2003）规定，凡以黏土、页岩、煤矸石和粉煤灰等为主要原料，经成型、焙烧而成的实心砖或孔洞率不大于15%的砖，称为烧结普通砖（见图4-5）。烧结普通砖按照原材料可分为烧结黏土砖、烧结煤矸石砖、烧结粉煤灰砖、烧结页岩砖等。其中烧结黏土砖，因其砌体质量大、抗震性差、能耗大、块体小、施工效率低等缺点，在我国主要大中城市已被禁止使用，利用工业废料生产的烧结煤矸石砖、烧结粉煤灰砖、烧结页岩砖等以及各种砌块正在逐步发展起来。

图4-4　烧结砖应用于室外地面铺装

图4-5　烧结普通砖

（二）烧结普通砖的规格尺寸与技术要求

1．烧结普通砖的规格尺寸

烧结普通砖的外形为直角六面体，标准尺寸为240 mm×115 mm×53 mm，按技术指标分为优等品（A）、一等品（B）及合格品（C）三个质量等级。

2．烧结普通砖的外观质量

烧结普通砖的外观质量应符合有关规定。烧结普通砖通常会出现泛霜，也称起霜，是砖在使用过程中的盐析现象。砖内过量的可溶盐受潮吸水而溶解，随水分蒸发呈晶体析出时，产生膨胀，使砖面剥落。国家标准GB 5101—2003规定优等品无泛霜，一等品不允许出现中等泛霜，合格品不允许出现严重泛霜。

烧结普通砖还会出现石灰爆裂的情况，所谓石灰爆裂是指砖坯中夹杂有石灰石，砖吸水后，由于石灰逐渐熟化而膨胀产生的爆裂现象。这种现象直接影响烧结普通砖的质量，并会降低砌体强度。国家标准GB 5101—2003规定优等品不允许出现最大破坏尺寸大于2 mm的爆裂区域；一等品不允许出现最大破坏尺寸大于10 mm的爆裂区域，2~10 mm

的爆裂区域，每组砖样不得多于15处；合格品不允许出现最大破坏尺寸大于15 mm的爆裂区域，2~15 mm的爆裂区域，每组砖样不得多于15处，其中大于10 mm的不得多于7处。

3．烧结普通砖的强度

烧结普通砖按抗压强度分为五个等级，按照国家标准GB 5101—2003规定，各强度烧结普通砖的抗压强度应符合表4-1中的规定。

表4-1 烧结普通砖的强度

（单位：MPa）

烧结普通砖的强度等级	变异系数 δ >0.21	变异系数 $\delta \leqslant$ 0.21	抗压强度平均值 f
	抗压强度值 f_k	抗压强度值 f_k	
MU30	≥25.0	≥22.0	30.0
MU25	≥22.0	≥18.0	25.0
MU20	≥16.0	≥14.0	20.0
MU15	≥12.0	≥10.0	15.0
MU10	≥7.5	≥6.5	10.0

（三）烧结普通砖的应用

烧结普通砖是传统的墙体材料，被大量应用于砌筑建筑物的内墙、外墙、柱、拱、烟囱、沟道及其他构筑物，适宜做建筑围护结构，也可在砌体中设置适当的钢筋或钢丝以代替混凝土构造柱和过梁，具有较高的强度和耐久性，又因其多孔而具有保温绝热、隔音吸声等优点。

第二节 烧结材料在景观中的应用

烧结材料的种类繁多，常应用于景观铺装的材料有烧结普通砖、透水砖、陶土砖、仿古青砖、广场砖、拉毛砖、人行道砖等。烧结材料拥有极强的透水性、装饰性、抗冻融性等特点，主要应用在地面铺装上，这些材料的应用提升了硬质铺装的性能，可替代天然石材进行地面铺设，极大程度地减少了工程造价，使资源的再利用与可持续发展得以体现。

一、陶土砖

（一）陶土砖的概念

陶土砖（见图4-6、图4-7）是黏土砖的一种，通常采用优质黏土和紫砂陶土及其他原料配比高温烧制而成。陶土砖质感细腻、色泽稳定，线条优美、实用性强，能耐高温、抗严寒、耐腐蚀、抗冲刷，返璞归真，永不褪色，不仅具有自然美，而且还具有浓厚的西方文化气息和欧式风格。

（二）陶土砖的性能

1．抗冻融特性

在砖体吸水饱和状态下，瓷质砖在-15 ℃时循环冻融3次已经全部冻裂，而陶土砖却可以在-50 ℃时抗冻融反复循环50次以上。

2．抗光污染性能

陶土砖由于其表面比较粗糙，所以能够将90%以上的自然光全部折射，能够更好地保护人的视力，减少光污染。

3．吸声作用

陶土砖有良好的吸声作用，由于陶土砖通体富含大量均匀细密的开放性气孔，故能将声波全部或部分折射出去，起到室外降低噪声、室内消除回声的效果，是创造城市优良居住环境的绝佳材料。

4．透气性和透水性

陶土砖透气和透水的优越性在现代崇尚绿色文明的今天得到了完整的展示，其外表古朴的韵味与自然景观相结合，充分体现了人与自然的和谐，通常可用于停车场的地面铺装中，可与绿植结合，增加绿化率（见图4-8、图4-9）。

图4-6 陶土砖一

图4-7 陶土砖二

图4-8 陶土植草砖一

图4-9 陶土植草砖二

5．耐风化和耐腐蚀性

随着工业污染的加重，雨水中的酸性一天天在增加，很多建筑材料因为无法接受这个考验而被淘汰。陶土砖纯天然的加工工序，使得陶土砖本身的化学杂质含量非常少，内部的结构也不容易受到酸雨等恶劣气候的影响，其耐腐蚀性的特性更是其他材料无法与之相比。

（三）陶土砖的景观应用

陶土砖的景观应用如图4-10所示。

图4-10 各类陶土砖应用于室外地面铺装中

二、陶土仿古砖

（一）陶土仿古青砖

1．陶土仿古青砖的基本知识

陶土仿古青砖（见图4-11、图4-12）由黏土烧制而成，黏土是某些铝硅酸盐矿物长时间风化的产物，因具有极强的黏性而得名。将黏土用水调和后制成砖坯，放在砖窑中煅烧（约1000 ℃）便制成砖。黏土中含有铁，烧制过程中完全氧化时生成三氧化二铁，呈红色，即最常用的红砖；而如果在烧制过程中加水冷却，使黏土中的铁不完全氧化而生成低价铁，则呈青色，即青砖。

青砖和红砖的硬度是差不多的，只不过是烧制完后的冷却方法不同，而红砖是自然冷却，简单一些，所以现在生产红砖多，青砖是水冷却，操作起来比较麻烦，所以现在生产的比较少。青砖和红砖在强度和硬度方面特性基本一致，但青砖在抗氧化、抗水化、抗大气侵蚀等方面性能明显优于红砖。青砖目前的品种有手工青砖和机制青砖两大类，按照装饰部位分有贴墙青砖（见图4-13）、砌墙青砖、铺地青砖（见图4-14）等。

图4-11 陶土仿古青砖

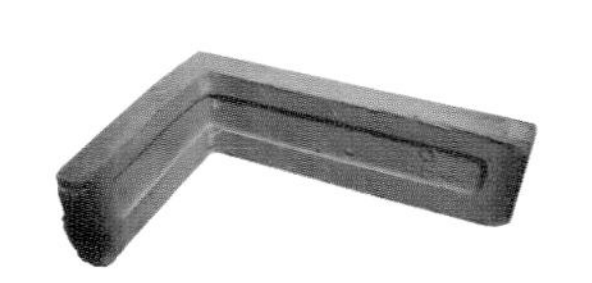

图4-12 陶土仿古青砖——角砖

图4-13 贴墙青砖

图4-14 铺地青砖

2. 陶土仿古青砖的常用规格尺寸

青砖的主要规格有：60 mm×240 mm×10 mm、75 mm×300 mm×120 mm、100 mm×380 mm×120 mm、100 mm×400 mm×120 mm、200 mm×400 mm×120 mm、240 mm×115 mm×53 mm、400 mm×400 mm×50 mm。

3. 陶土仿古青砖的特点

(1) 透气性强、吸水性好，保持湿度，万年不腐。

青砖选用天然的黏土精制而成，烧制后的产品呈青黑色，具有密度强、抗冻性好、不变形、不变色的特点。仿古青砖采用自然黏土无氧烧制，青砖中含有微量的硫元素，可杀菌，清除装修中的甲醛等不利于人体的化学气体，保持室内空气湿度，综合透气性、吸水性、抗氧化、净化空气等特点，近年来成为设计师极力推荐的产品之一。产品表面光滑，四角呈直角，结构完美，抗压耐磨，是房屋墙体、路面装饰的理想材料。

(2) 仿古青砖具有极强的可塑性。

青砖给人以素雅、沉稳、古朴、宁静的美感，在2009年还创新推出了百年青砖系列产品，如浅浮雕、高浮雕等，艺术形态以中国传统典故为主，花纹精美，传承精粹，有寓意，设计手法新颖，糅合了中国文化精粹，可品鉴收藏，有良好的装饰性。

(3) 陶土仿古青砖的烧制方法。

青砖属于烧结砖，古青砖的主要原料为黏土，黏土加水调和后，挤压成型，再入砖窑焙烤（1000 ℃左右），用水冷却，让黏土中的铁不完全氧化，使其具备更好的耐风化、耐水等特性。经检测古青砖的抗压强度大于10 MPa，仿古青砖就是仿照古青砖的各类款式，按照古青砖的烧制方法，采用古青砖所用的黏土材料现代烧制而成的青砖，是仿古建筑材料常见的一种。

4. 仿古青砖在景观中的应用

仿古青砖在室外景观墙壁的运用如图4-15所示。

(二) 陶土仿古青瓦

1. 陶土仿古青瓦的基本知识

青瓦承袭了三千年的建筑历史，历经了形式大小和工艺的演变，以其美观、质朴、防雨、保温等优点，成为中国传统建筑必不可少的主材之一（见图4-16）。大邑位于成都平原西部，与邛崃山脉接壤，盛产烧制优质瓦材的主要原材料——黏土。基于这样得天独厚的优越条件，大邑青瓦历史悠久，渊远流长，目前已成为全国著名的黏土砖瓦生产基地。

青瓦是黏土烧制而成的，呈青灰色，主要分为两种：一种是铺屋顶所用的建筑材料，形状有拱形的、平的或半个圆筒形的等；另一种是用泥土烧成的瓦盆或瓦器。瓦适用于混凝土结构、钢结构、木结构、砖木混合结构等各种结构新建坡屋面和老建筑平改坡屋面，适用温度为-50~70 ℃，青瓦通常给人以素雅、沉稳、古朴、宁静的美感。

图4-15 仿古青砖在室外景观墙壁的运用

图4-16 陶土仿古青瓦

2. 陶土仿古青瓦的用途

(1) 防止雨水渗漏至屋内。

(2) 隔热，防止白天的太阳辐射热直接传至屋内。当瓦片交叠铺设于尖斜式屋顶时，可形成一个用于隔热的空气间距。

(3) 室外景观地面与景观墙壁上也运用大量的陶土仿古青瓦。

3. 陶土仿古青瓦的应用

陶土仿古青瓦在景观中的应用如图4-17、图4-18所示。

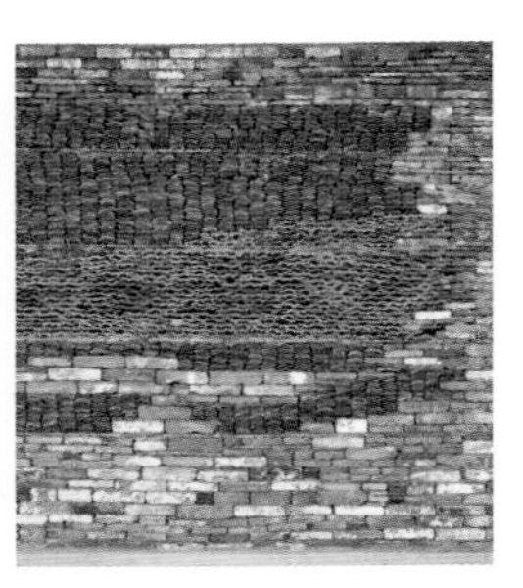

图4-17 陶土仿古青瓦运用于室外景观墙壁中

图4-18 陶土仿古青砖与陶土仿古青瓦运用在室外景观的地面铺装中具有极强的中式风格

（三）金砖

1．金砖的基本概念

古建金砖是古时专供宫殿等重要建筑使用的一种高质量的铺地方砖。因其质地坚细，敲之若金属般铿然有声，故名金砖（见图4-19）。仿古金砖则是根据古建金砖的外观特质，模仿烧制而成的室外铺贴景观材料（见图4-20）。

图4-19　古建金砖

图4-20　仿古金砖

2．金砖的特点

所谓金砖，实际上是规格为二尺二、二尺、一尺七、一尺四见方的大方砖，有五六种规格。这里说到的尺是古代单位里的尺，一尺约相当于现代的23.4 cm。现在北京故宫的太和殿、中和殿、保和殿和十三陵之一的定陵内铺设的都是此砖（见图4-21），在砖的侧面，有明永乐、明正德、清乾隆等年号和苏州府督造等印章字样。金砖产自于苏州，因为苏州土质细腻，含胶状体丰富，可塑性强，制成的金砖坚硬密实。几百年来，金砖的工艺代代相传，延续至今。

3．金砖的制作方法

古代工匠制作金砖时，先要选土，所用的土质须黏而不散，粉而不砂。选好的泥土要露天放置整整一年，去其“土性”。然后浸水将黏土泡开，让数只牛反复踩踏练泥，以去除泥团中的气泡，最终练成稠密的泥团。再经过反复摔打后，将泥团装入模具，平板盖面，两人在板上踩，直到踩实为止。然后阴干砖坯，要阴干7个月以上，才能入窑烧制。烧制时，先用小糠草熏1个月，去其潮气，接着用劈柴烧1个月，再用整柴烧1个月，最后用松枝烧40天，才能出窑，出窑后还要经过严格检查，从泥土到古建金砖，要长达2年的时间。仿古金砖的制作结合古建金砖的特点，在工艺方面更加成熟，用专用机具制造，更加节省加工时间，成熟的工艺也大大提升了仿古金砖的性能，节约了生产成本，提高了仿古金砖的产量。仿古金砖的应用如图4-22所示。

图4-21　古代宫殿地面上所铺设的金砖

图4-22　仿古金砖应用于景观地面铺装

三、砖雕

1．砖雕的基本概念

砖雕（见图4-23）是在青砖上雕出山水、花卉、人物等图案，是古建筑雕刻中很重要的一种艺术形式，由于青砖在选料、成型、烧制等工序上，质量要求较严，所以其坚实而细腻，适宜雕刻，主要用来装饰寺庙、道观等的墙面。砖雕的雕造工艺都经过制胚、焙烧、雕刻几道工序。用来烧造砖雕的泥土要比普通砖的细，一般还要经过水洗、沉淀之后再使用，以便提高它的纯度和黏合力。

2．　砖雕的艺术特点

砖雕大多作为建筑构件或大门、照壁、墙面的装饰。民间砖雕从实用和观赏的角度出发，形象简练，风格浑厚，不盲目追求精巧和纤细，以保持建筑构件的坚固，能经受日晒和雨淋。在艺术上，砖雕远近均可观赏，具有完整的效果。砖雕在题材上主要以龙凤呈祥、刘海戏金蟾、三阳开泰、麒麟送子、狮子滚绣球、松柏、兰花、竹、山茶、菊花、荷花、鲤鱼等寓意吉祥和人们所喜闻乐见的内容为主（见图4-24）。在雕刻技法上，主要有阴刻、压地隐起的浅浮雕、深浮雕、圆雕、镂雕等。

3．砖雕在景观中的应用

砖雕在景观中的应用如图4-25所示。

四、广场砖

（一）广场砖的基本概念

广场砖（见图4-26、图4-27）属于耐磨砖的一种，主要用于广场、人行道等大面积范围的地方。其砖体色彩简

图4-23　砖雕

图4-24　各类装饰纹样的砖雕制品

图4-25　砖雕应用于景观中

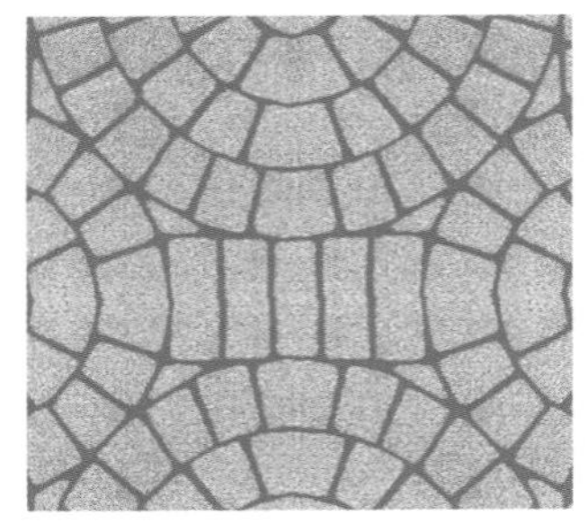
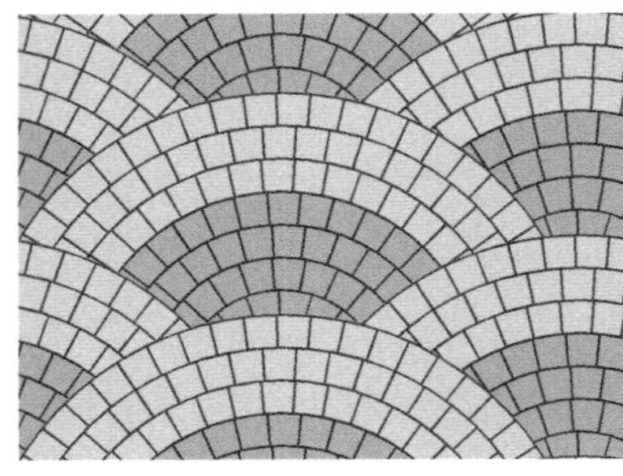
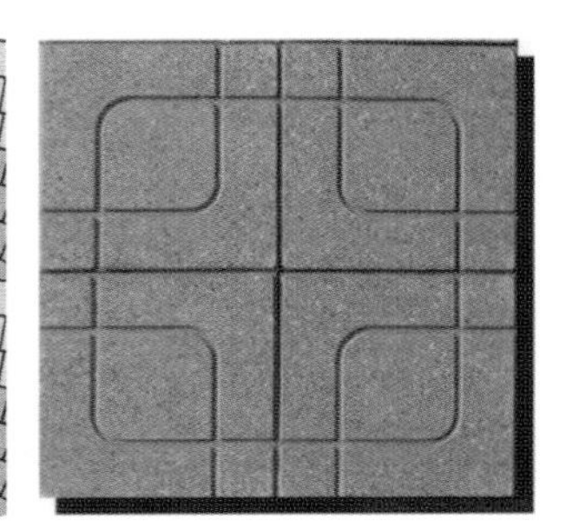

图4-26　广场砖一

图4-27　广场砖二

单，砖面多采用凹凸面的形式，具有防滑、耐磨、修补方便的特点。广场砖一般主要分为三大类：适用于室外地面的普通广场砖、适用于屋顶的屋面砖、适用于室内的地面砖。普通广场砖还配套有盲道砖和止步砖，一般为黄色、灰色和黑色。

（二）广场砖的规格尺寸

广场砖的主要规格有100 mm×100 mm、108 mm×108 mm、150mm×150mm、190mm×190mm、100 mm×200 mm、200 mm×200 mm、150mm×300mm、150mm×315mm、300 mm×300 mm、315 mm×315 mm、315 mm×525 mm等几种，主要颜色有白色、白色带黑点、粉红色、果绿色、斑点绿、黄色、斑点黄、灰色、浅斑点灰、深斑点灰、浅蓝色、深蓝色、紫砂红、紫砂棕、紫砂黑、黑色、红棕色等。

（三）广场砖的优缺点

(1) 广场砖源自业内严格的选料标准和独特的高温慢烧技术，要求吸水率<5%。原料配方中的瘠性原料比例为70%，可塑性原料占30%左右。

(2) 广场砖仿天然花岗岩或紫砂岩，花纹肌理自然，质感古朴厚实，综合物理力学性能卓越。

(3) 莫氏硬度达到8级，耐磨性好，抗弯强度高。

(4) 因其耐磨、防滑和具有装饰、美观的性能，广泛用于休闲广场、市政工程、超市卖场、汽车4S店、园林绿化、屋顶、花园阳台以及其他人流量多的公共场合，是现代城市建设理想的地面、屋顶装饰材料。

(5) 广场砖的品种丰富，通过将不同规格、各种颜色的广场砖进行灵活巧妙地设计和搭配，可以拼贴出丰富多彩、风格迥异的图案，可满足各种地面、屋顶、室内铺装工程的施工标准和装饰需要。

(6) 广场砖清洁之后容易留下水印，因为其属于抛光砖，容易凹陷；其釉面渗透性强，容易沾染污渍。

（四）广场砖在景观中的应用

广场砖在景观中的应用如图4-28所示。

图4-28　广场砖应用于室外地面的铺装

五、拉毛砖

（一）拉毛砖的基本概念

拉毛砖是指表面带有凸出的砂粒和凹坑的外墙劈开砖产品（见图4-29、图4-30）。生产这种砖的工艺是在原料中加入各种8~10目的颗粒料，并在成型模具的出口两侧拉上0.5~1.0 mm粗的钢丝，当砖被挤出砖坯时，钢丝将其边料剥离，从而使产品表面露出砂粒和凹坑，从而形成粗犷的表面装饰效果，再经干燥和1100 ℃以上高温烧制而成。常用的拉毛转的颜色有深红色、红色、黄色、咖啡色、灰色等。

（二）拉毛砖的规格尺寸

常用的拉毛转的规格尺寸为：200 mm×65 mm×13 mm，240 mm×53 mm×13 mm。

（三）拉毛砖的特点

拉毛砖是目前十分流行的新型装饰材料，真正的绿色环保建材，原料采用天然陶土，凭借陶土的自然色差及经高温烧成后的收缩差异，营造出古典、纯朴的装饰效果。该产品具有抗冻性强、不剥落、无光污染等特点，且经济合

图4-29 拉毛砖

图4-30 拉毛劈开砖

理，成为现代别墅、小区、商场、学校等建筑的首选材料。

（四）拉毛砖在景观中的应用

拉毛砖在景观中的应用如图4-31、图4-32所示。

图4-31 拉毛砖应用于室外景观墙壁中

图4-32 拉毛砖应用于室外道路铺装中

六、人行道盲道砖

（一）人行道盲道砖的基本知识

人行道盲道是专门帮助盲人行走的道路设施。盲道一般由三类砖铺就，一类是条形引导砖（见图4-33），引导盲人放心前行，称为行进盲道；一类是带有圆点的提示砖（见图4-34），提示盲人前面有障碍，称为提示盲道；最后一类就是盲道危险警告引路砖，圆点较大，意在提醒不要超越，前面有危险。1961年，美国制定了世界上第一个《无障碍标准》。1991年，北京建成国内首条盲道。2001年8月1日，《城市道路和建筑物无障碍设计规范》在中国颁布实施。《中华人民共和国交通安全法》第三十四条规定："城市主要道路的人行道，应当按照规定设置盲道。"但事实上，由于盲道砖在社会上的宣传力度不够，国内城市大规模的盲道建设对盲人行路并未产生很大帮助。

人行道盲道砖是按照国家行业的相关标准制造，设计优良，具有触觉感灵敏、耐腐蚀、耐损耗和寿命长等特征。这种盲道砖的抗压强度高，适用于室内或室外装修。它凹凸的模型不仅可以使盲道更加安全，同时还具有美化环境的作用。

（二）人行道盲道砖的用途与组成

盲道砖是按国家行业标准规定的盲道尺寸规格生产的，主要用于城市道路及火车站、汽车站、地铁站台、人行道的铺设，它是指引残疾人安全行走的专用设施。

（三）人行道盲道砖的规格尺寸

1. 盲道砖尺寸的选择

常用盲道砖（见图4-35）标称尺寸为300 mm×300 mm，但是实际使用的盲道砖尺寸是根据相邻石材的尺寸来确定的，对于600 mm×600 mm的石材，盲道砖一般选择299 mm×299 mm的尺寸，这是因为盲道砖与相邻石材是对接的，在铺设时要考虑对缝问题，即保证石材缝隙和盲道砖缝隙在一条线上。

2．盲道砖的规格

盲道砖的规格为：300 mm×300 mm，平整部份的厚度约为3 mm，凸起部分的厚度约为6 mm，一块盲道砖的重量约为500 g。

（四）人行道盲道砖的特点

（1）环保：安全环保，不含PVC成分。

（2）耐磨：有极佳的耐磨性，使用寿命长。

（3）防滑：防滑性能优越，具有较高的安全性。

（4）弹性：有永久的弹性，较舒适。

（5）吸声：具有吸收和降低脚步声的功能。

（6）阻燃：抗灼伤，表面不易被损伤。

（7）清洁：易清洁，便于保养。

（五）人行道盲道砖在景观中的应用

人行道盲道砖在景观中的应用如图4-36所示。

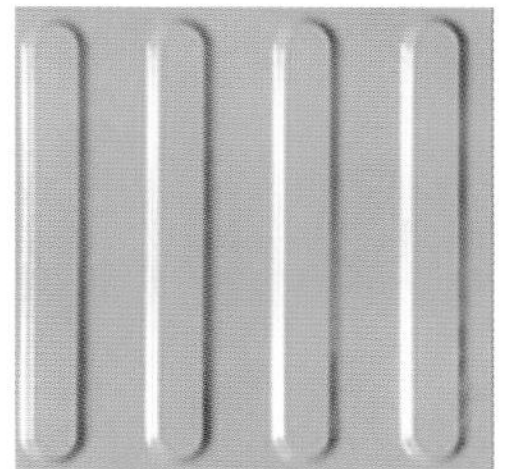

图4-33　行进盲道砖

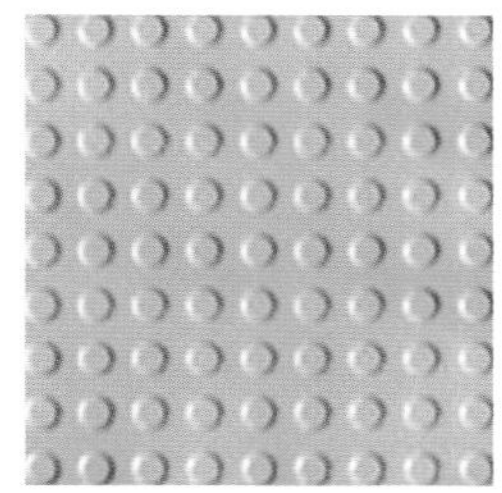

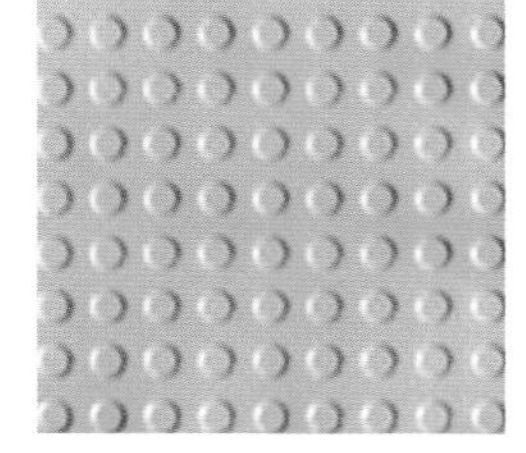

图4-34　提示盲道砖

图4-35　人行道盲道砖

图4-36　人行道盲道砖在景观中的应用

七、陶制路牙砖

（一）陶制路牙砖的基本概念

路缘石是指公路两侧路面与路肩之间的条形构造物，也称路牙砖。路牙砖的学名叫路肩，指的是位于车行道外缘至路基边缘、具有一定宽度的带状部分，用于保持车行道的功能和临时停车，并作为路面的横向支承。

陶制路牙砖（见图4-37、图4-38）是指用凿打成长条形的陶土烧制而成的长条形砌块或砖，它铺装在道路的边缘，起保护路面的作用。陶制路牙砖的铺制方法有立栽和侧栽两种形式。

（二）陶制路牙砖的尺寸与形式

陶制路牙砖的结构尺寸通常是99 cm×15 cm×15 cm，一般高出路面10 cm。路缘石是设置在路面与其他构造物之间的标石，也即设置在路面边缘与横断面其他组成部分分界处的标石。在分隔带和路面之间、人行道与路面之间一般都要设置路缘石，另外在交通岛、安全岛也都设置路缘石。陶制路牙砖的形式有立式、斜式和平式等。陶制路牙砖在景观中的运用如图4-39所示。

图4-37 陶制路牙砖一

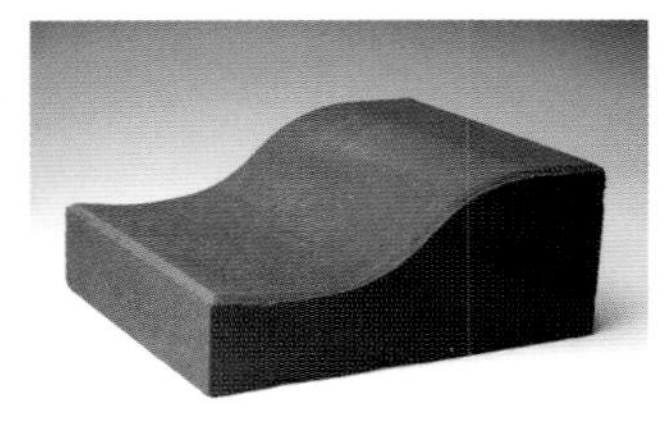
图4-38 陶制路牙砖二

图4-39 陶制路牙砖在景观中的应用

八、陶粒

（一）陶粒的基本知识

陶粒（见图4-40）是一种人造轻质粗集料，外壳表面粗糙而坚硬，内部多孔，一般由页岩、黏土岩等经粉碎、筛分，再经高温烧结而成。主要用于配制轻集料混凝土、轻质砂浆，也可用于制作耐酸、耐热混凝土集料，常根据原料命名，如页岩陶粒、黏土陶粒等。陶粒的粒径一般为5~20 mm，最大的粒径为25 mm。

图4-40 陶粒

陶粒，顾名思义，就是陶质的颗粒。陶粒的外观特征大部分呈圆形或椭圆形球体，但也有一些仿碎石陶粒不是圆形或椭圆形球体，而呈不规则碎石状。陶粒形状因工艺不同而各异。它的表面有一层坚硬的外壳，这层外壳呈陶质或釉质，具有隔水保气的作用，并且赋予陶粒较高的强度。陶粒的外观和颜色因所采用的原料和工艺不同而各异。焙烧陶粒的颜色大多为暗红色、赭红色，也有一些特殊品种为灰黄色、灰黑色、灰白色、青灰色等。

（二）陶粒的分类

1．按原料分类

陶粒按原料分类，可分为黏土陶粒、页岩陶粒、垃圾陶粒。

(1）黏土陶粒。

以黏土、亚黏土等为主要原料，经加工制粒、烧胀而成的，粒径在5 mm以上的轻粗集料，称为黏土陶粒。

(2) 页岩陶粒。

页岩陶粒又称膨胀页岩。以黏土质页岩、板岩等经破碎、筛分或经磨粉、成球，再经烧胀而成的粒径在5 mm以上的轻粗集料，称为页岩陶粒。页岩陶粒按工艺方法分为：经破碎、筛分、烧胀而成的普通型页岩陶粒；经磨粉、成球、烧胀而成的圆球形页岩陶粒。

黏土陶粒、页岩陶粒适用于结构用的轻集料混凝土。目前页岩陶粒的主要用途是生产轻集料混凝土小型空心砌块和轻质隔墙板。

(3) 垃圾陶粒。

随着城市不断发展壮大，城市的垃圾越来越多，处理城市垃圾成为一个日益突出的问题。垃圾陶粒是将城市生活垃圾处理后，经造粒、焙烧生产出的烧结陶粒，或在垃圾烧渣中加入水泥造粒，再经自然养护，生产出的免烧垃圾陶粒。垃圾陶粒具有原料充足、成本低、能耗少、质量小、强度高等特点。垃圾陶粒除了可制成墙板、砌块、砖等新型墙体材料外，还可用于保温隔热、水处理净化等用途，具有广阔的市场。

2．按强度分类

陶粒按强度分为高强陶粒和普通陶粒。

（1）高强陶粒。

高强陶粒是指强度标号不小于25 MPa的结构用轻粗集料，其技术要求除密度等级、筒压强度、强度标号、吸水率有特定指标外，其他指标（颗粒级配、软化系数、粒型系数、有害物质含量等）与超轻陶粒、普通陶粒相同。生产高强陶粒时由于产量较低、耗能较大、附加值高，销售价格比超轻陶粒、普通陶粒高50%左右。用高强陶粒配制高标号及预应力轻骨料混凝土时必须均质。

（2）普通陶粒。

根据国家标准《轻集料及其试验方法》（GB/T 17431.1—2010），普通陶粒是指强度标号小于25 MPa的结构用的轻粗集料。普通陶粒应用较广，市场潜力大。

3．按密度分类

陶粒按密度可分为一般密度陶粒、超轻密度陶粒、特轻密度陶粒三类。

（1）一般密度陶粒。

一般密度陶粒是指密度大于500 kg/m³的陶粒。它的强度一般相对较高，多用于结构保温用混凝土或高强混凝土。

（2）超轻密度陶粒。

超轻密度陶粒一般是指密度在300~500 kg/m³之间的陶粒。这种陶粒一般用于保温隔热混凝土及其制品。

（3）特轻密度陶粒。

特轻密度陶粒是指密度小于300 kg/m³的陶粒。它的保温隔热性能非常优异，但强度较差，一般用于生产特轻保温隔热混凝土及其制品。

4．按形状分类

陶粒按形状分为碎石形陶粒、圆球形陶粒和圆柱形陶粒。

（1）碎石形陶粒。

碎石形陶粒一般用天然矿石生产，先将石块粉碎、焙烧，然后进行筛分；也可用天然及人工轻质原料如浮石、火山渣、煤渣、自然煤矸石或煅烧煤矸石等，直接破碎、筛分而得。

（2）圆球形陶粒。

圆球形陶粒（见图4-41）是采用圆盘造粒机生产的。先将原料磨粉，然后加水造粒，制成圆球再进行焙烧或养护而成。目前我国的陶粒大部分是这种品种。

（3）圆柱形陶粒。

圆柱形陶粒一般采用模具挤出成型，先制成泥条，再切割成圆柱形状。这种陶粒适合用塑性较高的黏土原料制造，产量相对较低。圆柱料坯则采用回砖窑焙烧，则圆柱体在窑内滚动形成椭圆形。

5．按性能分类

陶粒按性能可分为高性能陶粒、普通性能陶粒。

（1）高性能陶粒。

高性能陶粒是指强度较高、吸水率较低、密度较小的焙烧或免烧陶粒。轻集料的资源丰富，品种繁多。它有天然轻集料、固体废弃物轻集料和人造轻集料之分。根据它们的生成条件及性能来看，可以用来配制

图4-41 圆球形陶粒

高性能混凝土的只有经特殊加工的高性能陶粒。国外一般称它为高性能轻集料，在我国也可称它为高强陶粒。

高性能陶粒是采用合适的原材料，经特殊加工工艺，所制造出的密度等级不同、强度高、孔隙率低、吸水率低的人造轻集料。这种轻集料的某些性能与普通密实集料相似，与普通轻集料相比，性能更为优越。

(2) 普通性能陶粒

普通性能陶粒是相对于高性能陶粒而言的，即它的强度比高性能陶粒略低，孔隙率略高，吸水率也高，但它的综合性能仍优于普通集料。

（三）陶粒的特性

1．陶粒具有密度小、质量小的特性

陶粒自身的堆积密度小于1100 kg/m³，一般为300~900 kg/m³。以陶粒为骨料制作的混凝土的密度为1100~1800 kg/m³，相应的混凝土的抗压强度为30.5~40.0 MPa。陶粒的最大特点是外表坚硬，而内部有许许多多的微孔。这些微孔赋予陶粒质量小的特性。200号粉煤灰陶粒混凝土的密度为1600 kg/m³左右，而相同标号的普通混凝土的密度却高达2600 kg/m³，二者相差1000 kg/m³。

2．陶粒具有保温隔热的作用

陶粒由于内部多孔，故具有良好的保温隔热性，用它配制的混凝土的传热系数一般为0.3~0.8 W/（m·k），比普通混凝土低1~2倍。所以，陶粒建筑都有良好的热环境。

3．陶粒的耐火性能优异

普通粉煤灰陶粒混凝土或粉煤灰陶粒砌块集保温、抗震、抗冻、耐火等性能于一体，特别是耐火性能是普通混凝土的4倍多，对相同的耐火周期，陶粒混凝土的板材厚度比普通混凝土薄20%。此外，粉煤灰陶粒还可以配制耐火度为1200 ℃的耐火混凝土。在650 ℃的高温下，陶粒混凝土的强度能维持常温下强度的85%，而普通混凝土的强度只能维持常温下强度的35%~75%。

（四）陶粒的用途

陶粒具有优异的性能，如密度低、抗压强度高、孔隙率高、软化系数高、抗冻性良好、抗碱集料反应性优异等。特别由于陶粒密度小，内部多孔，形态、成分较均一，且具有一定强度和坚固性，因而具有质量小、耐腐蚀、抗冻、抗震和良好的隔绝性等特点。利用陶粒这些优异的性能，可以将它广泛应用于建材、净水、园艺、食品饮料、化工等方面，其应用领域越来越广，且还在继续扩大。在陶粒发明和生产之初，它主要用于建材领域，由于技术的不断发展和人们对陶粒性能的认识更加深入，陶粒的应用早已超过建材这一传统范围，不断扩大它的应用领域。陶粒在建材方面的应用，已经由100%下降到80%，在其他方面的应用，已占20%。随着陶粒新用途的不断开发，它在其他方面的比例将会逐渐增大。

1．陶粒可作为建筑材料

陶粒混凝土已广泛应用于工业与民用建筑的各类型预构件和现浇混凝土工程中（如预应力和非预应力的、承重结构或围护的、隔热或抗渗的、静载或动载的）。陶粒还可应用于管道保温、炉体保温隔热、保冷隔热和隔声、吸声等；亦可用作农业和园林中的无土基床材料及滤水材料（见图4-42）。

2．陶粒可作为绿化材料

陶粒具有多孔、质量小、表面强度高等特点，用于园林绿化、室内绿化，既满足了植物保水的需要，同时也满足了透气的要求，尤其是其无粉尘、质量小的特点使其越来越多地应用到室内观赏植物的养殖中（见图4-43、图4-44）。

3．饮食卫生材料

陶粒除了具有多孔、质量小、表面强度高等物理性能外，在生产过程中还添加了活性炭物质，因而已开始用于与日常生活有关的饮水、洗浴等方面，如放在饮水机中过滤饮用水、放在淋浴花洒的手柄中增加水的活性等。

4．工业过滤材料

陶粒中的活性物质还被大量用于工业中。陶粒滤料可作为工业废水高负荷生物滤料池的生物膜载体，可用于自

图4-42　陶粒建筑材料

图4-43　陶粒作为绿化材料使用

图4-44　陶粒用于绿化种植

来水的微污染水源处理，微生物干燥储存以及生物滤池的预处理，还可作为含油废水的粗粒化材料，离子交换树脂垫层；还适用于饮用水的深度处理，它可吸附水体中的有害元素、细菌，矿化水质，是活性生物降解有害物质效果最好的滤料，也是生物滤池中最好的生物膜载体。

九、紫砂劈开砖

（一）紫砂劈开砖的基本知识

紫砂劈开砖（见图4-45），是一种用于内外墙或地面装饰的建筑装饰砖，它以紫砂、长石、石英、高岭土等原料经干法或湿法粉碎混合后制成具有较好可塑性的湿坯料，用真空螺旋挤出机挤压成双面以扁薄的筋条相连的中空砖坯，再经切割、干燥，然后在1100 ℃以上高温下烧成，再以手工或机械方法将其沿筋条的薄弱连接部位劈开而成。

紫砂劈开砖按表面的粗糙程度分为光面砖和毛面砖两种，前者坯料中的颗粒较细，产品表面较光滑和细腻，而后者坯料颗粒较粗，产品表面有突出的颗粒和凹坑；紫砂劈开砖按用途来分，可分为墙面砖和地面砖两种；按表面形状来分，可分为平面砖和异型砖等。

（二）紫砂劈开砖的常用尺寸

紫砂劈开砖的常用尺寸为：240 mm×52 mm×11 mm、240 mm×115 mm× 11 mm、194 mm×94 mm×11 mm、190 mm×190 mm×13 mm、240 mm×115 mm×13 mm、194 mm×94 mm×13 mm等。

（三）紫砂劈开砖的优点

紫砂劈开砖强度高，吸水率低，抗冻性强，防潮防腐，耐磨耐压，耐酸碱，防滑；其色彩丰富，自然柔和（见图4-46），表面质感变幻多样，或清秀细腻，或浑厚粗犷；表面施釉者光泽晶莹，富丽堂皇；表面无釉者质朴典雅、大方，无反射弦光。

图4-45　紫砂劈开砖

图4-46　紫砂劈开砖的颜色

（四）紫砂劈开砖的应用

紫砂劈开砖可用于建筑的内墙、外墙、地面、台阶、地坪等建筑，厚度较大的劈开砖特别适用于公园、广场、停车场、人行道等露天地面的铺设。

第三节　烧结材料的施工工艺

一、技术准备

制定施工方案，了解各类烧结砖的性能与强度，根据铺装现场的实际尺寸进行图上放样，注意烧结材料的边角调节问题及道路交接处的过渡问题，最终确定各种烧结砖的数量以及种类与规格。

二、主要施工机具

平铁锹、木杆、木质锤、橡胶锤、手推测距仪、水平尺、钢卷尺、扫把、夯土机、夯实机等（见图4-47)。

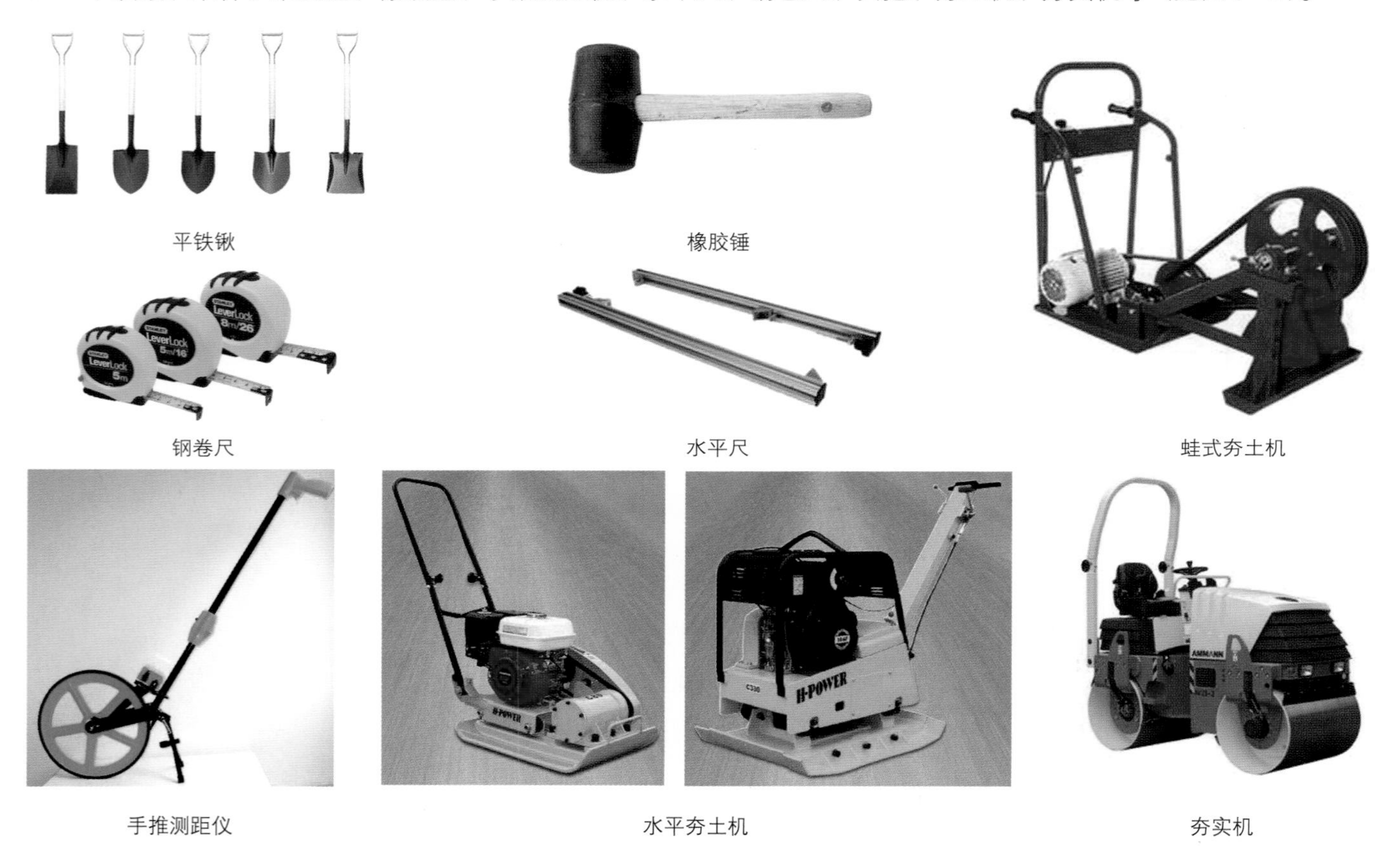

图4-47　施工机具

三、工艺流程

垫层→找标高→铺设→检查灌缝→清理→成品保护→验收。

四、陶土烧结砖的施工工艺

1．施工工序

(1）开箱时，认准产品规格、尺寸、色号等，把相同的产品铺贴在一起，勿将不同的产品混在一起铺贴。

(2）在铺贴前首先在地面上试铺，并处理好砖体或地面，根据铺贴形式确定排砖方式，砖面如有花纹或方向性图案，应将产品按图示方向铺贴，以求最佳效果；将色号、尺码不同的广场砖分好类别，加以标号标明，在使用完同一色号或尺码后，才可使用邻近的色号与尺码。

(3) 预铺时，在处理好的地面拉两根相互垂直的线，并用水平尺校水平。

(4) 将现场清理干净，先洒适量的水以利施工，建议将325#水泥与砂按1：3的比例混合成砂浆。

(5) 烧结砖按设计尺寸划好线，划线时需预留灰缝，灰缝一般为5~12 mm为宜。

(6) 铺贴应在基层凝实后进行，在铺贴过程中应用手轻轻推放，使砖底与铺贴面平衡，便于排出气泡，然后用木质锤轻敲砖面，让砖底能全面吃浆，以免产生空鼓现象；再用木质锤把砖面敲至平整，同时用水平尺测量，确保广场砖铺贴水平。

(7) 边铺贴，边勾缝，用水泥砂浆勾缝，也可根据需求加入彩色添加剂勾缝。一般间缝宽度为6~15 mm，深度为2 mm，坚实的基层和饱满的勾缝能让广场砖更经久耐用，避免使用过程中脱落及破裂。

(8) 施工过程中，及时将木糠均匀地洒在铺贴面上，用扫帚清扫，将留在砖面的水泥或其他污物抹擦干净，以免表面藏污时间过长，难以清理。

(9) 铺贴12 h后，应敲击砖面进行检查，若听到“咚咚”的声音，说明有空鼓，应重新铺贴。

(10) 砖铺贴完24 h后方可行走、擦洗。用清水混合清洁剂，彻底将广场砖清洗干净。

(11) 一般只在低温冬季的初期施工，严寒阶段不能施工。气温低于5 ℃时，如需要施工，应在砂浆中加防冻液，施工后砖面铺上草帘保温，促进水泥硬化。

2．施工注意事项

(1) 铺贴后，用橡胶锤敲击砖面进行检查，若听到“咚咚”的声音，说明有空鼓底层不平，要起下来重新铺装。

(2) 铺装过程中避免与水泥砂浆和白灰接触，一旦水泥砂浆或白灰接触到烧结砖，砖的面层被污染，则很难将污渍清洗下来，施工后无法清理。如果是砖的正面，则会影响美观，甚至报废。当然，污损的砖还是可以切了补角、填缝用。

(3) 接缝，铺砖时有几点事项必须特别注意：确保相邻的每片砖至少有3~5 mm的空隙，相邻的两片砖没有紧密地靠在一起，这样一来可以避免在压紧路面过程中或车辆行驶时将砖的边缘压碎；砖片相邻的空隙则用干燥的细砂填补，一方面是为了使砖片有缓冲地紧靠在一起，另一方面是为了有效地将强度均衡分布到相邻的砖片或砖片底下的垫层基层；选用的细砂最好是符合规定的F级细砂，将它们散布在砖片的表面上，然后在压紧步骤开始前把细砂填入空隙里。

(4) 烧结砖作墙面使用时，适合用低碱水泥铺装，过程中不要使水泥污染砖面，否则会影响墙面的整体效果；勾缝用干硬砂浆，在砂浆充分凝固前不要洒水养护，防止造成面层污染。

(5) 压紧陶土烧结材料时，将垫层上和砖片之间的空隙填满了细砂过后，路面需要用振动式压土机进行二至三次的挤压，将路面压实。压土机的底盘面积至少有0.2 m^2，也必须有一层氯丁橡胶层作为垫盘和地砖之间的缓冲，以60~100 Hz的振动频率来挤压路面；若有必要可以再填补细砂，重复压紧路面的工作，将路面压实。

3．铺贴样式

在铺设陶土烧结砖时，衔接样式和方向在视觉与性能表现上对铺设地段有很大的影响。所以最好是在设计地面与墙面铺装形式时，先把其衔接或铺设样式拟定好，选择两种以上不同色泽的陶土烧结砖进行搭配铺设，可以凸显设计，增添更多的变化（见图4-48、图4-49）。

五、广场砖的铺贴工艺

(一) 广场砖的铺贴说明(以200 mm×200 mm×30 mm为例)

铺贴时，请根据设计要求，使产品达到自然和谐的装修效果；用水泥：砂为1：3的比例混合倒制厚度为20~30 mm的砂浆底基层；铺贴时，请让砖充分吸水约15 min后，在砖背面抹上约7 mm厚的砂浆，用木质棰将砖轻敲至水平位置；砖的间隙一般宽度为15 mm，深度为4~8 mm；砖背抹上砂浆后要求30 s内铺贴，避免铺贴后出现硬化或空鼓现象。广场砖的铺贴构造如图4-50所示。

图4-48 陶土烧结砖用于景观地面铺设时可选用的铺设纹样

图4-49 陶土烧结砖用于景观墙面铺贴时可选用的铺设形式

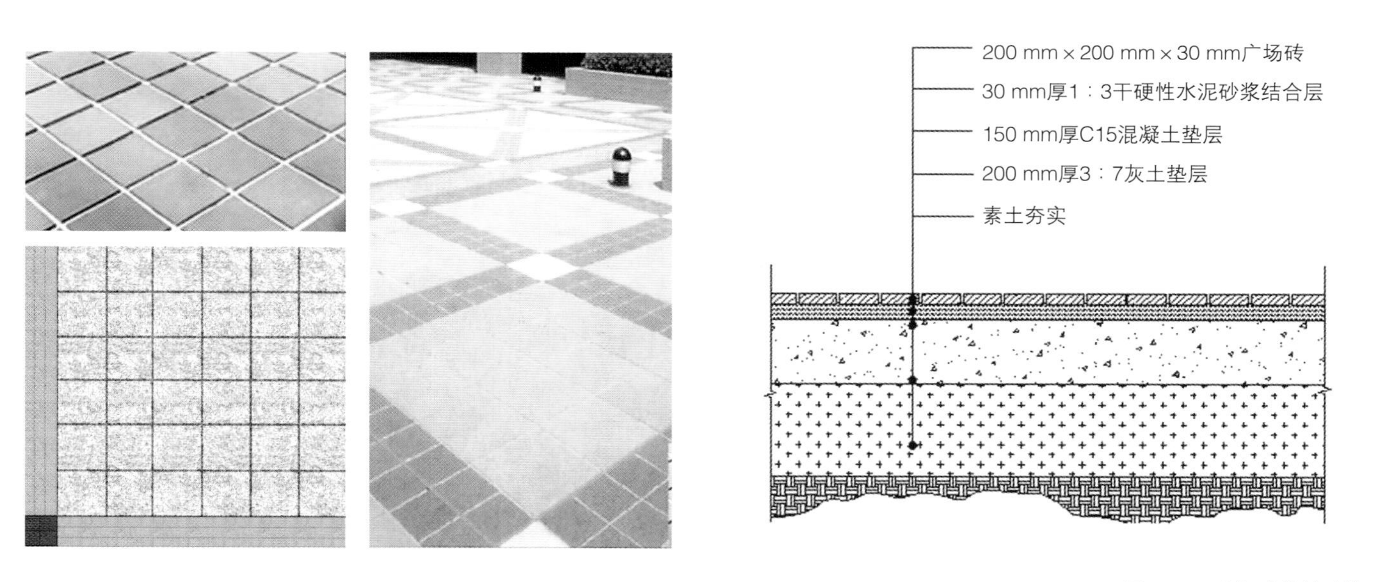

图4-50 广场砖的铺贴构造

（二）公共部分地砖的铺贴说明（以600 mm×600 mm×10 mm为例）

铺贴前无需浸水，只需要用水泥砂浆均匀抹平铺贴面，再用木质棰将砖轻轻敲平整，排除气泡；铺贴时请选用同一型号、尺码、色号的砖，以保证尺寸统一，色泽均匀；铺贴后如把砖缝的水泥沟深，则更为美观；铺贴1 h后，应把砖面的水泥抹干净，保证砖面的清洁、光亮；稍干后，砖缝间隙填上白水泥，效果更佳。

六、台阶踏步的铺设

在室外景观环境中，对于倾斜度大的地面，以及庭园局部间发生高低差的地方，需要设置踏步，踏步可使地面产生立体感（见图4-51），踏步的设置可使景观两点间的距离缩短，缩短行走路线。踏步阶梯分为规则式阶梯和不规则式阶梯，砖砌踏步以红砖等按所需阶梯高度、宽度整齐砌成。楼梯踏步的基础构造可用石块或混凝土砌成，踏步的表面需要考虑防滑性，踏步的宽度一般为28~45 cm，踢面台阶垂直面的高度一般在10~15 cm为宜（见图4-52）。

图4-51　台阶踏步在景观中的运用

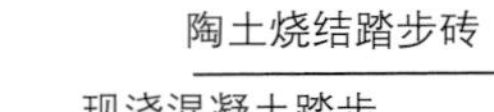

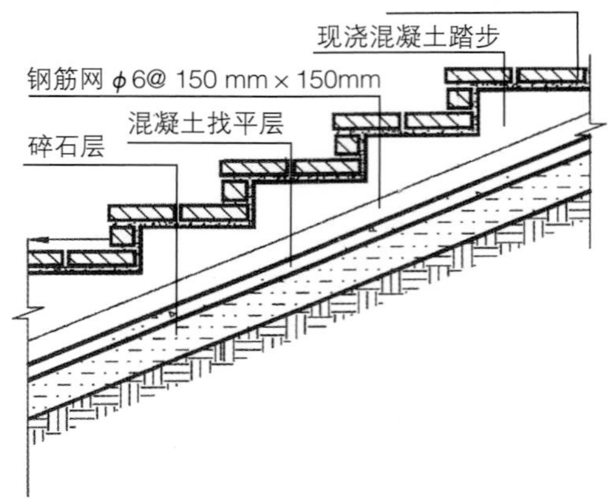

图4-52　台阶踏步的构造

七、陶制路牙砖的铺设

一个牢固的路边加固层（陶制路牙砖）可以稳定路面结构与防止路面砖横向和纵向移动（见图4-53）。加固层可以用水泥、石块、金属、坚硬的塑胶等材料做成。此加固层除了可以为设计的铺设样式作美丽的修饰之用，也可以作为良好的导水沟。

陶制路牙砖的铺设构造如图4-54所示。

图4-53　陶制路牙砖的铺设效果

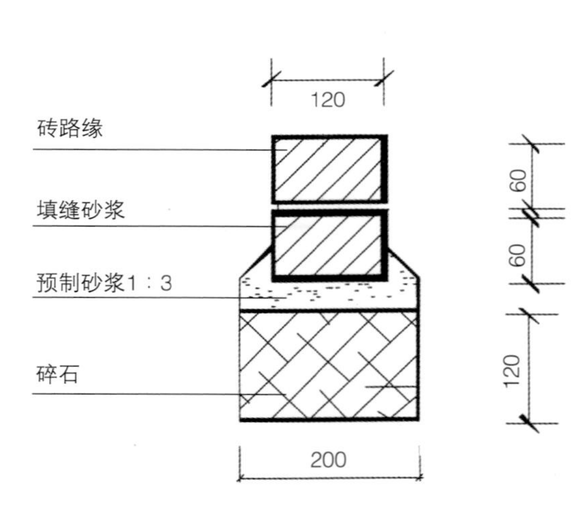

图4-54　陶制路牙砖的铺设构造

5

第五章 金属景观材料

JINSHU JINGGUAN CAILIAO

第五章 金属景观材料

金属景观材料是指由一种金属元素构成或由一种金属元素和其他金属或非金属元素构成的装饰材料的总称。金属一般具有较高的强度，良好的塑性、导电性、传热性及特有的金属光泽等性能。金属材料与石材相比，质量更小，可以减少载荷，并具有一定的延展性，韧性强；它易于工厂化规模加工，无湿作业，机械加工精度高，在施工过程中更方便，更可以降低人工成本，缩短工期；此外，金属还是回收率最高的材料，是名副其实的环保材料。

在人口稠密的城市环境中，天气、车辆交通、密集的使用频率、污染甚至还有人为破坏，这些都使非金属景观材料不断受到破坏，而使用金属景观材料可以使这些状况得到改善。景观中最常用的金属元素是铁（Fe）、铜（Cu）、铝（Al），而常用的合金则有钢、黄铜、青铜等。在景观建筑中，金属发挥两种作用：结构作用和装饰作用，它可以用来制作公共空间中耐用的座椅、支承车辆交通的井盖、排水沟箅子、盲人行走的指示铺装——盲道及使用频率和强度都很大的公园游乐设施等。现代金属装饰艺术逐渐步入环境中，与空间环境产生了不可分割的联系，已经成了环境中不可缺少的一部分。现代金属装饰体现在各种实用品上，在设计上更加人性化和大众化，既服务于人们的生活，又美化人们的心灵，直接服务于人们的生活空间，为人们创造出富有生活情趣的空间。

本章主要介绍金属材料中钢材、铜及新型金属材料在景观中的应用。

第一节 金属景观材料的基础知识

一、金属景观材料的分类

（一）按材料性质分类

金属材料可分为黑色金属材料、有色金属材料、复合金属材料。

（1）黑色金属材料是指铁和铁合金形成的金属材料，如碳钢、合金钢、铸铁、生铁等。

（2）有色金属材料是指铝及铝合金、铜及铜合金、金、银。

（3）复合金属材料是指不同的金属材料与其他材料结合所形成的复合材料，如塑铝板等。

（二）按材料形状分类

金属材料可分为金属板材、金属型材、金属管材等。

（1）金属板材是指以金属及金属合金材料制成的平板类金属材料，主要有钢板、不锈钢板、铝板、铝合金板、铜板等。

（2）金属型材是指金属及金属合金经热轧等工艺制成的异型断面的材料，主要有铝合金型材、型钢、铜合金型材等。

（3）金属管材是指金属及金属合金经加工工艺制成的有矩形、圆形、椭圆形、方形等截面的材料，主要有铝合金方管、不锈钢方管、不锈钢圆管、钢圆管、方钢管、铜管等。

二、金属材料的应用性质

（一）抗拉性能

1．拉伸作用

拉伸是金属材料受力的主要形式，因此，抗拉性能是表示金属材料性质和选用金属材料最重要的指标。金属材料受拉直至破坏经历了四个阶段。

(1）弹性阶段：金属材料的应力和变形成正比关系，此阶段产生的变形是弹性变形。

(2）屈服阶段：随着拉力的增加，应力和应变不再是正比关系，金属材料产生了弹性变形和塑性变形。当拉力达到某一定值时，即使应力不再增加，塑性变形仍明显增长，金属材料出现了屈服现象，此点对应的应力值被称为屈服点（或称屈服强度）。

(3）强化阶段：拉力超过屈服点以后，金属材料又恢复了抵抗变形的能力，故称强化阶段。强化阶段对应的最高应力称为抗拉强度或强度极限。抗拉强度是金属材料抵抗断裂破坏能力的指标。

(4）颈缩阶段：过了抗拉强度以后，金属材料抵抗变形的能力明显降低，并在受拉试件的某处，迅速发生较大的塑性变形，出现颈缩现象，直至断裂。

2．冲击韧度

冲击韧度是指在冲击载荷的作用下，金属材料抵抗破坏的能力。金属材料的冲击韧度受下列因素影响：金属材料的化学组成与组织状态，轧制、焊接的质量，环境温度，时效。

(二）工艺性能

1．冷弯性能

冷弯性能是指金属材料在常温下承受弯曲变形的能力。金属材料在弯曲过程中，受弯部位产生局部不均匀塑性变形，这种变形在一定程度上比伸长率更能反映金属材料的内部组织状况、内应力及杂质等缺陷。

2．可塑性

建筑工程中，金属材料绝大多数是采用多种方法连接的。这就要求金属材料要有良好的可塑性。

3．水密性

金属材料的咬合方式为立边单向、双重折边并依靠机械力量自动咬合，板块咬合紧密，水密性强，能有效防止毛细雨入侵。无需化学嵌缝胶密封防水，免除胶体老化带来的污染和漏水问题。

4．耐蚀性

金属材料的耐蚀性比较差，一般要经过防腐处理，才能提高金属材料的耐蚀性。

第二节　金属材料在景观中的应用

一、碳素结构钢（非合金结构钢）

碳素结构钢是常用的金属材料，它是非合金钢的一大类，与优质碳素结构钢的主要区别是对碳含量及性能范围的要求以及对磷、硫和其他残余元素含量的限制较宽，一般在热轧状态后使用，价格较低，便于大量生产。

(一）主要品种

1．圆钢、方钢

圆钢及方钢如图5-1所示。圆钢的直径和方钢的边长均为5.5~250 mm。一般它们长度为：直径（边长）不大于25 mm时，4~10 m；直径（边长）大于25 mm时，3~9 m。常用作钢筋、螺栓及各种机械零件；大于25 mm的圆钢，主要用作景观中的机械零件或用作无缝钢管坯。

图5-1　圆钢、方钢

2．扁钢

扁钢（见图5-2）是指宽12~300 mm、厚4~60 mm、截面为长方形并稍带钝边的钢材。扁钢可以是成品钢材，也可以用作焊管的坯料和叠轧薄板用的薄板坯。其主要用途为：扁钢作为成材可

图5-2　扁钢

图5-3　工字钢

图5-4　槽钢

图5-5　H型钢

图5-6　角钢

用作景观中的机械零件，如各种景观中的结构件、扶梯等。

3. 工字钢

通常生产和使用的工字钢（见图5-3）是热轧窄翼缘、斜腿普通工字钢。其断面设计的特点是腿短，腿内侧有一定的斜度，宽高比小，腰部较厚，金属分布不太合理。此类工字钢目前已被宽缘、平行腿工字钢所代替。工字钢的型号有34个，尺寸范围（高度×宽度×腰厚）为100 mm×68 mm×4.5 mm~630 mm×180 mm×17 mm（高度尺寸有16种、宽度尺寸有34种）。工字钢主要承受高度方向的载荷，作为弯梁使用，广泛用于各种景观中的结构件。

4. 槽钢

槽钢（见图5-4）属建造用和机械用碳素结构钢，是复杂断面的钢材，其断面形状为槽形。通常生产和使用的槽钢是热轧窄翼缘、斜腿普通槽钢。槽钢的型号有30个，尺寸范围（高度×宽度×腰厚）为50 mm×37 mm×4.5 mm~400 mm×140 mm×14.5 mm（高度尺寸有15种、宽度尺寸有28种）。槽钢是工业生产中经常使用的材料，常常焊接在各类工件上作支承、加强结构等作用。

5. H型钢

H型钢（见图5-5）截面设计优于普通工字钢，加大了翼缘、宽度和高度，腰薄，翼缘内侧面无斜度，两翼缘平行，宽高比大。与普通工字钢相比，H型钢在不增加，甚至在减小每米长度质量的情况下，大大提高了断面系数。H型钢可承受复杂结构件的多方面载荷，抗弯、抗扭、抗压，并且稳定性良好，是钢结构工程中理想的经济型断面型钢，生产方法有热轧和焊接两种。H型钢适用于制造钢结构的柱、梁、桩、衍架等构件。H型钢桩主要用作各种景观工程中的基础钢桩。

6. 角钢

角钢（见图5-6）的特点是在水平和竖直轴线上都具有良好的力学性能。按截面形状的不同，角钢可分为等边角钢、不等边角钢、不等边不等厚角钢（又称L型钢）。角钢的品种和规格是热轧型钢中最多的。等边角钢的型号从2号到20号，有19个型号，82种规格。不等边角钢的型号从2.5/1.6到20/12.5，有19个型号，65种规格。这两种角钢的长度按型号分为4~12 m和6~19 m。不等边不等厚角钢的型号从L250 mm×90 mm×9 mm×13 mm到L500 mm×120 mm×13.5 mm×35 mm，有11个型号，其长度为6~12 m。大型角钢广泛应用于工业建筑、铁路、交通、桥梁等大型结构件中。中型角钢用于景观钢结构件及其他用途的结构件中。小型角钢用于支架和框架中等。

二、钢合金

钢在景观中的用途广泛，常用作座椅和长凳的扶手、护栏和矮柱。钢筋则可以为混凝土提供抗拉强度。

钢是一种合金，而不是一个金属元素。它的主要成分是铁和碳。钢的含碳量比较低，强度和硬度比铁高。现在多种钢材已经被制造出来，最常见的是A36钢，这种钢在大多数大型结构中承担承重的任务。钢材可以通过化学工艺对外层进行着色，可实现的色调可以从蓝色到棕色。但是如果不着色，钢材表面会自然反射周围的颜色。

各种钢合金是按照他们的成分区分的。不锈钢必须含有至少10.5%的铬，比标准钢更耐氧化、耐腐蚀，也比标准钢材更昂贵。另一种被称为耐大气腐蚀钢或耐候钢的，含有一种特别配方，能产生一种稳定而有吸引力的氧化表面，代替涂料。

钢是常见的可回收金属，其循环利用过程是简单而经济的。再生钢不会在循环过程中损失强度或硬度，而且成本远远低于从铁矿石中提取再精炼的原生钢。

（一）不锈钢的分类

（1）马氏体不锈钢：通过热处理可以调整其力学性能的不锈钢，通俗地说，是一类可硬化的不锈钢。其粹火后硬度较高，在不同的回火温度下具有不同的强韧性组合。根据化学成分的差异，马氏体不锈钢（见图5-7）可分为马氏体铬钢和马氏体铬镍钢两类。根据其组织和强化机理不同，还可分为马氏体不锈钢、马氏体和半马氏体沉淀硬化不锈钢以及马氏体时效不锈钢等。

（2）铁素体不锈钢（见图5-8）：在使用状态下以铁素体组织为主的不锈钢。含铬量在11%~30%，具有体心立方晶体结构。这类钢一般不含镍，有时还含有少量的钼、镍、铌等元素，这类钢具有导热系数大、膨胀系数小、抗氧化性好、耐蚀性好等特点，多用于制造耐大气、耐水汽及耐氧化性、耐酸腐蚀的零部件。这类钢存在塑性差、焊后塑性和耐蚀性明显降低等缺点，因而限制了它的应用。

图5-7 马氏体不锈钢

图5-8 铁素体不锈钢

图5-9 奥氏体-铁素体双相不锈钢

（3）奥氏体-铁素体双相不锈钢（见图5-9）：是奥氏体和铁素体组织各约占一半的不锈钢。在含碳较低的情况下，铬含量在18%~28%，镍含量在3%~10%。有些钢还含有钼、铜、铌、镍、钠等合金元素。该类钢兼有奥氏体不锈钢和铁素体不锈钢的特点，与铁素体不锈钢相比，其塑性、韧性更高，无室温脆性，耐晶间腐蚀性能和焊接性能均显著提高，同时还保持有铁素体不锈钢的脆性以及导热系数高，具有超塑性等特点。与奥氏体不锈钢相比，其强度高且耐晶间腐蚀性能和耐氯化物应力腐蚀性能有明显提高。双相不锈钢具有优良的耐孔蚀性能，也是一种节镍不锈钢。

（4）奥氏体不锈钢：在常温下具有奥氏体组织的不锈钢。包含铬（16%~25%）、镍（6%~22%），有时还含有少量的钼、铜、锰和氮（钼的添加可特别增强其耐蚀性）。此类不锈钢没有磁性，不能通过热处理来增强硬度，但是具有较好的韧性和耐压性，冷却时很容易焊接和加工。由于奥氏体不锈钢具有全面的和良好的综合性能，在各行各业中获得了广泛的应用。

（5）沉淀硬化（PH）不锈钢（见图5-10）：基体组织可为不同种类的马氏体、铁素体、半奥氏体等，经适当热处理，在基体上通过析出碳化物和金属间化合物，使钢强化，具有硬度高、强度高、塑性低等特性，耐腐蚀能力有时接近于304不锈钢，通常比较低。

（二）不锈钢材质的特点

不锈钢与所有其他的金属装饰部件一样，具有金属的光泽和质

图5-10 沉淀硬化（PH）不锈钢

感，特别是不锈钢不易锈蚀，因此可以较长时间地保持最初的装饰效果，同时不锈钢的强度高、硬度高，在施工过程中不易变形。

装饰用不锈钢制品主要是不锈钢薄板，且厚度大多在2 mm以下。根据不同的设计要求，不锈钢饰面板可加工成光面不锈钢板（镜面不锈钢板）、砂面不锈钢板、拉丝面不锈钢板、腐蚀雕刻不锈钢板、凹凸不锈钢板等。

不锈钢表面的光泽度是根据其反射率来决定的，反射率达到90%的称为镜面不锈钢，反射率达到50%的称为哑光不锈钢。可根据设计对不锈钢板进行腐蚀处理，腐蚀深度一般为0.015~0.5 mm，装饰效果会比较好。

不锈钢是在空气中或化学腐蚀介质中能够抵抗腐蚀的一种高合金钢，由钢（铁和碳）和铬合金制成，有时添加镍、锰和钨等其他金属元素。尽管不锈钢的价格明显高于软钢，但是鉴于不锈钢的特有性能，它仍然被越来越多地应用到建筑行业中。不锈钢具有美观的表面和良好的耐蚀性，不必经过镀色等表面处理，具有代表性的有13-铬钢，18-铬镍钢等高合金钢。

不锈钢的耐蚀性是源于不锈钢含有铬而使表面形成很薄的铬膜，叫做钝化膜，可以抵抗空气的腐蚀以及有机酸和较弱的矿物酸的腐蚀。为了保持不锈钢所固有的耐蚀性，钢必须含有至少10.5%的铬。此外，它还能耐高温和强机械压力，可以进行轧制、挤压或引伸加工，热熔状态下，可以进行亚光或高光处理，甚至还可以进行磨砂处理。

不锈钢的另一项优点是其坚硬光滑的钝化膜表面不易附着灰尘，因此用水就可以很容易地处理掉轻微的非油脂类附着物和污渍。较顽固的污渍和油脂类附着物可以用一块浸有肥皂水或清洁剂的软布进行清洁。

（三）不锈钢腐蚀的主要类型

1．均匀腐蚀

均匀腐蚀在材料的表面产生，损坏大量的材料。容易发现，危害性不是很大。

2．点腐蚀

点腐蚀是指不锈钢表面的小蚀坑，可由氯、溴、碘引起，易发生在表面缺陷处和夹杂了杂质处等表面氧化膜较薄弱处，由于应力等原因使腐蚀集中在材料表面一片不大的区域内，向深处发展，最后甚至能穿透金属。

3．缝隙腐蚀

缝隙腐蚀发生于存在电解质（如潮湿）和氧不容易到达的部位（缝隙宽度为0.025~0.1 mm），可发生于金属与金属、金属与垫片、金属与塑料之间，驱动力是氧浓度的差异。解决方法：设计时排除缝隙（密封或敞开）、保持缝隙干燥、采用耐蚀性更好的不锈钢。

4．微生物腐蚀

微生物腐蚀是一种由于活细菌（微生物）与材料接触所导致的直接或间接腐蚀的形式。河水和井水等未经氯气消毒的水常常含有细菌，细菌会在不锈钢上生长，形成菌群，菌群之下形成“缝隙”，这里可能呈酸性和氯化物含量高，导致菌群之下发生腐蚀。解决办法：用氯气对水进行消毒灭菌处理；避免水的滞留，保持水的循环；使用更耐蚀的不锈钢。

5．晶间腐蚀

晶间腐蚀是指腐蚀过程是沿着晶间进行的，其危害性最大。

6．应力腐蚀

钢在拉伸应力状态下能发生应力腐蚀被破坏的现象，称为应力腐蚀。它没有什么预兆，所以其危害性也是比较大的。几乎每一种材料都可能发生应力腐蚀而断裂。只有在拉伸应力（在压应力下不会发生）、温度一般高于60 ℃、氯化物这三个条件同时存在的情况下，才会发生这种腐蚀。

7．电偶腐蚀

电偶腐蚀是指由于腐蚀电位不同，造成同一介质中异种金属接触处的局部腐蚀，发生于两种不同的金属（电位序上相距足够远）相互连接（或类似的接触）、存在导电电解质或面积比例不当的条件下。活泼金属（耐蚀性较差）为阳极（如碳钢），以较快的速度发生腐蚀；惰性较大的金属（如不锈钢）为阴极，腐蚀速度慢。

（四）提高不锈钢耐蚀性的方法

(1）在不锈钢表面形成稳定保护膜。

(2）获取单相组织，如镍、钼等物质，形成单相奥氏体组织，可提升不锈钢的耐蚀性。

(3）采用机械保护措施或使用复盖层，如电镀、发兰、涂漆等方法。

（五）不锈钢在景观中的应用

1．不锈钢在园林铺装中的应用

不锈钢可用作铺装材料（见图5-11），还可以用作划分大面积铺装的分隔材料，如将水刷石路面划分成若干块小面积，不仅可以延长路面的使用年限，还能增强铺装的景观效果。另外，还可以用于水池或台阶的铺装。

图5-11　不锈钢在园林铺装的应用

2．不锈钢在园林小品中的应用

不锈钢极具金属感的明快光泽，在城市公园、街道中心适当建造一些不锈钢纪念物或艺术雕塑品（见图5-12），为人们提供休闲场所的同时，可以使人们获得美的享受，同时也提高了城市的文化内涵。

3．不锈钢在园林设施中的应用

城市街道装饰采用不锈钢是城市走向现代化的标志之一。很多国家对街道那些具有独立功能的公共设施，例如道路指标牌、街道栏杆、过街人行桥的栏杆及扶手、街灯灯柱、休息座椅、凉亭、电话亭、候车亭、书报亭、陈列橱窗、垃圾筒等采用了不锈钢，并使之在设计和造型上与环境很好地配合，给城市添加了洁净、靓丽、环保与现代气息(见图5-13)。

图5-12 不锈钢在园林小品中的应用

图5-13 不锈钢在园林设施中的应用

三、铜

（一）铜及铜合金的基本知识

1．铜及铜合金的分类

（1）紫铜。

铜是古代就广泛使用的金属之一。一般认为人类知道的第一种金属是金，其次就是铜。铜在自然界中是以化合物的状态存在，属于易冶炼的金属。所以，古人在很早就掌握了铜的冶炼技术，开始使用铜及铜合金。一般铜的表面会形成一层紫红色氧化铜的薄膜，所以纯铜也称为紫铜（见图5-14）。它的密度为8.92 g/cm³，熔点为1 083 ℃，沸点为2576 ℃，具有良好的导热性、导电性、耐蚀性和延展性，但强度较低，易生锈。利用其延展性及锻铜工艺，可制作锻铜雕塑及浮雕。但由于其强度较低，所以不能用作结构材料。铜加入锌则为黄铜，加进锡即成青铜。

图5-14 紫铜

（2）黄铜。

通常人们把以锌为主要合金元素的铜合金叫做黄铜（见图5-15）。如果只是单纯由铜和锌组成的黄铜就叫作普通黄铜。如果是由两种或者两种以上的元素组成的多种合金就称为特殊黄铜，如由铅、锡、镍、铅、铁组成的铜合金。特殊黄铜比一般黄铜有更强的耐磨性能，不仅强度高，并且硬度高、耐化学腐蚀性强，经过切削加工的机械性能也较为突出。景观中使用黄铜的较多。

图5-15　黄铜

（3）青铜。

青铜（见图5-16）是一种合金，主要元素为铜，其他的金属元素则有多种选择，但锡是最常用的。常用的有锡青铜和铝青铜等。青铜用“Q”（青）表示。

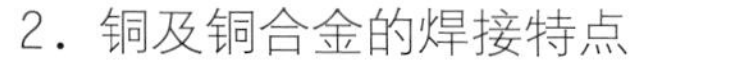

2．铜及铜合金的焊接特点

铜及铜合金的焊接特点有：

（1）难熔合及易变形；

（2）容易产生热裂纹；

（3）容易产生气孔。

铜及铜合金焊接主要采用气焊、惰性气体保护焊、埋弧焊、钎焊等方法。铜及铜合金的导热性能好，所以焊接前一般应预热，并采用大线能量焊接。气焊时，紫铜采用中性焰或弱碳化焰，黄铜则采用弱氧化焰，以防止锌的蒸发。

（二）铜及铜合金在景观中的应用

铜及铜合金以其丰富的外表美化着我们的生活环境。在景观中，其常被用作树池箅子、水槽、排水渠盖、井盖、矮柱、灯柱以及室外雕塑。

1．铜及铜合金在铺装中的应用

铜及铜合金在铺装中的应用如图5-17所示。

图5-16　青铜

图5-17　铜及铜合金在铺装中的应用

2．铜及铜合金在小品中的应用

铜及铜合金用于雕塑的历史悠久，且随着技术及工艺的发展进步，铜及铜合金在小品中的应用越加广泛（见图5-18）。

3．铜及铜合金在景观设施中的应用

铜及铜合金在景观设施中的应用如图5-19所示。

四、铝及铝合金

（一）铝的分类

铝是银白色、有光泽的金属，是地球上最丰富的金属元素之一，但它却极少以纯粹的形式存在。铝具有良好的导

图5-18 铜及铜合金在小品中的应用

图5-19 铜及铜合金在景观设施中的应用

热性、导电性和延展性，它可以耐受明显的变形而不断裂。另外，它有很强的耐蚀性。因此，具备较高的景观应用价值。

1．纯铝

纯铝（见图5-20）很软，强度不高，有着良好的延展性，可拉成细丝和轧成箔片，大量用于制造电线、电缆等无线电工业以及包装业。它的导电能力约为铜的三分之二，其密度仅为铜的三分之一，且价格较铜低。所以，野外高压线多用铝做成，既节约了成本，又缓解了铜材的紧张。

2．铝合金

在纯铝中加入合金元素就得到了铝合金。为克服纯铝较软的特性，可在铝中加入少量镁、铜，制成坚韧的铝合金（见图5-21）。

（二）铝及铝合金在景观中的应用

在景观设计中，铝大量用于户外家具中，如长椅、矮柱、旗杆等（见图5-22）。铝的表面质感和颜色，根据表面处理的光滑度不同，可以从反光的银色到亚光的灰色。

图5-20 纯铝 图5-21 铝合金 图5-22 铝合金在景观中的应用

五、新型金属材料

（一）新型金属材料发展状况的分析

我国新型建材工业是伴随着改革开放的不断深入而发展起来的，经过几十年的发展，我国新型建材工业基本完成了从无到有、从小到大的发展过程，在全国范围内形成了一个新兴的行业，成为建材工业中重要的分支和新的经济增长点。

随着景观材料的不断发展，新生的设计师对传统的景观设计概念提出挑战，他们利用金属，结合现代技术，打破以往景观设计的常规，以令人激动的、充满活力的新方式，为传统的景观设计概念增添了一些新含义。

（二）新型金属材料的种类

1．钛锌金属板

(1）定义。

钛锌金属板（又称钛锌板）作为室外建材已经应用得非常广泛，但是近来作为室内材料也越来越受到建筑师和业主的青睐。钛锌板是纯度高达99.995%的高质量电解锌，与1%的钛和1%的铜混合，加工性能大大改善，品质也更为优良。钛锌板的氧化表层呈悦目的蓝灰色，与大多数材料十分协调，其自愈能力强，氧化表层随着时间的推移能给结构增添魅力，且具有维修费用低的优点。

(2) 常见规格。

屋面/墙面用钛锌板的厚度在0.5~1.0 mm，每平方米的质量为3.5~7.5 kg，如0.82 mm厚的屋面用钛锌板每平方米的质量仅为5.7 kg，是一种质量极轻的屋面材料，对屋面结构基本没有任何影响。屋面用钛锌板的抗弯强度为16 kg/mm^2，延伸率为15%~18%，弹性模量为1.5×10^5 MPa。钛锌金属板的应用如图5-23所示。

图5-23　钛锌金属板的应用

(3) 钛锌板的特点。

① 使用寿命长，金属面层具有80~100年的生命期。

② 依靠本身形成的碳酸锌保护层保护，可防止面层进一步腐蚀，无须涂漆保护，具有真正的金属质感，并有划伤后自动愈合不留划痕、免维护等特点。

③ 板材具有良好的延伸率和抗拉强度，可塑性好，可在现场弯制各种弧形板，充分满足业主和建筑师丰富的创作想象力和灵感要求。

④ 采用暗扣式立边咬合接缝和平锁扣（斜锁扣）接缝方式，形成结构性的防水、防尘体系，防水效果好，能抵抗沿海地区台风、暴雨等恶劣天气。

⑤ 凭借200年历史积累的完善的屋面系统施工经验和技术，借助现代化的屋面施工设备，使其屋面系统的施工安全、经济、快速、准确。

2．钛金属板

(1) 定义。

钛金属板（见图5-24），是用钛作为原料制造的金属板，钛是一种很特别的金属，质地非常轻盈，却又十分坚韧和耐腐蚀，它不像银会变黑，在常温下终身保持本身的色调。钛的熔点与铂金差不多，因此常用于制作航天、军工精密部件。钛在加上电流和化学处理后，会产生不同的颜色。

(2) 特点。

钛是一种纯性金属，正因为钛金属的“纯”，故物质和它接触的时候，不会产生化学反应。也就是说，因为钛的耐蚀性、稳定性高，使它在和人长期接触以后也不影响其本质，所以不会造成人的过敏，它是唯一对人类植物神经和味觉没有任何影响的金属。钛又被人们称为“亲生物金属”。

钛金属板主要有表面光泽好、强度高、热膨胀系数低、耐蚀性优异、无环境污染、使用寿命长、机械和加工性能良好等特性。同时要关注的是，钛金属板的安装方案与铝合金板的相同。

3．太古建筑铜板

铜板也是很好的屋面、墙面材料，太古建筑铜板（见图5-25），具有极佳的加工适应性，特别适合采用平锁扣、立边咬合金属屋面，主要包括原铜（紫色）、预钝化板（咖啡色，绿色）、镀锡铜，其优点有：

(1) 具有耐久性，因为它自身具有抗侵蚀能力；

(2) 具有良好的韧性，加工性强，可满足各种不同造型的屋面；

(3) 其生命期长，且免维护费，是经济的建筑材料；

图5-24 钛金属板
图5-25 太古建筑铜板

(4) 可循环利用，具有环保性。

4．金属网

金属网（见图5-26）是一种新型建筑装饰材料，采用优质不锈钢、铝合金、黄铜、紫铜等合金材料，经特殊工艺编制而成，因其具有金属丝和金属线条特有的柔韧性和光泽度，被广泛应用于室外小品及景墙的塑造中（见图5-27)。

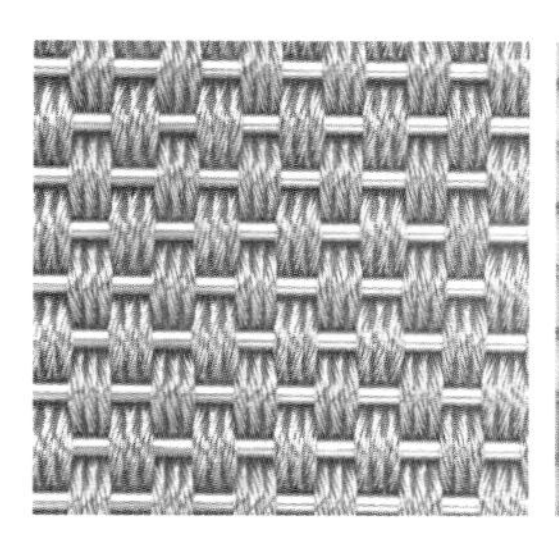
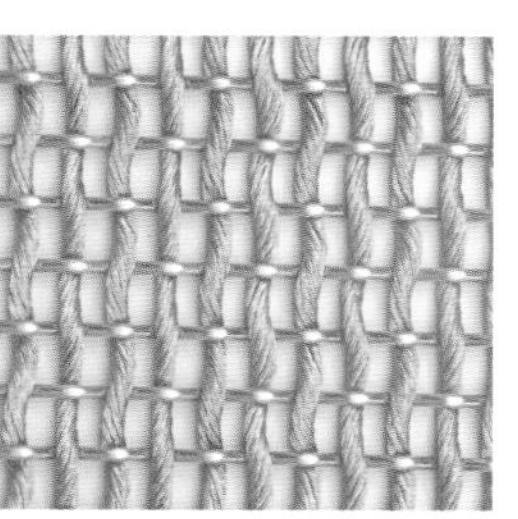
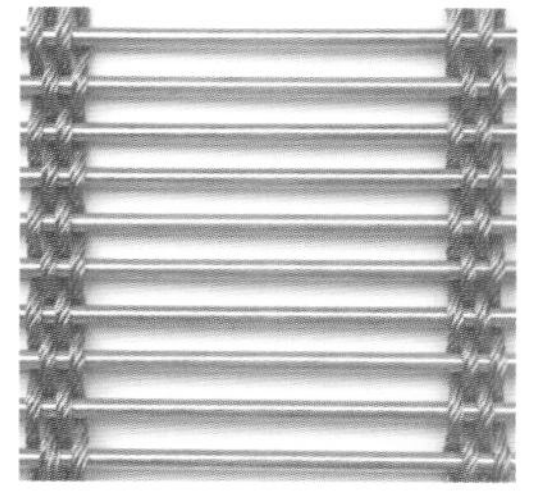

图5-26 金属网
图5-27 金属网在景墙中的应用

5．锈蚀的钢板（锈板）

金属材料生锈的原因主要是电化学腐蚀和空气氧化的作用。纯净的金属或是活泼的金属由于金属表面与空气中的氧气发生了氧化反应，在金属表面生成了金属氧化物，也就是锈。如果金属中含有较多的杂质，这些杂质就会和金属形成化学原电池，发生电化学腐蚀，从而将金属氧化，生成金属氧化物。

(1) 材料的表现特征。

① 突出的视觉表现力：表面锈蚀的金属材料具有丰富迷人的色彩表现，以红色系为主，从红黄、红褐到红棕色变化多样，且会随着时间而发生变化。较一般构筑材料，其色彩明度和饱和度很高，因此，在景观植被背景下会很容易突显出来。此外，锈蚀的金属材料产生的粗糙表面使其构筑更富体积感和质量感。

② 很强的形体塑造能力：如同其他金属材料，表面锈蚀的金属材料可以比较容易地塑造成丰富变化的形状，并能保持极好的整体性，这一点是木材、石材以及混凝土都很难达到的。因此，它能够作为景观构筑物、雕塑和景观小品的基本材料，其中墙体是最常见的应用形式（见图5-28)。

③ 鲜明的空间界定能力：由于金属材料的强度与韧度很大，不像砖石材料因结构而导致厚度限制太多，因此可以利用很薄的金属材料对空间进行非常清晰、准确地分隔，从而使场地变得非常简练与明快，同时又充满了力量。

(2) 应用局限性

表面锈蚀的金属材料在景观中存在一些局限性。例如，并非所有公众都认为生锈的金属材料是美的，而且它不像

图5-28　锈蚀钢板在景观中的应用

木头和石头那样易于接近。此外，锈蚀的金属材料的色彩受环境、气候影响变化较大，放置很久之后容易从鲜亮的红褐色变成暗淡的深蓝灰色，可能会导致表现力减弱。

第三节　金属紧固件和加固件

一、钉子

钉子是尖头状的硬金属，作固定用途。钉子能够稳固物品，是因为它可以凭借自身变形和摩擦力而勾挂物体。古时候，中国人习惯把钉子称为“洋钉”，因为中国的木匠偏爱木制的卯榫结构，传统的中国木构建筑居多，不用钉子成为衡量水平的一个尺度。但是随着时代的进步，现在人们也离不开这个重要的金属固件了。

景观中最常用的是软木材质，并不使用橡木、樱桃木、枫木等硬木材质，这就对使用哪种种类的钉子有了具体的区分，景观中用的钉子应为镀锌钉或是不锈钢钉，它们是景观中最实惠、最常用的选择。

景观中用的钉子对纹路有要求，应用螺纹杆或环纹杆，不能使用平滑的钉子（见图5-29），这样才会更加稳固，以避免结构松动，导致钉子从被固定物体中伸出尖头而产生危险。景观中用的钉子通常有一个宽大的钉帽，上面有网格式的纹理，这些凹凸的纹路是为了增加摩擦力，从而更牢固地固定物件（见图5-30），而且钉帽占钉子的比例应较大，这样有利于配合景观中软木的材质特点来加固物件。

二、螺钉

螺钉，是钉杆上有凹凸的螺旋纹的金属紧固件，通常有一个锥形的尖端。螺钉的主要功用是接合二个物体，或者是固定物体的位置。螺钉通常可随意移除或重新嵌紧，亦能比钉子提供更大的力量，也可重复使用。在景观中，固定软木时，螺钉会比钉子更好用。景观中最常见的螺钉是带有十字口的或是方形头的，因为这类螺钉便于使用工具进

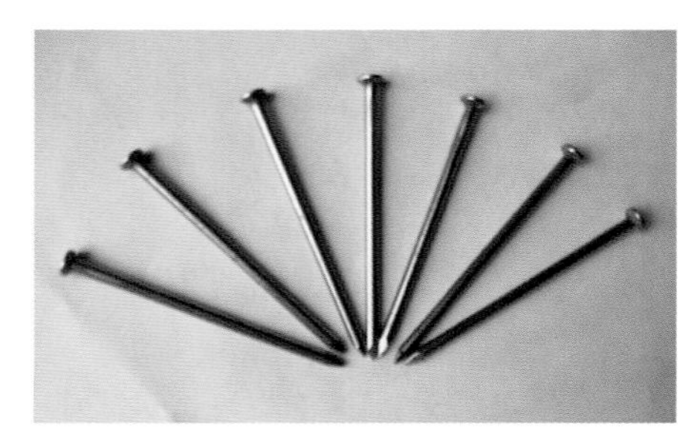

图5-29　平滑的不锈钢钉子

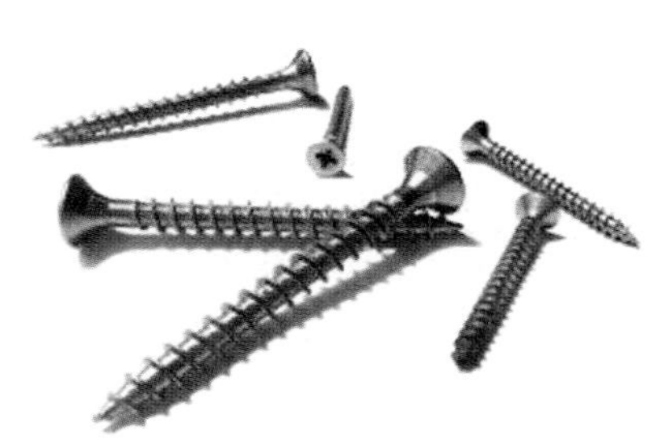

图5-30　带螺纹的不锈钢钉

行安装，与钉子相同的是螺钉也必须使用镀锌或不锈钢螺钉。景观中使用的螺钉不同于普通螺钉，它的螺纹十分锐利，每圈螺纹的间距也更大，为的是让螺钉能更好地固定软木，如果螺纹太过光滑、长度不够、间距不够，都会导致加固不牢，从而使物件松动。

景观中的螺钉，特别是在固定木头时需要螺钉的杆和头的衔接处要呈喇叭状，且逐渐放大，其作用是为了减慢电动螺丝刀的转动速度，阻止螺钉进入木头的深度过深，喇叭形头部在施工时使用起来更方便。

三、螺栓与螺母

螺栓（见图5-31）在机械结构或建筑构件中作连接或紧固之用，螺栓与螺钉的区别在于两个方面：一是形状方面，螺栓的螺柱部份严格要求为圆柱形，用于安装螺母，但螺钉的螺柱部分有时呈圆锥形甚至带有顶尖；二是使用功能方面，螺钉旋入的对象不是螺母，很多场合中螺栓也是单独工作的，不需要螺母与其配合，此时的螺栓从功用上讲归类为螺钉。

螺母（见图5-32）就是螺帽，是与螺栓或螺杆拧在一起用来起紧固作用的零件，是生产制造机械必不可少的一种元件。根据材质的不同，螺母可分为碳钢、不锈钢、有色金属（如铜）等几大类型。

在景观中螺栓和螺母紧固件是将多个物件固定在一起的最有效的方法，螺栓的螺纹设计是为了匹配相应的螺母，所以螺纹的牙数是一个关键的指标。最常见的螺栓是六角螺栓，但是它有危险性，为了保证安全，需要将六角螺栓做埋头处理，使得螺栓头部不会突出物件以保证安全。同时还不能过度拧紧螺栓和螺母，要在螺栓头部和螺母下面加上宽大的垫圈，来承担压力。

四、钢筋

钢筋（rebar，见图5-33）是指钢筋混凝土用和预应力钢筋混凝土用钢材，其横截面为圆形，有时为带有圆角的方形，包括光圆钢筋、带肋钢筋、扭转钢筋。在景观中钢筋运用于现浇混凝土墙、台阶、矮柱，以及所有室外凉亭、花架、雨棚的基础等。

图5-31 螺栓

图5-32 螺母

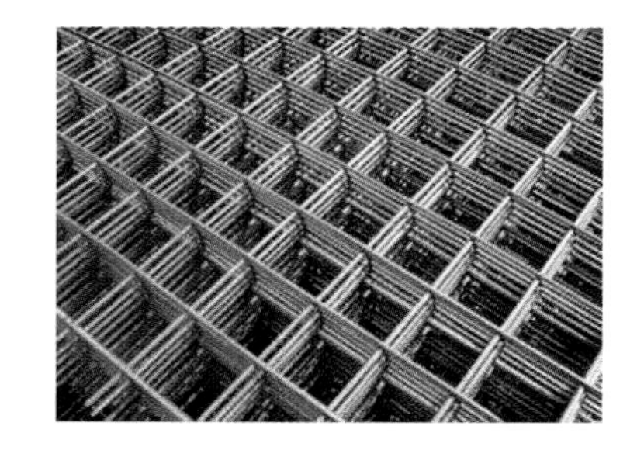

图5-33 钢筋

钢筋不仅可以用于强化另一种材料，还有加固的作用，当需要消除相邻混凝土路面的高差时，可以使用钢筋固定住自横向移动向外膨胀的混凝土。钢筋加工一般要经过四道工序：钢筋除锈，钢筋调直，钢筋切断，钢筋成型。设计师需要在设计详图中标明，钢筋或金属网周围的混凝土的净覆盖度的最小值为1英寸，当钢筋接头采用直螺纹或圆锥螺纹连接时，还要增加钢筋端头镦粗和螺纹加工工序。钢筋的规格是通过直径来分类的，这点与螺钉相同。

五、钢筋混凝土网

钢筋混凝土用焊接钢筋网（又称钢筋混凝土网）是适用于工厂制造，用冷轧带肋钢筋或冷轧光圆钢筋焊接而成的钢筋网。钢筋混凝土用焊接钢筋网是一种良好的、高效的混凝土配盘用材料，可用于钢筋混凝土结构的配筋和预应力混凝土结构的普通钢筋。钢筋混凝土网（见图5-34）常被埋在单薄的墙中，用来加固墙体的缝隙。当钢筋混凝土网被用于现浇混凝土路面的内部时，它可将裂开的碎块

图5-34 钢筋混凝土网

用网固定在一起，从而阻止路面更进一步的移动或坍塌。

第四节　金属材料的防腐

一、金属的防护及保护方法

（一）金属的防护

针对金属腐蚀的原因采取适当的方法防止金属腐蚀，常用的方法有以下几种。

（1）改变金属的内部组织结构：例如制造各种耐腐蚀的合金，如在普通钢铁中加入铬、镍等制成不锈钢。

（2）保护层法：在金属表面覆盖保护层，使金属制品与周围腐蚀介质隔离，从而防止腐蚀。如在钢铁制件表面涂上机油、凡士林、油漆或覆盖搪瓷、塑料等耐腐蚀的非金属材料；用电镀、热镀、喷镀等方法，在钢铁表面镀上一层不易被腐蚀的金属，如锌、锡、铬、镍等，这些金属常因氧化而形成一层致密的氧化物薄膜，从而阻止水和空气等对钢铁等金属的腐蚀。图5-35所示为腐蚀的钢板。

（3）化学方法：使钢铁表面生成一层细密稳定的氧化膜。如在机器零件、枪炮等钢铁制件表面形成一层细密的黑色四氧化三铁薄膜等。

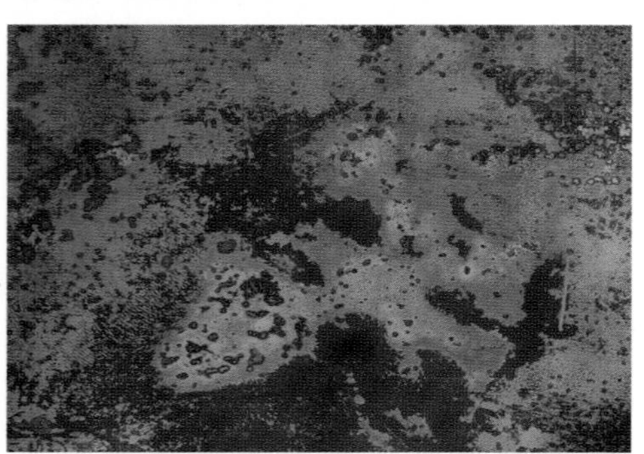

图5-35　腐蚀的钢板

（4）电化学保护法：利用原电池原理进行金属的保护，设法消除引起电化学腐蚀的原电池反应。电化学保护法分为阳极保护和阴极保护两大类，应用较多的是阴极保护法。

（二）对腐蚀介质进行处理

消除腐蚀介质，如经常擦净金属器材、在精密仪器中放置干燥剂和在腐蚀介质中加入少量能减慢腐蚀速度的缓蚀剂等。

二、防腐前金属材料的处理

通常金属材料表面会附有尘埃、油污、氧化层、锈蚀层、盐分或松脱的旧漆膜，其中氧化层是比较常见但最容易被忽略的部分。氧化层是在钢铁高温锻压成型时所产生的一层致密氧化层，通常附着比较牢固，但相比钢铁本身则较脆，并且其本身为阴极，会加速金属腐蚀。如果不清除这些物质直接涂装，势必会影响整个涂层的附着力及防腐能力。据统计，大约有70%以上的金属板生锈是因为施工时对金属表面油漆处理不适当所引起的。因此，合适的表面处理是至关重要的。

（一）金属材料防腐表面的清理步骤

（1）铲除各种松脱物质。

（2）溶剂清洗，除去油脂。

（3）使用各种手工或电动工具或喷砂等方法处理表面至上漆标准。

（二）金属材料防腐涂装表面的处理方法

1．溶剂清洗

溶剂清洗是一种利用溶剂或乳液除去表面的油脂及其他类似的污染物的处理方法。由于各种手工或电动工具甚至喷砂处理均无法除去金属表面的油脂，因此溶剂清洗一定要在其他处理方式进行前先行处理。

2．手工工具清洁

手工工具清洁是一种传统的清洁方法。通常使用钢丝刷刷、砂纸打磨、工具刮凿或其组合等方法，以除去钢铁及其他金属表面的疏松氧化层、旧漆膜及锈蚀物。这种方法一般速度较慢，只有在其他处理方法无法使用时才会采用。通常这种方法处理过的金属表面的清洁程度不会非常高，仅适合轻防腐场合。

3．机动工具清洁

机动工具清洁（见图5-36）即使用手持机动工具如旋转钢丝刷、砂轮或砂磨机、气锤或针枪等工具进行清洁。使用这种方法可以除去金属表面的疏松氧化层、损伤旧漆膜及锈蚀物等。这种方法较手工工具清洁有更高的效率，但不适合重度防腐场合。

图5-36　机动工具清洁

4．喷砂处理

实践证明，无论是在施工现场还是在装配车间，喷砂处理（见图5-37）都是除去氧化层的最有效的方法。这是成功使用各种高性能油漆系统的必要处理手段。喷砂处理的清洁程度必须有一个通用标准，最好有标准图片参考，并且在操作过程中规定并控制金属表面粗糙度。表面粗糙度取决于几方面的因素，但主要受到所使用的磨料种类及其粒径和施力方法（如高压气流或离心力）的影响。对于高压气流，喷嘴的高压程及其对工件的角度是表面粗糙度的决定因素；而对于离心力或机械喷射方法来说，喷射操作中的速度是非常重要的。喷砂处理完成后必须立即上底漆。

图5-37　喷砂处理

喷砂处理也有一些局限性。它不能清除各种油脂及热塑性旧涂层，如沥青涂料；它不能清除金属表面可能附有的盐分；它还会带来粉尘的问题，且处理废弃物的成本较高；磨料本身的成本也比较高。

5．酸洗清洁

酸洗清洁是一种古老的车间处理方法，用于除去钢铁等金属上的氧化层。目前仍采用酸腐蚀及酸钝化的方法。酸洗清洁的一个缺点是虽将钢铁表面清洁了，但是所生成的表面没有了粗糙度，而粗糙度则有助于提高重防腐油漆的附着力。

6．燃烧清洁

此方法是利用高温、高速的乙炔火焰处理金属表面，可去除所有的松散的氧化层、铁锈及其他杂质，然后以钢丝刷打磨。处理的表面必须无油污、油脂、尘埃、盐分和其他杂质。

图5-38　铝材

（三）有色金属及镀锌铁的化学防腐

1．铝材

对于铝材（见图5-38），溶剂清洗，蒸汽清洗及认可的化学预处理均为可接受的表面处理方法，上漆前打磨表面并选用合适的底漆。

2．镀锌铁

选用相对活泼金属，使得原来作为阳极的钢铁转变为阴极，从而控制其腐蚀。此种情况下，作为阳极的活泼金属不可避免的会被腐蚀，因而此方法也叫做牺牲阳极防腐控制法。富锌涂层或镀锌铁（见图5-39）均采用这种机理进行防腐控制。对于新镀锌钢铁表面，在上漆前必需用溶剂清洗以除去表面污染物，同时也可使用腐蚀性底漆或富锌底

图5-39　镀锌铁

漆进行预处理，镀锌后立即进行钝化处理的镀锌铁必须先老化数月，然后才可用腐蚀性底漆或富锌底漆进行预处理。

3．铜和铅

对于铜和铅，采用溶剂清洗及手工打磨，或非常小心的喷砂处理（使用低压力及非金属磨料），均可获得满意的表面处理结果。

三、金属防锈颜料的作用

（一）防锈颜料的常见防锈作用

（1）与成膜剂起反应，形成致密的防腐涂层。

（2）颜料是碱性物质，溶于水则形成碱性环境。

（3）水溶性的成分到达金属表面，使表面钝化。

（4）与酸性物质反应，使其失去腐蚀能力。

（5）水溶性成分或与成膜剂反应的生成物在水中溶解变为防腐成分等。

（二）防锈颜料的其他防锈作用

防锈颜料的上述防腐作用通常是同时存在的，其防腐机理包括下列物理的、化学的、电化学的三个方面。

（1）物理防腐作用。适当配以与油性成膜剂起反应的颜料，可以得到致密的防腐涂层，使物理的防腐作用加强。例如含铅类颜料与油性成膜剂反应形成铅皂，使防腐涂层致密，从而减少了水、氧有害物质的渗透。磷酸盐类颜料水解后形成难溶的碱式酸盐，具有堵塞防腐涂层中孔隙的效果。而铁的氧化物或具有鳞片状的云母粉、铝粉、玻璃薄片等颜料、填料均可以使防腐涂层的渗透性降低，起到物理的防腐作用。

（2）化学防腐作用。当有害的酸性、碱性物质渗入防腐涂层时，能起中和作用，使其变为无害的物质，这也是有效的防腐方法。尤其是巧妙地采用氧化锌、氢氧化铝、氢氧化钡等两性化合物，可以很容易地实现中和酸性或碱性的有害物质而起防腐作用，或者能与水、酸反应生成碱性物质。这些碱性物质吸附在钢铁表面使其表面保持碱性，在碱性环境下钢铁不易生锈。

（3）电化学防腐作用。从涂层的针孔渗入的水分和氧通过防腐涂层时，与分散在防腐涂层中的防锈颜料反应，形成防腐离子。这种含有防腐离子的湿气到达金属表面，使钢铁表面钝化（使电位上升），防止铁离子的溶出，铬酸盐类颜料就具有这种特性。或者利用电极电位比钢铁低的金属来保护钢铁，例如富锌涂料就是由于锌的电极电位比钢铁低，起到牺牲阳极的作用而使钢铁不易被腐蚀。

四、常用防腐材料

高氯化聚乙烯防腐漆、环氧防腐漆、氯化橡胶漆、氟碳树脂漆、氨基树脂漆、醇酸树脂漆。

第五节　金属装饰材料的施工工艺

一、金属装饰材料施工的机具

常用施工机具（见图5-40）有：金属材料切割机、台钻、手提曲线锯、角磨机、电锤、手枪钻、抛光机、冲击钻、电动修边机、液压拉铆枪、拉铆枪。

二、不锈钢地面的施工工艺

1．基层处理

清理基层，地面扫水泥浆，在高效界面剂中加入5%~8%的防水剂，找平高度约20 mm，完工24 h后浇水养护。地面钻孔，预埋不锈钢螺栓，安装不锈钢钢板，钢板拼缝焊接（等离子焊接）。

2．施焊前的准备工作

（1）根据图纸要求用机械加工的方法在接头处去除不锈钢复合层，对接焊缝需开合适的坡口。

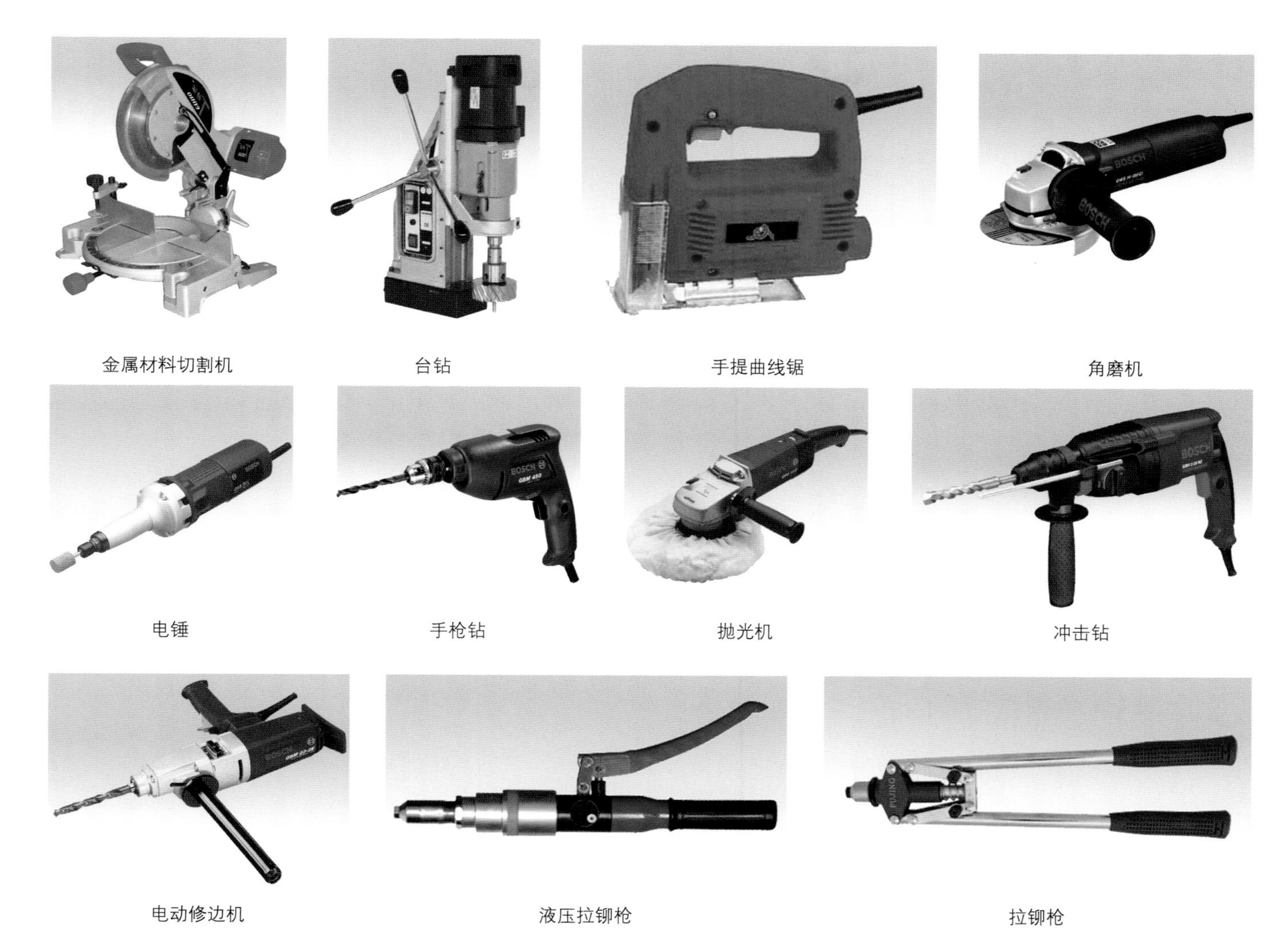

图5-40 施工机具

(2) 在焊缝两侧各10~20 mm宽度范围内做好清理工作，用钢丝刷刷或打磨的方法去除氧化物、锈、油、水分等影响焊接质量的物质。

(3) 按产品图纸进行装配，在碳钢侧用CJ422、ϕ3.2 mm焊条定位焊，定位焊焊工应具有有效的岗位操作证书，保证定位焊的质量，定位焊的有效长度为25~30 mm。

3．焊接过程

1）不锈钢复合钢板对接缝的焊接工艺

(1) 基层碳钢焊接。

① 采用埋弧自动焊的方法，正面焊一层，翻身后反面先用碳弧气刨方法清根，再封底焊一层。焊接规范如表5-1所示。

表5-1 焊接规范

位置	焊丝	焊剂	焊丝直径	电弧电压	焊接电流	焊接速度
正面	H08 A	J431	ϕ5 mm	31 ~33 V	500~550 A	44~46 cm/min
反面	H08 A	J431	ϕ5 mm	32~34 V	580~620 A	44~46 cm/min

② 焊后清渣，并打磨。

③ 焊后用X射线抽样检查，抽样比例为10%~20%，或用UT探伤检查。

(2) 过渡层焊接。

采用CO_2半自动气体保护焊的方法，焊接一层，焊接规范如下所述。

药芯焊丝：TS-309（天泰）。

焊丝直径：ϕ1.2 mm。

电弧电压：19~21 V。

焊接电流：130~150 A。

(3) 复层焊接。

采用CO_2半自动气体保护焊的方法，焊接一层，焊接规范如下所述。

药芯焊丝：TS-316 L（天泰）。

焊丝直径：ϕ1.2 mm。

层间温度：150 ℃。

(4) 焊后清理焊渣，并打磨光顺，然后进行外观检查。

2) 不锈钢复合钢板角接缝焊接工艺

(1) 基层碳钢焊接。

① 按图纸要求的焊脚尺寸，采用CO_2半自动气体保护焊的方法，进行角接缝焊接。焊接规范如下所述。

药芯焊丝：TS-711（天泰）或SF-71（现代）。

焊丝直径：ϕ1.2 mm。

电弧电压：19~21 V。

焊接电流：150~180 A。

② 焊后对焊缝进行清理，去除飞溅物和焊渣，并对不锈钢两侧的焊缝进行打磨。

(2) 过渡层焊接。

① 采用CO_2半自动气体保护焊的方法，焊接一层，焊接规范如下所述。

药芯焊丝：TS-316（天泰）。

焊丝直径：ϕ1.2 mm。

电弧电压：20~22 V。

焊接电流：140~160 A。

层间温度：150 ℃。

② 焊后做好清理工作，去除飞溅物和焊渣，并检查焊缝。

(3) 注意事项。

① 不锈钢复合钢板角接缝焊接时，基准面为不锈钢复层面，防止错边过大，影响复层焊接质量。

② 装配、焊接过程中，严防机械碰伤、电弧烧伤不锈钢复层面。

③ 严防碳钢焊丝焊接在复层上或过渡层焊丝焊在复层上。

④ 碳钢焊接时的飞溅物落在复层面上时，要仔细清除。

⑤ 焊接过渡层时，为了减少稀释率，在保证焊透的情况下，应尽可能采用规范要求中的较小的焊接数值。

⑥ 凡是参与焊接的电焊工，均须有有效的合格上岗证书，并经过相应机械考核认可，方可上岗操作。

⑦ 所用焊接材料均须有有效相应的材质认可证书。

(4) 施工工艺。

清理基层→地面找平→钻孔、植筋→不锈钢板开孔→安装不锈钢板地面→拼缝焊接→焊缝抛光打磨→竣工验收。

三、不锈钢栏杆施工工艺

不锈钢栏杆的构造如图5-41所示。

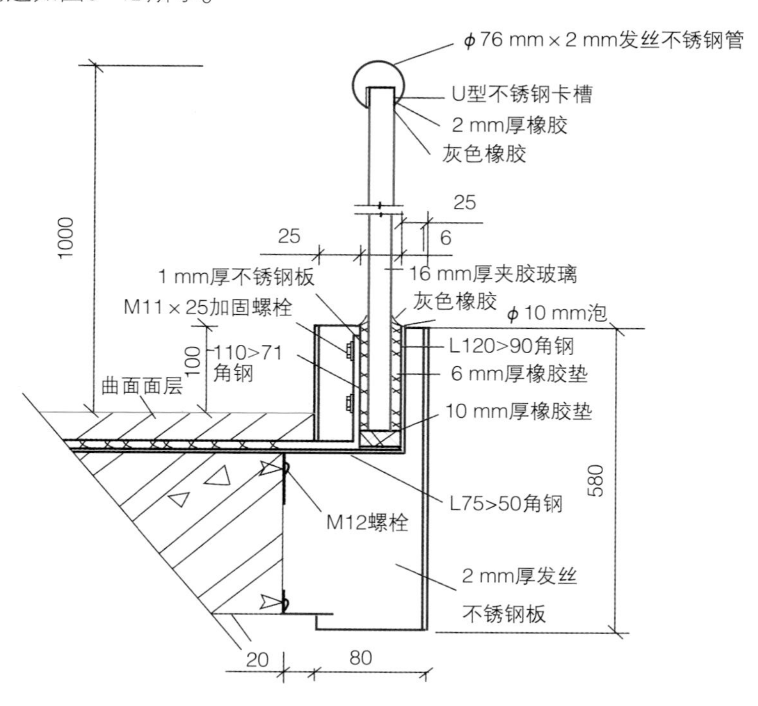

图5-41　不锈钢栏杆的构造

(一) 施工准备

1．材料及主要机具

(1) 不锈钢管：面管用ϕ70 mm管，其他按设计要求选用，必须有质量证明书。

(2) 不锈钢焊条（或焊丝）：其型号按设计要求选用，必须有质量证明书。

(3) 主要机具：氩弧电焊机、切割砂轮机、冲击电钻、角磨机、不锈钢丝细毛刷、小锤等。

2．作业条件

(1) 熟悉图纸，做不锈钢栏杆施工工艺技术交底。

(2) 原有的铁管栏杆已拆除，护栏小方砖镶贴已经施工完毕。

(3) 施工前应检查电焊工上岗合格证的有效期限，应证明电焊工能承担焊接工作。

(4) 现场供电应符合焊接用电要求。

(5) 施工环境已能满足不锈钢栏杆施工条件的需要。

(二) 操作工艺

1．工艺流程

施工准备→放样→下料→焊接安装→打磨→焊缝检查→抛光。

2．主要施工方法

(1) 施工前应先进行现场放样，并精确计算出各种杆件的长度。

(2) 按照各种杆件的长度准确进行下料，其构件下料的长度允许的数值偏差为1 mm。

(3) 选择合适的焊接工艺、焊条直径、焊接电流、焊接速度等。

(4) 脱脂去污处理：焊前检查坡口、组装间隙是否符合要求，定位焊是否牢固，焊缝周围不得有油污，否则应选择三氯代乙烯、苯、汽油、中性洗涤剂或其他化学药品，用不锈钢丝细毛刷进行刷洗，必要时可用角磨机进行打磨，磨出金属表面后再进行焊接。

(5) 焊接时应选用较细的不锈钢焊条（或焊丝）和较小的焊接电流。焊接时构件之间的焊点应牢固，焊缝应饱满，焊缝金属表面的焊波应均匀，不得有裂纹、掉渣、焊瘤、烧穿、弧坑和针状气孔等缺陷，焊接区不得有飞溅物。

(6) 杆件焊接组装完成后，对于无明显凹痕或凸出较大焊珠的焊缝，可直接进行抛光。对于有凹凸渣滓或较大焊珠的焊缝，则应用角磨机进行打磨，磨平后再进行抛光。抛光后必须使外观光洁、平顺，无明显的焊接痕迹。

（三）质量标准

(1) 所有构件下料应保证准确，构件下料的长度允许的数值偏差为1 mm。

(2) 构件下料前必须检查是否平直，否则必须校直。

(3) 焊接时焊条或焊丝应选用适合于所焊接的材料的品种，且应有出厂合格证。

(4) 焊接时构件放置的位置必须准确。

(5) 焊接完成后，应将焊渣敲净。

(6) 构件焊接组装完成后，应适当用手持机具磨平和抛光，使外观平顺、光洁。

（四）应注意的质量问题

(1) 尺寸超出允许偏差：对焊缝长宽、宽度、厚度不足，中心线偏移，弯折等偏差，应严格控制焊接部位的相对位置尺寸，合格后方准焊接，焊接时精心操作。

(2) 焊缝裂纹：为防止裂纹产生，应选择适合的焊接工艺参数和焊接程序，避免用大电流，不要突然熄火，焊缝接头应搭接10~15 mm，焊接中不允许搬动、敲击焊件。

(3) 表面气孔：焊接部位必须刷洗干净，焊接过程中选择适当的焊接电流，降低焊接速度，使熔池中的气体完全逸出。

6

第六章 玻璃景观材料

BOLI JINGGUAN CAILIAO

第六章　玻璃景观材料

第一节　玻璃的基础知识

玻璃因自身的特点，加之具有悠久的发展历史和成熟的工艺技术，已成为现代的一种实用、优良的景观材料。如卢浮宫的采光玻璃金字塔（见图6-1）、玻璃雨棚、玻璃景观墙、玻璃镶灯地面、玻璃水景幕墙（见图6-2)、玻璃马赛克水池、玻璃围栏等。

一、玻璃的概念

玻璃是一种呈玻璃态的无定形体，在一定温度下熔融时形成连续网状结构，随着冷却过程逐渐形成透明而不结晶的硅酸盐类固体。

玻璃的主要原料有石英砂、纯碱、长石、石灰石等，加工时把原料粉碎，按适当的比例混合，再加入某些辅助性材料，如助溶剂、脱色剂、着色剂、乳浊剂、澄清剂等，由1 550~1 600 ℃的高温熔融。熔融会发生较复杂的物理变化和化学变化，熔融之后玻璃成型，再经过急剧冷却，最终形成具有一定形状和固体力学性质的无定形体。

二、玻璃的分类

玻璃最初是因火山喷发喷射出的酸性岩而凝固形成的。约公元前3700年，古埃及人已制出玻璃装饰品和简单的玻璃器皿，但当时的技术只生产出有色玻璃。到1873年，比利时首先研制出平板玻璃。此后，随着玻璃生产的工业化和规模化，各种用途和各种性能的玻璃相继问世。

玻璃一般可分为平板玻璃（见图6-3）和深加工玻璃两大类。平板玻璃是众多工艺玻璃的原材料，而深加工玻璃种类繁多，分类方法各种各样。

按生产加工工艺或性能特点，玻璃可细分为：平板玻璃、装饰玻璃、安全玻璃、节能玻璃、特种玻璃等。

玻璃产品有八十余种，在景观中应用的种类不多。根据玻璃材料在景观中的不同需求，如景观效果、经济性、安全性等方面的依据，对其进行的分类如下所述。

装饰玻璃：冰花玻璃、磨砂玻璃、热熔玻璃、釉面玻璃、镜面玻璃、彩印玻璃。

安全玻璃：钢化玻璃、夹丝玻璃、夹胶玻璃、夹层玻璃。

图6-1　卢浮宫玻璃金字塔

图6-2　玻璃在水景中的运用

图6-3　平板玻璃

节能玻璃：热反射玻璃、吸热玻璃。

其他特殊玻璃制品：玻璃空心砖、玻璃锦砖、热弯玻璃。

三、玻璃的基本性质

总的来说，玻璃属于均质非结晶材料，玻璃的化学性质稳定，耐酸性强，透过性强，但有一定脆性，这是因为其原子排列为非结晶的整齐物质，规则性低。同时玻璃有较高的机械强度、硬度和热稳定性。玻璃的工艺丰富、表现力强，可进行本体着色、表面着色。

（一）玻璃的化学性质

玻璃的化学成分很复杂，并且对玻璃的力学、热学和光学性能均起着决定性的作用。玻璃的主要化学成分为二氧化硅、氧化钠、氧化钙，以及少量的氧化镁和氧化铝等。这些氧化物可以改善玻璃的性能并由此来满足多样的建筑室内外的需求，其中氧化硅和氧化硼可提高玻璃的透明性，而氧化铁则会使其透明性降低。

通常情况下，玻璃具有较强的化学稳定性，对酸、碱、盐以及化学试剂或气体等具有较强的抵抗能力，能抵抗除氢氟酸以外的各种酸类的侵蚀，但碱液和金属碳酸盐能溶蚀玻璃，若玻璃长期遭受这类侵蚀介质的腐蚀，会变质和损坏，如产生风化、发霉，这些都会导致玻璃外观损坏和透光性能降低。

具体来说，玻璃的化学性质有以下几点。

1．玻璃的密度

玻璃的密度与其化学组成有关，普通玻璃的密度为2.5~2.6 g/cm^2，玻璃内部几乎无空隙，属于致密材料。

2．玻璃的光学性质

透明性和透光性是玻璃的重要光学性质，当光线射入玻璃时，可分为透射、吸收和反射三部分。透光能力的大小，以可见光的透射比表示；对光的反射能力，以反射比表示；对于光线的吸收能力，用吸收比表示。它们的值分别是透射、反射和吸收光能占入射光总能量的百分比，总和为100%。一般用于采光和照明的玻璃，要求透射比更高；用于遮光和隔热的热反射玻璃，要求反射比高；用于隔热、防眩作用的吸热玻璃，要求既能吸收大量的红外线辐射能，同时又保持良好的透光性。

3．玻璃的热工性质

玻璃导热性能较弱，这与玻璃的化学成分有关，其导热系数大约是铜的1/400。此外，玻璃抵抗温度变化而不被破坏的性质称为热稳定性，玻璃抗急热破坏的能力比抗急冷破坏的能力强。

（二）玻璃的生产工艺

玻璃的生产工艺分为五个步骤。首先，原料预加工。将块状原料粉碎，使潮湿原料干燥，将含铁原料进行除铁处理，以保证玻璃质量。其次是混合料的制作准备工作。第三，熔制。玻璃配合料在熔池或坩埚窑内进行高温加热，形成均匀、无气泡并符合成型要求的液态玻璃。第四，成型。将液态玻璃加工成所要求的形状的制品，如平板、各种器皿等。最后，热处理。通过褪火、淬火等工艺，平衡玻璃内部的应力，防止自破自裂。

第二节　玻璃在景观中的应用

现代景观设计中，玻璃的用途越来越广泛，它不仅可透光，有各种颜色，表面还可饰有各种花纹，以及具有保温、反射、单向透视等多种功能。玻璃还可以像混凝土、砖、石材等其他材质一样做成围栏（见图6-4）、护板、顶棚、坐凳、台阶、花池、水池等，因透光性良好还可做成灯箱、地面灯带等。

一、平板玻璃

平板玻璃是指未经过其他特殊加工的平板状玻璃制品，又称白片玻璃或净片玻璃。普通平板玻璃是用石英砂岩粉、硅砂、钾化石、纯碱、芒硝等原料，按一定比例配制，经熔池高温熔融，通过垂直引上法或平拉法、压延法生产

图6-4 景观平台上的玻璃围栏

出来的透明无色的平板玻璃。普通平板玻璃与浮法玻璃都是平板玻璃，只是生产工艺和品质上有所区别。

（一）平板玻璃的定义与特征

普通平板玻璃亦称窗玻璃。平板玻璃具有透光、隔热、隔声、耐磨、耐气候变化的性能，有的还有保温、吸热、防辐射等特征。平板玻璃也可进行深加工，品种主要有钢化、夹层、镀膜、中空等，玻璃以及各种装饰玻璃都是以平板玻璃为原材料而制成的。

（二）分类及其常见规格

平板玻璃由于生产工艺的差异，可分为垂直引上法、平拉法、压延法和浮法，生产出普通平板玻璃和浮法玻璃。平板玻璃的规格有：按厚度通常分为2 mm、3 mm、4 mm、5 mm和6 mm，也有生产8 mm和10 mm的。一般2 mm、3 mm厚度的玻璃适用于民用建筑物，4~6 mm厚度的适用于工业和高层建筑。

普通平板玻璃外观质量等级是根据波筋、气泡、划伤、砂粒、疙瘩、线道等缺陷的多少而判定。

（三）平板玻璃在景观中的应用

由于平板玻璃未经过进一步的处理加工，其易破碎的特点尤为突出，并且碎片易伤人，因此在景观中直接应用平板玻璃较少，通常应用于人流量不是特别密集或人为接触性不频繁的地方，保证人员的安全。建筑中3~5 mm的平板玻璃一般直接用于门窗的采光，8~12 mm的平板玻璃可用于隔断，因此在选择用于室外环境的平板玻璃时，应满足一定厚度，保证安全。

二、装饰玻璃

装饰玻璃的种类繁多，都是具有特殊性能的玻璃。它是在制作一般的玻璃的原料中加入辅助原料或采用特殊工艺技巧加工而成的。

（一）彩色平板玻璃

1．彩色平板玻璃的定义及特征

彩色平板玻璃也可称为有色玻璃（见图6-5），主要分为四类。一是染色玻璃，在生产过程中加入某些金属氧化物，使之能够吸收某种波长的光带来的颜色，如建筑用的绿色玻璃、蓝色玻璃；二是镀膜的彩色玻璃，镀膜材料不同、膜的厚度不同都会影响玻璃的颜色，这种玻璃在遮阳和保温方面有一定优势；三是在层压玻璃之间加入彩色膜，此时通过玻璃的光即可变成有色光线；四是通过在玻璃上印刷有颜色的点，来控制颜色的深浅，形成渐变效果。

2．常见规格与颜色

彩色平板玻璃的大小和厚度规格可根据普通平板玻璃的规格而定，彩色平板玻璃颜色丰富，有茶色、蓝色、翡翠绿等。

3．彩色平板玻璃在景观中的运用

彩色平板玻璃除了在建筑中广泛应用以外，在景观中也取得良好效果。彩色平板玻璃通过层压技术在玻璃的各层之间加入膜，并采用多种颜色，制成分隔室内外空间的材料，或作为墙面上的镶嵌装饰之用，发挥彩色平板玻璃的独特魅力，创造玻璃景观。

（二）冰花玻璃

1．冰花玻璃的定义与特征

冰花玻璃（见图6-6）是一种利用平板玻璃经特殊处理形成具有自然冰花纹理的玻璃。冰花玻璃对通过的光线有一定的漫射作用，有良好的透光性，作为隔断材料，也有一定的遮挡效果。冰花玻璃具有自然花纹，质感柔和，视觉舒适感良好，艺术性强，可用茶色、蓝色、绿色等彩色平板玻璃制造。

2．生产规格

一般来说，冰花玻璃可加工成的规格尺寸如下：厚度为4~19 mm，平面尺寸为2400 mm×1800 mm。

3．冰花玻璃在景观中的运用

冰花玻璃的自然冰花纹理，看上去像碎裂的玻璃，有时也称冰裂纹玻璃（见图6-7），会给人的心理造成不安的影响，这一特点恰恰是景观设计师可以利用的。设计师将冰花玻璃与安全玻璃配合使用，形成多层玻璃，若作为景观中特色桥面的铺设，有一定的景观效果，让游憩的人们行于此桥时，产生不安全感、紧张感的假象，给人一种特殊的心理感受。

（三）磨砂玻璃

1．磨砂玻璃的定义与特征

磨砂玻璃是用普通平板玻璃经机械喷砂、手工研磨或氢氟酸溶蚀等方法将表面进行处理形成的毛面玻璃，可用毛面部分的玻璃制作图案。磨砂玻璃的透明度介于实墙与透明玻璃之间，半透明的磨砂玻璃既使空间有明确的界限，又避免过于沉闷。

磨砂玻璃的视觉感观与白色玻璃、酸蚀过的玻璃十分相似，但它们的区别在于白色玻璃表面光滑、较容易反光。磨砂玻璃最大的特点在于当毛面的玻璃表面变得潮湿时，其光学性能会发生改变，透光性增强，近乎于透明玻璃。

2．生产规格

因磨砂玻璃是在普通平板玻璃上进行磨砂加工而成的，因此磨砂玻璃的生产规格可根据平板玻璃的规格而定，一般其厚度在9 mm以下，以5~6 mm居多。

3．磨砂玻璃在景观中的运用

磨砂玻璃对光的转换较为特殊，加上表面哑光，触觉不光滑却细腻，能达到一般透明玻璃无法做到的效果。在一些特殊的环境，如纪念性空间中，磨砂玻璃不同尺寸地运用，不仅能给人以强烈的纪念性，而且玻璃反射的微弱柔和的淡绿色光，隐隐透着忧伤惆怅的氛围和追思情怀，与此时此地人的心境达到契合。图6-8所示是上海世博会某展馆中展示的磨砂玻璃幕墙，结合透明玻璃图形的对比，并且运用夹层玻璃，玻璃与玻璃间夹LED灯丝，来展现材料和技术方面的进步。

（四）热熔玻璃

1．热熔玻璃的定义与特征

热熔玻璃（见图6-9）又称水晶立体艺术玻璃，是目前装饰行业中比

图6-5 彩色平板玻璃

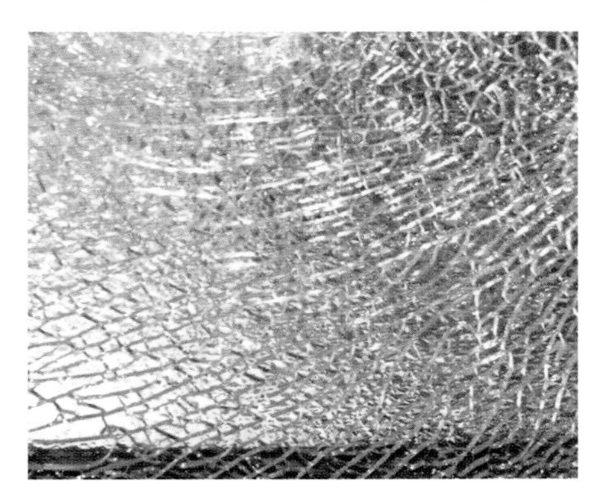
图6-6 冰花玻璃

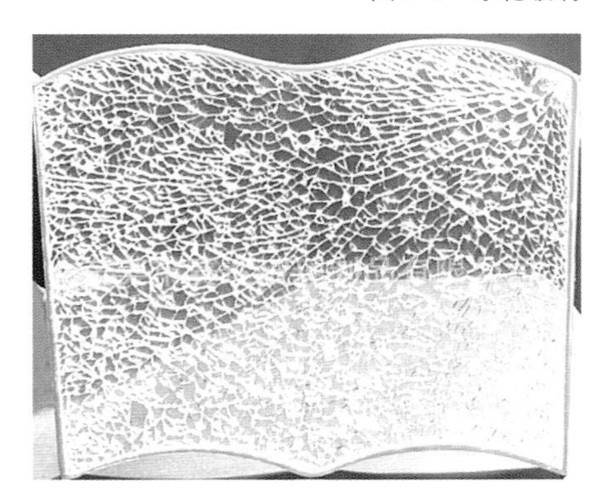
图6-7 冰裂纹玻璃

图6-8 经磨砂表面处理的夹层LED玻璃

较新型的玻璃种类。它是采用特制热熔炉，以平板玻璃和无机色料等作为主要原料，设定特定的加热程序和退火曲线，将原料加热到玻璃软化点以上，经特制成型模模压成型后退火而制成的，可再进行雕刻、钻孔、修裁等后序工序加工。

热熔玻璃图案丰富、立体感强，解决了普通装饰玻璃立面单调呆板的问题，使玻璃面具有生动的造型。

2．热熔玻璃在景观中的运用

热熔玻璃因其独特的肌理效果，在室外大型景墙设计中可以作为嵌入玻璃与隔断玻璃的材料，还可以使用于与水景相关的一些装饰部位。

（五）镜面玻璃

1．镜面玻璃的定义与特征

镜面玻璃即镜子，也称磨光玻璃，它是用平板玻璃经过抛光后制成的，分单面磨光和双面磨光两种。镜面玻璃具体是指玻璃表面通过化学（银镜反应）或物理（真空镀铝）等方法能形成反射率极强的镜面反射效果的玻璃制品。为提高装饰效果，在镀镜之前可对玻璃原片进行彩绘、磨刻、喷砂、化学蚀刻等加工，形成具有各种花纹图案或精美字画的镜面玻璃。在镀镜时，采用相应手法，可调制出哈哈镜。镜面玻璃表面光滑平整且有光泽，透光率大于84%。

2．生产规格

镜面玻璃的厚度一般为2~12 mm，最大平面尺寸可达到2540 mm×3660 mm。

3．镜面玻璃在景观中的运用

在景观设计中，常利用镜子的反射、折射来增加空间感和距离感，或改变光照效果。图6-10中是竖立的一面镜子映射出的室外不同层次的景观。一般会在距离水景近的位置，或者需要延长景深及特殊效果的位置运用镜面玻璃。当在场地中适当的位置摆放一个哈哈镜时，此场地的气氛会变得热闹起来，但镜面玻璃反射性较强，运用时需注意防止光污染的产生。

（六）变色玻璃

变色玻璃（见图6-11）可以在不同的角度、不同光线下变换出不同的色彩，高雅、美观、奢华，主要用于地面装饰及大型室外景观设置。

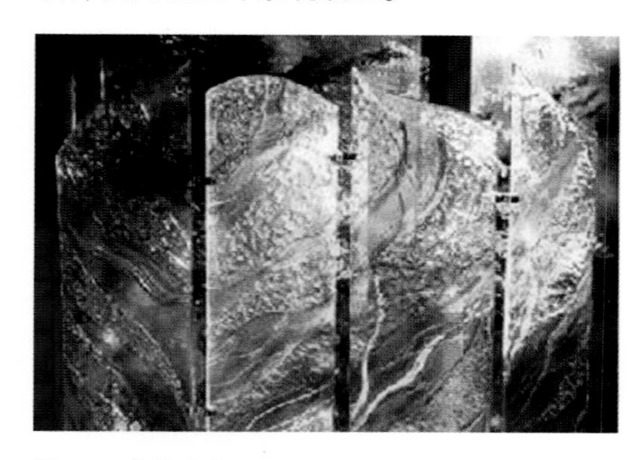

图6-9　热熔玻璃

图6-10　镜面玻璃在景观中的应用

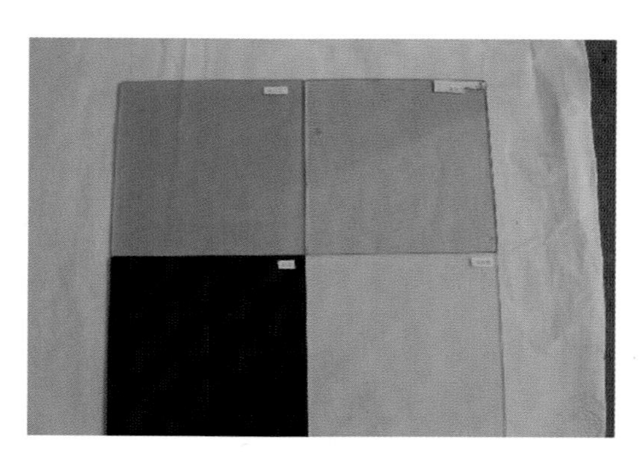

图6-11　变色玻璃

三、安全玻璃

（一）钢化玻璃

1．钢化玻璃的定义与特征

钢化玻璃是一种预应力玻璃，是为提高玻璃强度而制造的。常用的物理钢化玻璃的原理是将玻璃加热到700 ℃左右，然后急速冷却，使玻璃表面形成压应力而制成的。其外观质量、厚度偏差、透光率等性能指标几乎与玻璃原片无异。

玻璃钢化后耐压、抗冲击，具有良好的热稳定性，抗弯强度是普通玻璃的4~5倍，遇外力冲击破碎后形成没有尖锐棱角的蜂窝状颗粒，可避免对人体的伤害。但玻璃钢化后不能再进行开孔、磨边、切割等加工，因此上述工序必须在钢化前完成。钢化玻璃虽比普通玻璃强，但存在自爆的可能性，同时，在室外应用钢化玻璃时，其表面会出现凹凸不平的风斑。

2．分类和常见生产规格

钢化玻璃按其外观分为平面钢化玻璃和曲面钢化玻璃，在景观中都有应用。

根据所用玻璃原片的不同，钢化玻璃可分为普通钢化玻璃、吸热钢化玻璃、彩色钢化玻璃、磨砂钢化玻璃、钢化夹胶玻璃、钢化夹层玻璃等。

钢化玻璃平面最大尺寸为2440 mm×3660 mm，最小尺寸一般为300 mm×300 mm。玻璃原片厚度常为3~19 mm，应用较多的有6 mm、8 mm、10 mm、12 mm、15 mm、19 mm。

3．钢化玻璃在景观中的运用

钢化玻璃是室外景观运用广泛的材料之一，常用于人流密集、接触频繁、对玻璃强度要求较高的部位，其安全、坚固、实用且具有较好的景观效果，如历史遗存的遗址展示区覆盖界面（见图6-12）、大面积玻璃隔断、钢化玻璃楼梯、获得较好景观效果的全景式玻璃平台、玻璃篮球栏板（见图6-13）、玻璃栏杆、地下通道上入口玻璃护挡（见图6-14）、采光顶棚、玻璃幕墙等。全景式天棚设计增加了空间通透性，且更加有利于采光。为了防止玻璃破碎后的碎渣掉落，对人造成伤害，常在钢化玻璃表面贴一层保护膜，才可应用于玻璃顶棚及距离地面较高的玻璃栏板上。

图6-12 钢化玻璃在遗址广场地面的应用

图6-13 玻璃篮球栏板

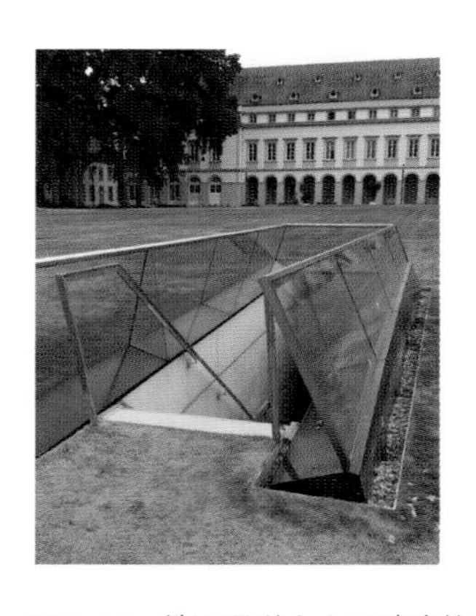

图6-14 地下通道上人口玻璃护挡

钢化玻璃根据不同的环境和使用要求，对玻璃的厚度和层数要求不同，常用的有单层钢化玻璃、双层钢化夹胶玻璃（见图6-15）、多层（三层以上）钢化玻璃、复合中空钢化玻璃等。钢化夹胶玻璃在室外地面应用较多，例如公园、广场常见的玻璃镶灯地面通常采用双层钢化夹胶玻璃做成，在夜间配合照明设计，展示良好的景观效果；高空的玻璃廊桥常采用多层钢化玻璃，既保证安全性，又便于人们观察玻璃地面下的景观（见图6-16）。

（二）夹丝玻璃

1．夹丝玻璃的定义与特征

夹丝玻璃又称防碎玻璃。它是将普通平板玻璃加热到红热软化状态时，再将预热处理过的钢丝或钢丝网压入玻璃中间而制成的一种玻璃产品。夹丝玻璃的特性是抗弯强度高，抗冲击能力和耐温度剧变的性能比普通玻璃好。

夹丝玻璃的突出特点有两个：安全性和防火性。夹丝玻璃由于钢丝网的骨架作用，不仅提高了玻璃强度，而且在遭受冲击或温度剧变而损坏时，碎片不会飞散，避免了很多伤害；夹丝玻璃防火性能优越，可遮挡火焰，高温燃烧炸裂时，由于其中钢丝网的作用，玻璃仍能保持固定，隔绝火焰，所以也称它为防火玻璃。

图6-15 钢化夹胶玻璃

图6-16 玻璃全景式观景平台

图6-17 夹层玻璃

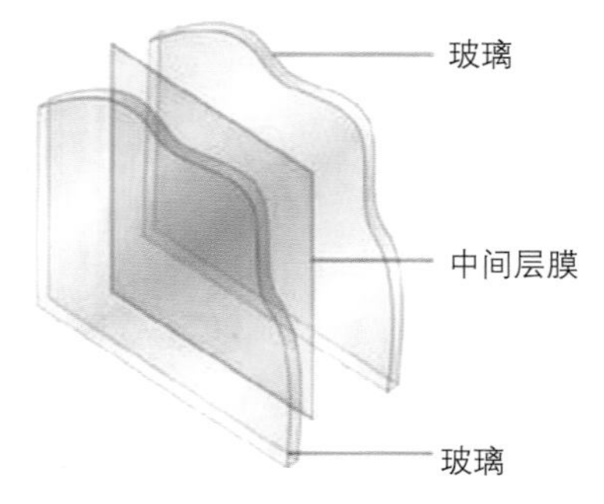

图6-18 夹层玻璃的组成

2．常见生产规格

夹丝玻璃一般规格不小于600 mm×400 mm，不大于2000 mm×1200 mm，厚度常为6 mm、7 mm、10 mm。

3．夹丝玻璃在景观中的运用

在景观中，夹丝玻璃可用于采光顶棚、护栏等部位，但玻璃内部的金属网格会影响玻璃的通透性、纯净性，且价格较高，相对于其他安全玻璃应用较少。

（三）夹层玻璃

1．夹层玻璃的定义与特征

夹层玻璃（见图6-17）是由两片或者两片以上的玻璃用合成树脂黏结在一起而制成的一种安全玻璃。夹层玻璃的原片既可以是普通玻璃，也可以是钢化玻璃、半钢化玻璃、镀膜玻璃、吸热玻璃、热弯玻璃等。图6-18所示是夹层玻璃的组成。中间层膜的有机材料最常用的是PVB（聚乙烯醇缩丁醛），也有甲基丙烯酸甲酯、有机硅、聚氨酯等。当外层玻璃受到冲击发生破裂时，碎片被胶黏住，只形成辐射状裂纹，不致因碎片飞散造成人身伤亡事故。

夹层玻璃的生产方法有两种：胶片法（干法）和灌浆法（湿法），目前常用干法生产。

2．常见生产规格

夹层玻璃的常见规格一般为：玻璃的厚度为4~50 mm；中间层膜的厚度为0.38~2.28 mm。

四、节能玻璃

节能玻璃主要有热反射玻璃、吸热玻璃、中空玻璃等。

（一）热反射玻璃

1．热反射玻璃的定义与特点

(1）定义。

热反射玻璃又名镀膜玻璃，因其反射能力是通过玻璃表面一层极薄的金属或金属氧化物膜来实现的，所以也称为镀膜玻璃。热反射玻璃对太阳辐射能具有较高的反射能力，同时具有良好透光性。热反射玻璃在使用时应注意，如果玻璃运用不当或使用面积过大，会造成光污染，影响周围环境的和谐。

热反射玻璃从颜色上分，有灰色、青铜色、茶色、金色、浅蓝色、棕色、古铜色和褐色等；从性能结构上分，有热反射、减反射、中空热反射、夹层热反射等。

(2）特点。

热反射玻璃具有良好的隔热性能，其表面的镀层具有单向透视作用，具有强烈的镜面效应。

2．生产规格

镀膜玻璃常见的规格尺寸有：2440 mm×3660 mm，2440 mm×3300 mm，2100 mm×3300 mm。国内上海耀华皮尔金顿公司生产的镀膜玻璃最大尺寸可达3300 mm×6500 mm。

3．热反射玻璃在景观中的运用

热反射玻璃在建筑中多用于炎热地区，在景观设计中，可用于亭、廊的顶棚，避免阳光直射。

（二）吸热玻璃

吸热玻璃能够吸收大量红外线、紫外线和太阳可见光，防止眩光，有明显的降温效果。吸热玻璃颜色丰富、经久不变，主要有灰色、蓝色、绿色、古铜色、青铜色、粉色、金黄色等，可用于隔墙装饰，也可制作灯具。

五、其他特殊玻璃制品

（一）玻璃锦砖

1．玻璃锦砖的定义与特点

（1）玻璃锦砖的定义。

玻璃锦砖也可称为玻璃马赛克或玻璃纸皮砖（见图6-19）。历史上，马赛克泛指镶嵌艺术作品，后来指由不同色彩的小块镶嵌而成的平面装饰。它是以玻璃为基料，并含有未溶解的微小晶体的乳浊或半乳浊玻璃制品，内含气泡和石英砂颗粒，一面光滑，另一面有槽纹，颜色有红、蓝、黄、白、黑等几十种，主要包括彩色玻璃马赛克和压延法玻璃马赛克，可分为透明、半透明和不透明三种。

（2）玻璃锦砖的特点。

① 玻璃锦砖的色泽绚丽多彩，典雅美观。不同色彩图案的马赛克可以组合拼装成各色壁画，装饰效果十分理想。

② 质地坚硬，性能稳定，具有耐热、耐寒、耐候、耐酸碱等性能。由于玻璃马赛克的断面比普通陶瓷有所改进，吃灰深，黏结较好，不易脱落，耐久性较好，因而不积尘，天雨自涤，经久常新。

③ 价格较低。

图6-19 玻璃马赛克

2．常见规格尺寸

玻璃马赛克的常见规格有20 mm×20 mm、25 mm×25 mm、30 mm×30 mm，马赛克的厚度有4~6 mm不等。

3．玻璃锦砖在景观中的运用

玻璃锦砖可用于室外墙面装饰，运用镶嵌工艺可制成各种艺术图案和大型壁画。在景观设计时，玻璃马赛克常用于需要进行特殊装饰的部位，例如墙面装饰、地面拼花装饰，由多种颜色、形状拼成的图案富有特色、样式各异，可广泛用于水景中水池的各个界面装饰，以及泳池底面和池边的铺贴（见图6-20）。

图6-20 玻璃马赛克在水景中的运用

（二）空心玻璃砖

1．空心玻璃砖的定义与特点

玻璃砖又称为特厚玻璃，分为实心砖和空心砖两种。实心玻璃砖是用熔融玻璃采用机械模压制成的矩形块状制品。空心玻璃砖是由箱式模具压成凹形半块玻璃砖，然后再将两块凹形砖熔结或黏结而成方形或矩形整体空心制品，同时砖内外可以压铸出各种条纹（见图

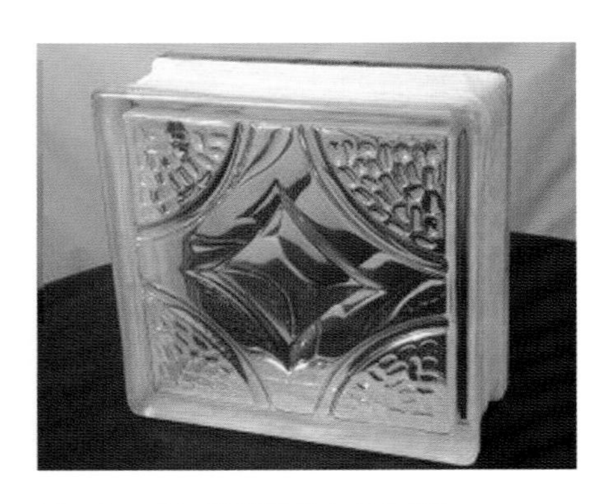

图6-21 表面处理过的空心玻璃砖

图6-22 彩色空心玻璃砖

图6-23 玻璃砖垒砌的景观方亭

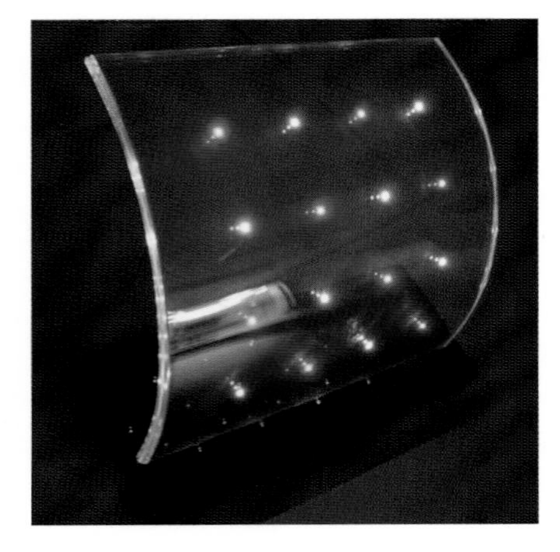

图6-24 曲面LED夹层玻璃

6-21)。

空心玻璃砖按内部结构可分为单空腔和双空腔两类，后者在空腔中间有一道玻璃肋。空心玻璃砖是由两个半块玻璃砖坯组合而成的，具有中间空腔的玻璃制品，周边密封，空腔内有干燥空气并存在微负压，具有较高的隔热、隔声性能，能控光、防结露和减少灰尘透过。

空心玻璃砖可以用彩色玻璃制作（见图6-22)，也可以在其内腔用透明涂料涂饰。空心玻璃砖的容重较低（800 kg/m³)，导热系数较低[0.46 W/（m·K）]，有足够的透光率（50%~60%）和散射率（25%)。其内腔雕刻的不同花纹可以使外来光线扩散或使其向指定方向折射，具有特殊的光学特性。

2．常见规格尺寸

空心玻璃砖有正方形、矩形及各种异型产品。它分为单腔和双腔两种。常见尺寸有115 mm×115 mm×80 mm、145 mm×145 mm×80 mm、190 mm×190 mm×80 mm、240 mm×150 mm×80 mm等规格。

3．空心玻璃砖在景观中的运用

空心玻璃砖透光不透影，可以像一般的砖块用于垒砌墙体，玻璃特有的魅力往往使其成为景观中的亮点，晶莹的玻璃砖让周围环境更加和谐。还可以利用它制作室外方亭，垒砌方块状的肌理作为亭子的基本构成形式(见图6-23)。空心玻璃砖可用于建造透光隔墙、淋浴隔断、楼梯间、门厅、通道等和需要控制透光、眩光和阳光直射的场合。

其制作工艺基本和平板玻璃一样，不同的是成型方法。其中间为干燥的空气，多用于装饰性项目或者有保温要求的透光造型之中。

（三）LED玻璃

LED玻璃也叫光电玻璃，是一种LED光源与玻璃的完美结合产品，它本身是安全玻璃的一种，但突破了传统的装饰玻璃，可以预先在玻璃内部设计图案，并在后期通过先进技术实现可控变化，自由掌握LED光源的明暗变化。其内部采用完全透明的导线，区别于普通的金属丝，在玻璃表面看不到任何线路。LED玻璃具有防紫外线、防部分红外线的作用。图6-24所示为LED彩色灯光与夹层玻璃的结合，并且玻璃进行了曲面处理。

LED玻璃的玻璃面板可以选择浮法玻璃、超白玻璃、防火玻璃、钢化玻璃、中空玻璃等。玻璃结构均为夹层结构。

LED玻璃现已广泛应用于各种设计领域，如紧急指示标志设计、时钟、室内装修、室外幕墙玻璃、天窗设计、顶棚设计、室内外广告牌设计等。

从LED玻璃技术衍生出的玻璃制品还有LED玻璃砖灯。LED玻璃砖灯(见图6-25）是在玻璃砖上加入LED灯的照明功能，原材料为空心玻璃砖，可以营造出光彩夺目的绚丽灯光效果，取代传统的照明灯，也可用作隔墙，增加环境与人的互动性。图6-26是上海世博会的玻璃阳光谷，采用夹层的LED玻璃作为结构的一部分，最终实现了大尺度的室外玻璃景观构筑，在夜间展示，玻璃构筑物如同一张LED灯网，幻彩迷人，效果极佳。LED玻璃砖的规格尺寸可见一般玻璃砖的规格尺寸。

图6-25　LED玻璃砖灯

（四）烤漆玻璃

烤漆玻璃是在浮法玻璃的表面，经过一系列的加工后呈现不同色彩的一种装饰玻璃。烤漆玻璃主要应用于墙面、背景墙的装饰，并且适用于任何场所的室内外装饰。在景观中，烤漆玻璃现已广泛用作广告柱、景观柱的外立面包裹材料。

（五）微晶玻璃

微晶玻璃又称为玻璃陶瓷，它是由晶相和玻璃组成，质地致密均匀，无气孔、不透气、不吸水，由于晶化，机械强度高于玻璃、陶瓷和天然石材，能作为建筑物内墙贴面、墙基贴面、分隔墙和屋顶等墙面装饰，也可用于地面、电梯内部和路面标志等交通频繁区域，可代替贵重石材、不锈钢和有色金属等建筑材料，外观豪华，光洁如镜，优美典雅，是当今流行的一种新型高档装饰材料。

图6-26　上海世博会的玻璃阳光谷

（六）特殊形状和需求的玻璃

1．热弯玻璃

普通热弯玻璃是将浮法玻璃原片加热至软化温度后，靠玻璃自重或外界作用力将玻璃弯曲成型并经自然冷却而成的玻璃成品。热弯钢化玻璃（见图6-27）是将钢化玻璃根据一定的弯曲半径通过加热、急冷处理后，表面的强度成倍增加，使钢化玻璃原有平面形成曲面的安全玻璃。

热弯玻璃的透光性、隔声性好，力学强度高，可制成各种曲面，如U形、半圆形、球面、单双向弯曲等。热弯玻璃广泛地应用于室外的围栏、隔断，景观立面装饰，车库顶棚遮挡，幕墙玻璃，天井采光、屋顶采光等，还可制作成鱼缸、展示柜等成品。

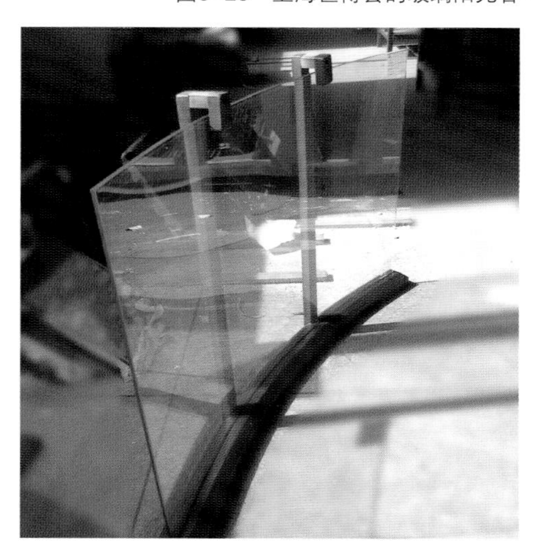

图6-27　热弯钢化玻璃

2．碎玻璃和玻璃屑

特殊形状和需求的玻璃通常根据设计师的设计理念或需求而特殊定制，其形状各异、色彩多样。碎玻璃或玻璃屑是利用废弃的玻璃制品进行碾碎、研磨处理而成的，其无尖锐边角，形状各异，色彩鲜艳，可以装饰于立面的景观墙，与水景搭配；也可以代替铺地材料，或铺设在植物的覆土层上，形成美妙的地面景观。这种玻璃无固定的规格尺寸。

3．立体玻璃装饰品

这类玻璃通常应用范围很广泛，如用玻璃制作的各式各样的、观赏性和功能性兼备的灯具、雕塑等立体造型的装饰品，可根据设计需求生产、定制相应造型和色彩的玻璃制品。

图6-28所示为碎玻璃和立体玻璃的造型景观。因玻璃材质本身的特性，这些造型各异的玻璃装饰无论是在自然光照或夜间灯光的映衬下都能展示出其晶莹剔透、琉璃粉彩的景观效果。

碎玻璃装饰的室外景观墙

草坪上的玻璃砌块景观

水景玻璃雕塑

玻璃砌块堆砌的街道景观

以钢结构框架围合玻璃砌块

大型玻璃砌块

图6-28 碎玻璃和立体玻璃的造型景观

第三节 玻璃在景观中的施工工艺

一、玻璃的施工工艺

（一）玻璃地面的施工

玻璃地面在施工时，常用的结构有钢结构玻璃地面、木结构玻璃地面、玻璃结构玻璃地面、其他结构玻璃地面（如铝材等）、无结构玻璃地面（直接铺在基面上），表层需做防滑处理。

图6-29 简支式玻璃施工效果

1．玻璃在施工中的几种安装结构形式

（1）简支式。

一般见于地下镶嵌光带的面层，玻璃直接承受外部作用力（见图6-29）。

（2）金属格架式。

通过玻璃下层的金属格架受力来支承上层的玻璃地面，公园中的玻璃遮棚也常采用这种顶棚构造方式，做成金属格架式顶棚（见图6-30）。

（3）点支式。

最常用的玻璃结构方式，常用于景观楼梯踏步板和大面积的玻璃地板，以及公园的半遮挡廊顶支承。由驳接爪连接固定玻璃和金属支架（见图6-31）。

（4）扶手连接式。

玻璃围栏施工时，在玻璃栏板上方设置连续扶手，玻璃与扶手共同承担载荷。

一般采用夹层玻璃或钢化玻璃施工，或在玻璃栏板旁设置附加的栏杆和扶手，以连接件将其固定在栏杆上，玻璃不承受风载以外的水平载荷，这是目前较常见的一种

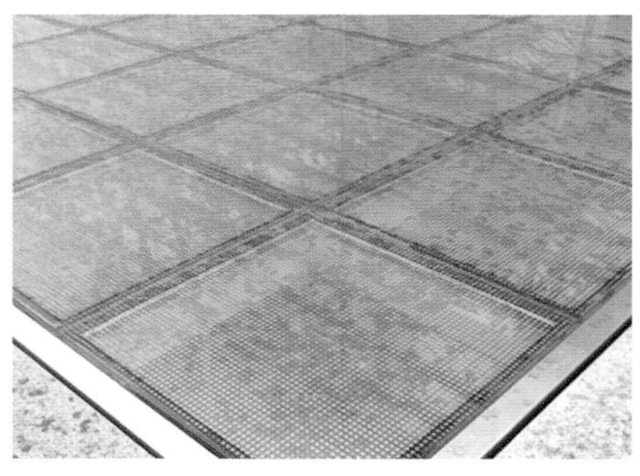

图6-30 金属格架式玻璃施工效果

图6-31 点支式玻璃施工效果

安装形式。

2. 采光玻璃地板的工艺流程

(1) 工艺流程。

测量放线→边龙骨安装→竖龙骨安装→横龙骨安装→龙骨隐蔽验收→玻璃加工→收口条安装→玻璃安装→勾缝→清洗、检查验收。

(2) 施工方法。

① 测量放线：由于地面结构施工允许误差较大，而采光玻璃地板施工要求精度很高，所以采光玻璃地板的施工基准不能依靠土建基准线，必须由基准轴线和水平线重新测量复核与定位。

② 边龙骨安装：120 mm×100 mm×6 mm的边龙骨与主体钢结构梁点焊连接，并依据基准轴线和水平线进行调整，最后满焊连接（见图6-32、图6-33、图6-34）。

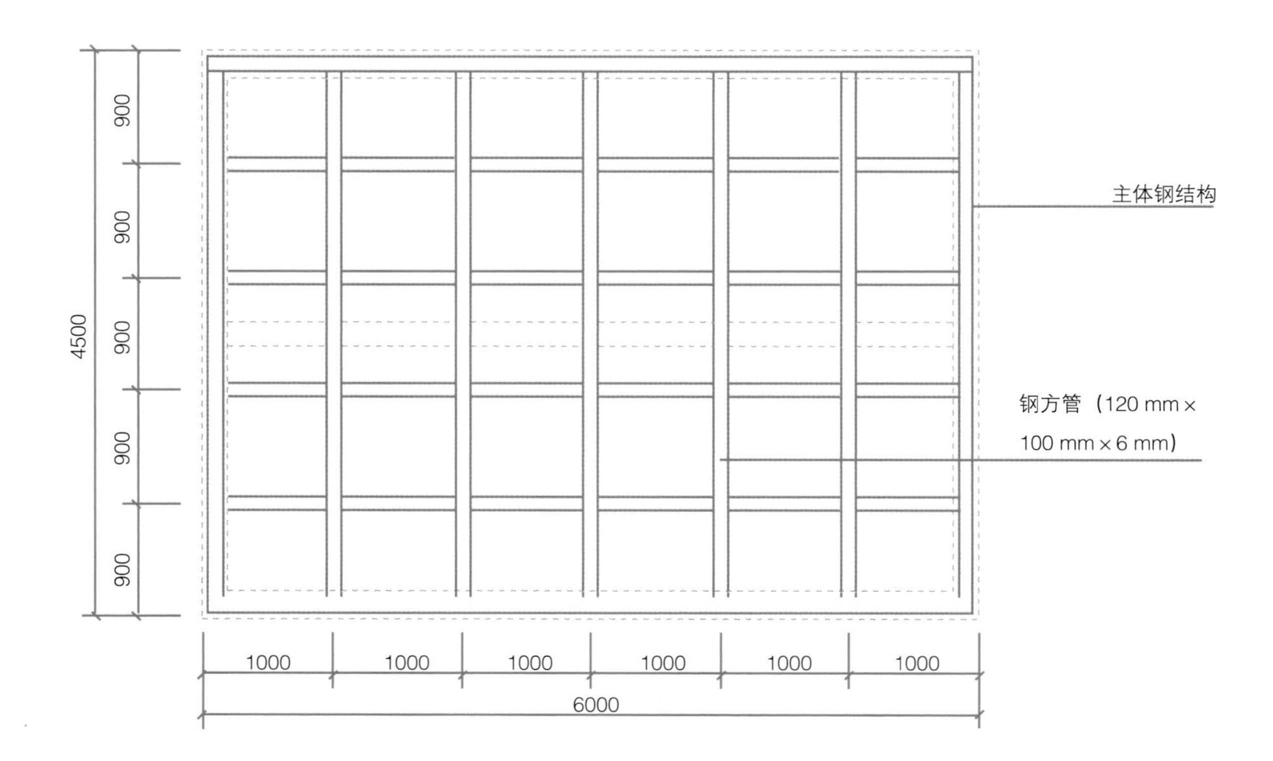

图6-32 龙骨安装平面大样图

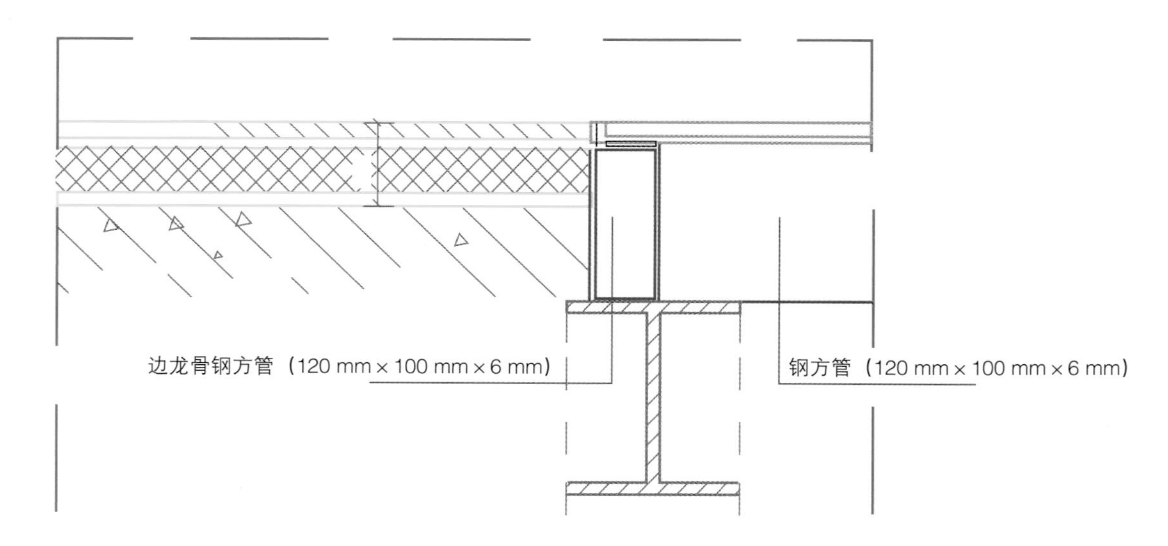

图6-33　边龙骨施工安装剖面图

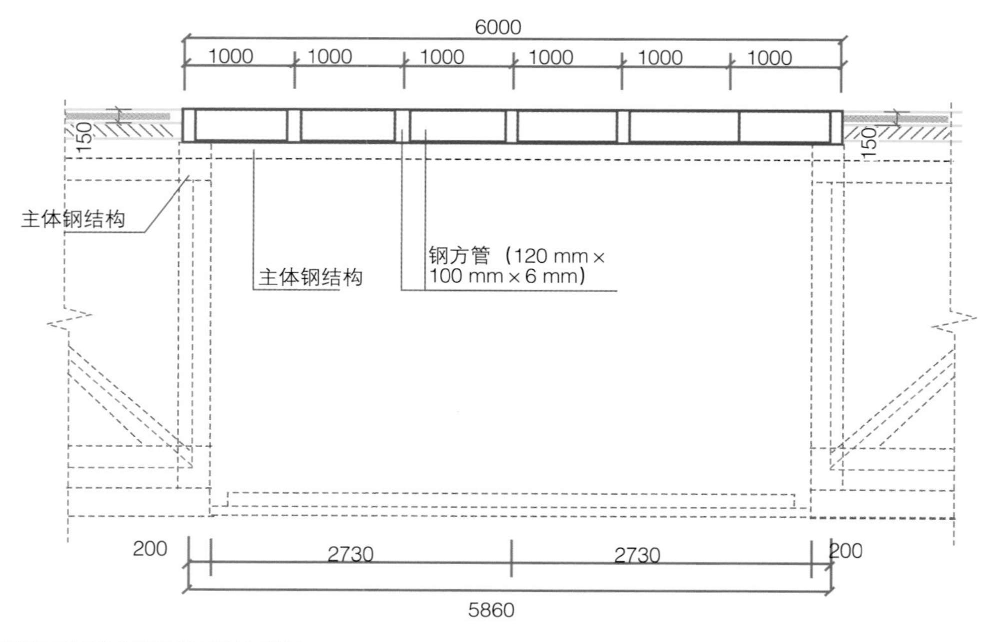

图6-34　采光地面玻璃龙骨安装剖面大样图

③ 竖龙骨安装：将切割好的竖龙骨120 mm×100 mm×6 mm钢方管用E43焊条满焊固定于边龙骨和钢结构梁上，间距随玻璃分格尺寸安装。

④ 横龙骨安装：横龙骨120 mm×100 mm×6 mm钢方管间距随玻璃分格尺寸安装，横龙骨与竖龙骨连接为现场施焊，满焊连接。

⑤ 龙骨安装完工后应通过监理公司进行隐蔽工程验收，焊点补刷两道防锈漆，方可进行下道施工工序。

⑥ 玻璃加工：采用玻璃厂家直接加工的方式，根据现场排版尺寸，编制玻璃加工单，玻璃厂家根据加工单加工玻璃。

⑦ 收口条安装：把收口条与龙骨固定。

⑧ 玻璃安装：把加工好的玻璃平搁在横、竖龙骨上，玻璃安装采用从中间向两侧的顺序进行（见图6-35)。

⑨ 勾缝：玻璃安装完毕后，采用灰色硅酮密封胶对玻璃缝隙进行勾15 mm的凹缝处理。

⑩ 清洗、验收：对玻璃地板进行及时清理，最后报监理单位验收。

3．防滑玻璃地板的施工流程

（1）工艺流程。

施工准备→验收材料质量→技术交底→基层处理→找中、套方、分格弹线→固定支柱→安装防滑玻璃地板。

（2）防滑玻璃地板的铺设验收标准。

① 玻璃地板下面的地面，表面应清洁无灰尘、污物。

② 玻璃应表面清洁、无划痕、无破损、四角完整。

③ 铺装后玻璃地板整体稳定牢固，人员在上面行走不应有摇晃感，不应有声响。

④ 玻璃地板的缝隙应保证成一直线，相邻地板的错位不大于1 mm。

⑤ 相邻地板的高度差不大于1 mm。

（二）钢结构玻璃采光顶棚的施工方法

玻璃采光顶棚（见图6-36）采用点支式玻璃结构形式，包括建筑主次入口采光天棚、钢屋架上空采光顶棚、景观廊道上空采光顶棚，面板采用8 mm+1.14PVB+8 mm（两块8 mm玻璃之间夹1.14 mm胶片）夹胶钢化玻璃（见图6-36、图6-37、图6-38)。图6-37所示为槽型玻璃制成的顶面回廊。

1．工艺流程

测量放线→钢结构的安装→驳接爪的安装→玻璃安装及调整→注玻璃胶→清洁、自检。

2．施工方法

① 测量放线：根据设计图纸和控制轴线，用经纬仪和光学测距仪量出采光顶棚安装控制点控制轴线和标高，作醒目的标志线，钢屋架上空采光顶棚的网架球铰的定位测量必须准确，做好记录，作为安装驳接爪和玻璃板块下料的依据。

② 钢结构的安装：分清主龙骨、次龙骨，按照先主后次的原则安装。

③ 驳接爪的安装：点式的玻璃采光顶棚驳接爪在现场安装时均需在构件上确定位置，但难免误差。所以驳接爪在安装初步就位后，应用控制点测量校核，全方位拉线（细钢丝）检查每个驳接点的偏差，以调整偏差。

图6-35　工人现场安装采光玻璃

图6-36　玻璃采光顶棚

图6-37　槽型玻璃制成的顶面回廊

图6-38　驳接爪固定的玻璃水上景观棚

④ 玻璃安装及调整：安装前检查玻璃规格是否正确，在地面上装驳接爪进行紧固，玻璃安装采用大型吸盘，配合吊车和电动葫芦进行，搭设专用安装平台，安装由左向右进行。

玻璃按设计轴线进行调整定位，应保证玻璃的支点承受玻璃重量，设计的驳接爪采用三维可调机构，调整后锁紧螺栓。

⑤ 注玻璃胶：在玻璃缝边缘处贴上皱纹纸，并均匀打胶。

⑥ 进行自检，胶干后清除皱纹纸，并在玻璃上贴醒目警戒标识，清理现场。

3．驳接爪和玻璃的安装质量要求

驳接爪的安装要求如下：相邻两驳接爪套中心间距偏差不超过1 mm，高差偏差不超过1 mm，相邻三驳接爪水平度偏差不超过1 mm，同一驳接爪两孔水平度允许偏差为1 mm，驳接爪臂与水平（垂直）夹角偏差为15'，相邻两桁架的两驳接爪套中心对角线差，当L（长度）≤2 m时为1 mm，当L>2 m时为1.5 mm。图6-38所示为驳接爪固定的玻璃水上景观棚。

施工采用的是钻孔钢化夹胶玻璃，由于玻璃在正常使用过程中，孔周边和面板中心部位产生的应力较大，如施工过程中出现玻璃暴边、缺角等现象，使用后容易有自爆现象，因此安装时必须对玻璃周边和孔周边进行严加保护。

（三）玻璃栏杆的安装施工方法

1．工艺流程

不锈钢玻璃栏杆施工剖面大样图如图6-39所示。

（1）预埋件安装：放线、定位、钻孔→化学锚栓安装→后置钢板安装就位、紧固。

（2）钢架制作安装：钢架下料、钻孔、打磨→进行除锈处理、刷防锈漆→现场就位安装、点焊预固定→尺寸复核、调整→满焊、焊渣清除、焊缝打磨平整→补刷防锈漆。

（3）玻璃安装：玻璃放样、提供玻璃加工尺寸和图纸→转接件和不锈钢角码预安装→玻璃就位安装、转接件和不锈钢角码调整并紧固。

（4）打密封胶、表面清洁：清洁玻璃打胶位置→贴皱纹纸→打密封胶→胶缝压平、压光→撕开皱纹纸→清除残留密封胶并进行整体栏板的卫生清洁。

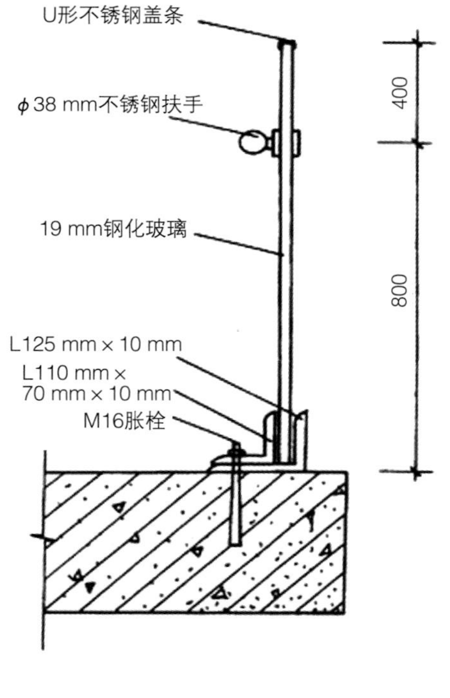

U形不锈钢盖条

ϕ38 mm不锈钢扶手

19 mm钢化玻璃

L125 mm×10 mm

L110 mm×70 mm×10 mm

M16胀栓

400

800

图6-39　不锈钢玻璃栏杆施工剖面大样图

2．施工工艺

钢结构玻璃栏杆施工是使用悬臂式钢化玻璃栏板，厚度为19 mm，整个栏板的稳定完全靠钢化玻璃自身的强度和角钢卡槽的嵌固。图6-40所示是某室外泳池的景观钢化玻璃围栏。

（四）一般玻璃墙面固定玻璃的方法

（1）先将玻璃钻孔，然后用铜螺钉、镀铬螺钉把玻璃固定在木骨架和衬板上。

（2）用塑料、硬木、金属等材质的压条压住玻璃。

（3）把玻璃用环氧树脂黏在衬板上。

（五）空心玻璃砖的标准施工流程

（1）备水泥10 kg，细砂10 kg，建筑胶水0.3 kg，水3 kg。

（2）十字定位架可以剪成“T”形和“L”形，适应各种部位的需要。

（3）用砂浆砌玻璃砖。由下而上，一块一块、一层一层叠加，每块之间用定位架固定。

（4）刮去多余的砂浆，勾勒出砖与砖之间的缝隙。勾缝材料为纯白水泥、水和建筑胶水。

(5) 砌筑完毕，扭掉定位架上的板块。

(6) 及时擦掉玻璃表面的砂浆和污垢，清洗干净，最终在缝隙里刷上防水材料即可。

(六) 玻璃马赛克的施工工艺

1．施工准备

(1) 技术准备。

① 熟悉图纸。

② 已编制好室内外墙面贴马赛克工程的施工方案。

③ 对工人进行书面技术交底及安全交底。

(2) 材料准备。

① 马赛克：应表面平整，颜色一致，每张长宽规格一致，尺寸正确，边棱整齐，一次进场，材料应有检测报告。

② 水泥：32.5级普通硅酸盐水泥或矿渣硅酸盐水泥和32.5级白水泥，应有出厂证明或复试报告。

③ 砂子：粗砂或中砂。

④ 马塞克嵌缝专用腻子（供高档马赛克使用）。

⑤ 注意进货材料的批号，防止材料批号相差太大，造成色差。

(3) 主要机具准备（见图6-41）。

图6-42所示是已完成施工的玻璃马赛克成品。

图6-40 某室外泳池的景观钢化玻璃围栏

图6-41 玻璃马赛克施工准备机具

图6-42 玻璃马赛克成品

2．施工工艺

(1) 玻璃马赛克的施工工艺流程如图6-43所示。

(2) 操作工艺。

① 配料、放线。每张马赛克纸版之间要留有缝隙，缝隙要计算入内；同一墙面不应有非整砖。

② 基层处理。墙面基层要清理干净，平整度达到要求。

③ 贴马赛克。

④ 调缝、擦缝。普通马赛克纸版之间的缝隙用白水泥砂浆刮浆，并填满缝隙，高档马赛克可用马赛克嵌缝专用腻子。

防损坏：面层用塑料薄膜铺贴，转角地方进行护角保护。

(七) 玻璃背景墙的施工方法

以无切割的整块大尺寸钢化玻璃作为背景墙材料，施工时采用膨胀螺栓、镀锌方管、木方和其他辅料制作玻璃与门柱之间的固定构件，使用拉丝不锈钢对固定构件进行包边装饰。图6-44所示为玻璃背景墙的安装施工大样图。

(八) 钢结构玻璃幕墙的工艺流程

测量放线→预埋件埋设检查和确认→钢结构体系的安装→驳接座焊接→驳接爪的安装→玻璃板块吊运安装→玻

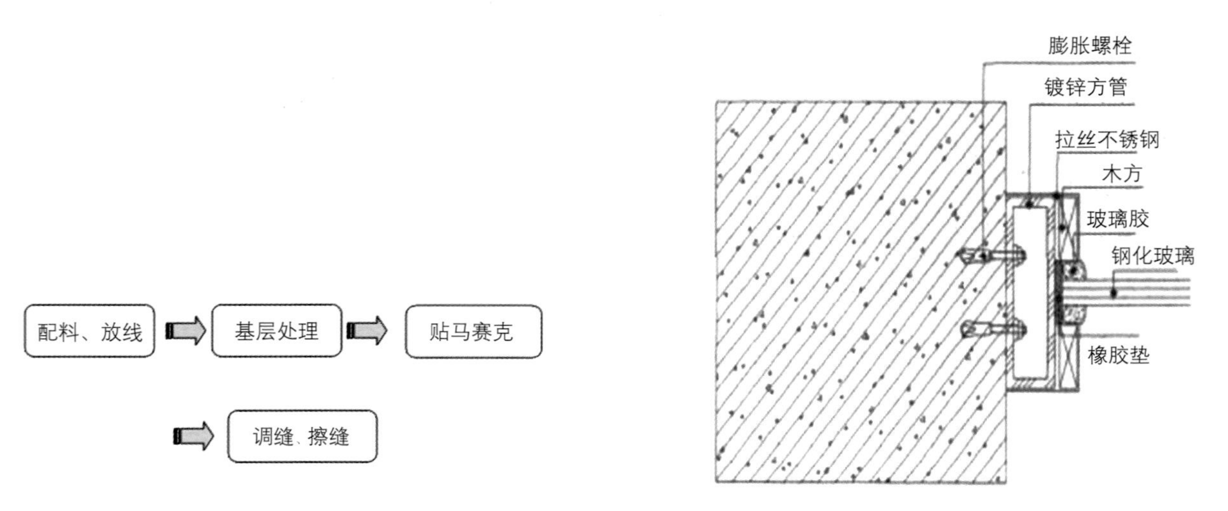

图6-43 玻璃马赛克的施工工艺流程

图6-44 玻璃背景墙的安装施工大样图

璃板块孔位调整、固定驳接爪→调整及打胶→幕墙清洗及清理。

二、玻璃施工和使用中的注意事项

（1）绝对安全。结构和平面可以承受设计环境中的任何动、静负载和冲击。有一定的抗冲击冗余设计，可以抵抗一定的极端活动带来的冲击。

（2）防滑。除了用于特殊用途外（如滚轴溜冰），要有一定的防滑性能和相关的处理。

（3）使用的灵活性。根据玻璃使用的部位和功能，要求玻璃地面的施工设计要考虑到安装方便，便于调整和移动。

（4）在运输过程中，务必要注意固定和加软护垫。一般建议采用竖立的方法运输。车辆的行驶也应该注意保持稳定。

（5）玻璃安装的另一面是封闭的话，要注意在安装前清洁好表面。最好使用专用的玻璃清洁剂，并且要待其干透后证实没有污痕后方可安装，安装时最好使用干净的建筑手套。

（6）安装玻璃时，要使用硅酮密封胶进行固定，在窗户等安装过程中，还需要与橡胶密封条等配合使用。

（7）施工完毕后，要注意加贴防撞警告标志，一般可以用彩色电工胶布等予以提示。

（8）美观性。采用表面质量平整无缺点的玻璃以达到美观和美化环境的目的，同时也能提高玻璃表面的安全性。

7

第七章 塑料景观材料

SULIAO JINGGUAN CAILIAO

第七章　塑料景观材料

第一节　塑料的基础知识

塑料在现今人们日常生活中的应用越来越广泛，从生活日常用品、电子设备到室内的家具设施、汽车航模零部件等，塑料制品无处不在。作为一种新型材料，塑料工业已形成门类齐全的工业体系，在景观设计中以自身优异的特点而发挥着重要的作用。在现代景观设计中，塑料已成为设计景观雨棚、水景（见图7-1）、照明灯具、室外家具、景观小品、导向指示设施（见图7-2）等的首选材料。

一、塑料的概念

塑料是以单体为原料，通过加聚或缩聚反应合成的高分子有机化合物（macromolecules），也是一般所俗称的塑料（plastics）或树脂（resin），可以自由改变形体和样式。它利用单体原料合成或以缩合反应聚合而成，以合成树脂及填料、增塑剂、稳定剂、润滑剂、着色剂等为添加剂组合而成。

图7-1　塑料在水景中的运用

图7-2　塑料导示牌

（一）塑料的主要成分和原料

1．塑料的主要成分

塑料的主要成分是合成树脂，约占塑料总质量的40%~100%。树脂是指尚未与其他添加剂混合的高聚物，是由动植物分泌出的脂质如松香、虫胶等形成。塑料有单成分塑料和多成分塑料之分。单成分塑料仅含有塑料中必不可少的合成树脂，如有机玻璃，它就是由一种单成分的聚甲基丙烯酸甲酯的塑料制成的。大多数的塑料除有合成树脂外，还有填充料、硬化剂、着色剂以及其他添加剂等成分，这就是多成分塑料。因此，塑料的基本性能主要取决于树脂的本性，但添加剂等其他成分也起到重要作用。

2．塑料的主要原料

塑料的主要原料是石油和天然气，即碳氢化合物。首先，提炼出石油和天然气中合适的大分子成分，裂解成单体，再聚合成高分子，从而形成塑料。例如，制作塑料袋的主要原料是聚乙烯和聚氯乙烯，它们都是不可降解的，塑料袋的主要原料还有聚苯乙烯、聚丙烯等高分子化合物。

二、塑料的分类

（一）按分子结构及特性分类

按照合成树脂的分子结构及特性，塑料可分为热塑性塑料和热固性塑料两类，前者可以重复生产，而后者无法重新塑造使用。

1．热塑性塑料

热塑性塑料是指可以多次重复加热变软、冷却变硬成型的塑料，其耐热性较差。也就是说热塑性塑料，在一定温度下熔化为流体，根据温度不同的变化，可以在固态和液态之间反复变化。

常见的热塑性塑料有聚乙烯、聚苯乙烯、聚氯乙烯、聚酯碳酸（见图7-3）、有机玻璃等。

2．热固性塑料

热固性塑料是指在加热时开始会被软化而具有一定的可塑性，但随着加热的进行，塑料中的分子不断化合，最后固化成型，形成既不熔化也不溶解的物质。热固性塑料在温度达到一定程度时，即由液态变为固态定型。

图7-3　热塑性耐力板

常见的热固性塑料有酚醛塑料、氨基塑料、环氧树脂、脲醛塑料等。

（二）按用途的广泛性分类

按照用途的广泛性，塑料可分为通用塑料、工程塑料和特种塑料。

1．通用塑料

它是一种非结构性塑料，产量大、价格低，性能普通。这类塑料通常有聚乙烯、聚丙烯、聚苯乙烯、聚氯乙烯、酚醛塑料和氨基塑料等，一般用于日常生活用品、包装材料等，但随着塑料改性工业的发展，有些通用塑料的性能得到极大的提高，也可以应用于某些工业领域，比如经改性的聚丙烯已在汽车工业得到了广泛使用。

2．工程塑料

工程塑料与通用塑料相比，具有优异的力学性能、化学性能、电性能、耐热性及耐磨性和尺寸稳定性等。常见的工程塑料有聚甲醛、聚酰胺、聚碳酸酯、ABS、聚苯醚、聚四氟乙烯、有机玻璃等，其中ABS、聚碳酸酯、聚酰胺、聚甲醛被称为四大工程塑料，在工业领域有极为广泛的应用。

3．特种塑料

特种塑料是指某些具有特殊性能的塑料，这类塑料具有很高的耐热性、高绝缘性以及耐蚀性等。例如聚四氟乙烯，是当今世界耐蚀性能最佳的材料之一，因此而得名“塑料王”。它能在任何种类的化学介质中长期使用，与其他塑料相比以其优异的耐化学腐蚀与耐高温特点被广泛地应用，成为密封材料和填充材料的首选。这类塑料主要包括氟塑料、聚酰亚胺塑料、有机硅塑料和环氧树脂等。

三、塑料的特性

（一）塑料的优点

（1）塑料具有耐化学侵蚀的特点，不与酸、碱、盐等化学物质反应。

（2）塑料具有光泽，部份透明或半透明，大部分为良好绝缘体，部分塑料耐高温，且容易着色。

（3）塑料质量小而坚固，密度在0.9~1.5 g/cm^{3}之间，是除木材之外较轻质的材料。在汽车制造业中可代替金属材料，大大减小汽车的自身质量。

（4）塑料加工性优异，容易成型，使形状复杂的制品简单化、一次成型，制造成本较低，可大批量生产，生产效率高、价格便宜，用途广泛、效用多。

（二）缺点

（1）对于废弃的塑料，回收利用时分类相对困难。

(2) 塑料易燃，高温环境也会导致其分解出有毒成分，并产生有毒气体。例如聚苯乙烯燃烧时产生甲苯，这种物质少量会导致失明，吸入有呕吐等症状，PVC燃烧也会产生氯化氢等有毒气体。

(3) 塑料的主要原料——石油是有限资源。

(4) 因塑料的耐蚀性能，难以降解，埋在地下几百几千年甚至上万年也不会腐烂，可能成为污染环境的隐患，并且大部分塑料的耐热性能较差，易于老化。

第二节 塑料在景观中的应用

一、聚碳酸酯

聚碳酸酯是一种热塑性聚合物，具有良好的耐冲击性，密度在1 200~1 260 kg/m³之间。聚碳酸酯产生于20世纪50年代，以表面硬度强、绝缘性能佳，且能抵制大气恶化而著称，现阶段可作为玻璃的替代材料，广泛地用于建筑和景观中。

图7-4 聚碳酸酯PC板

图7-5 丙烯酸塑料球场

聚碳酸酯可制成建筑和景观中常用的PC阳光板（见图7-4）、耐力板、波浪板等塑料板材。

二、丙烯酸塑料

(一) 丙烯酸塑料的特性

丙烯酸塑料与树脂玻璃及透明合成树脂在20世纪30年代同时研发问世，都为丙烯酸聚合物。最常见的丙烯酸塑料是聚甲基丙烯酸甲酯(PMMA)，它是一种无色透明的塑料，质地坚硬、牢固，具有良好的机械性能，其质量小、密度在1150~2000 kg/m³之间。与玻璃相比，透光度很高，紫外线透过率是相同厚度玻璃的七倍。聚甲基丙烯酸甲酯的导热系数为0.16 kcal/m²·h·℃（而玻璃的是0.64 kcal/m²·h·℃），与磷酸、过氧化氢、硫酸钾、甲烷和重铬酸钠等不会发生化学反应。

(二) 在景观中的应用

在玻璃装配业，聚甲基丙烯酸甲酯的优势明显，它比玻璃更透明，厚度可达330 mm。其特有的品质使其可以应用在一些建筑和景观小品中，例如，美国加利福尼亚蒙特雷湾水族馆池底的一个窗户，由长16.6 m、宽5.5 m、厚33 m的丙烯酸单块组成，可抵抗数百万公升水的压力，可让游客看到在水底栖息的各类水生物。除了作为玻璃的替代品之外，这种材料还可以应用于室外的荧光标识系统、运动场地面(见图7-5)、垃圾桶、装饰屏幕以及特色景观小品上。

三、聚氯乙烯

聚氯乙烯在1838年由维克多·尼奥创造，直到1938年它的多样性和热塑性特点才广泛应用于国际市场。聚氯乙烯是乙烯聚合物，与聚乙烯相似。聚氯乙烯是由自由基聚合的氯乙烯产生的。从化学性质讲，惰性、无毒，对火灾及恶劣天气有耐候、抵抗作用，具有防渗、透明度高、易于加工的特点，通过挤制加工、注塑、碾压、热成型、压力处理等方法可以进行回收再利用。由于它是热塑性材料，可以轻松通过加热而重新塑形，经冷却，可恢复其原有的特性，同时保持新的形状。

这种材料现已大量地运用于建筑施工中，如管材、窗框、门和百叶窗等部位。

四、玻璃纤维增强塑料

玻璃纤维增强塑料（GRP）是由玻璃纤维和聚酯树脂用复合工艺制成的材料，用途广泛，是一种功能型的新型材料，可制成玻璃钢材料，主要的应用有建筑、景观雕塑（见图7-6）、装饰板、门板、屋顶灯、天窗、电子路灯、管道等。

五、聚苯乙烯

聚苯乙烯于1930年首次在德国通过聚合作用产生，当低于100 ℃时，它是一种玻璃状固体，当高于100 ℃时，它可以加工成各种各样的形式。聚苯乙烯很有弹性，抗化学降解能力极强，具有较低的导热和导电性，并在高温下稳定性好。由于其密度低、透明度高，被广泛应用于包装和建筑中，可作为隔热和隔声材料使用，也可应用于半透明的分隔、隔断或室内玻璃上，并且价格低廉，可循环利用。

六、塑料制品

虽然塑料是建筑景观材料家族的新成员，但已成为现代最流行的一种建筑景观材料，塑料制品种类繁多，有PC板、塑木、亚克力、玻璃钢等。塑料制品在景观设计中可充当多重角色，有塑料景墙板、塑料花钵树池、塑料地板、塑料儿童娱乐设施（见图7-7）、塑料造型景观小品、塑料家具等。

塑料制品在老人和儿童活动场地的运用十分广泛，当然，与儿童相关的塑料材质都需要达到安全标准。

（一）PC板

PC板是以聚碳酸酯为主要成分，采用共挤压技术制成的一种轻型、节能的新型板材。PC板分两种，实心板和空心板，实心为耐力板，空心为中空板或阳光板，还有波浪瓦板。

1．PC板的特性

（1）PC阳光板。

PC阳光板（又称聚碳酸酯中空板、玻璃卡普隆板、PC中空板）是以高性能工程塑料聚碳酸酯（PC）树脂加工而成，具有透明度高、质量小、抗冲击、隔声、隔热、难燃、抗老化等特点，是一种节能环保的塑料板材，是目前国际上普遍采用的塑料建筑材料，具有玻璃、有机玻璃等无法比拟的优点。图7-8所示为PC阳光板遮阳棚。

PC阳光板的透光性可与玻璃媲美，透光率高可达89%。PC表面覆盖了一层高浓度紫外线吸收剂，具有抗紫外线的特性，耐久性佳，永不褪色，附着的UV涂层板在阳光暴晒下不会黄变、雾化；抗撞击强度是普通玻璃的250~300倍，比同等厚度亚克力板和钢化玻璃耐撞击强度更高；质量小，质量只为玻璃的一半；防紫外线，燃烧不会产生有毒气体，有一定可弯曲性，可加工成拱形、半圆形等，隔声性能好、节能保温性能好。

（2）PC耐力板。

PC耐力板（见图7-9）的耐冲击性能是它的最大特色，耐力板的冲击强度为50 J/m，密度为1.34 g/cm^3，是普通玻璃的200倍，比亚克力板强8倍，几乎没有断裂的危险性；同时，耐力板的透光性极佳，透光率高达75%~89%；耐候性好，表面UV涂层具有吸收紫外线并将其转化为可见光的作用；耐力板本身不自燃并具有自熄性；耐

图7-6　玻璃纤维增强塑料制成的雕塑

图7-7　塑料儿童娱乐设施

图7-8　PC阳光板遮阳棚

热、耐寒，在零下30~130 ℃的测试范围内，不会引起变形等品质变化。

(3) PC光扩散板。

PC光扩散板也叫聚碳酸酯扩散板，也称为PC扩散板、PC匀光板、PC漫反射板等（见图7-10）。它是由聚碳酸酯为基材，加入扩散剂而制成的一种光学PC耐力板。扩散剂能均匀分布在板材内，使光线经过板材，碰到扩散剂颗粒时产生折射、反射、散射的效果，从而使光线可以均匀地透过板材但又不会露出光源，达到从点光源向面光源的变化。

图7-9 PC耐力板

图7-10 PC光扩散板

2. PC板的规格尺寸

通用级PC板的尺寸（厚度×长×宽）：0.5~15 mm×1220 mm×2440 mm。

工程级PC板的尺寸（厚度×长×宽）：20~200 mm×630 mm×1000 mm。

3. PC板在景观中的应用

PC板广泛应用于室内外空间中，包括现代城市建筑幕墙、商业建筑内外装饰、公共交通站的公用设施、景观温室花房、阳光雨棚、停车场入口处遮阳挡雨棚（见图7-11）、观察窗、采光雨披住宅、商业建筑采光天幕、体育馆、游泳池、高速公路隔声护栏、导视标识系统、照明灯箱广告等。还例如一些游乐场所的奇异装饰、休息场所的亭廊、现代的生态餐厅顶棚、单位或小区自行车棚、遮雨棚（见图7-12），可根据不同需求选择不同色彩、不同造型和不同功能的PC板材。

图7-11 PC板停车场入口处遮阳挡雨棚

（二）亚克力

1. 定义

亚克力，又叫PMMA或亚加力，是英文acrylic的中文叫法，翻译过来是有机玻璃。化学名称为聚甲基丙烯酸甲酯，是一种开发较早的热塑性塑料，具有较好的透明性、化学稳定性和耐候性，易染色，易加工，外观优美，在建筑、景观领域中都有广泛的应用，图7-13所示是室外场地中布置的亚克力景观家具。

2. 分类

亚克力材料的种类很多。

普通板有透明板、染色透明板、乳白板、彩色板（见图7-14）。特种板有卫浴板、云彩板、镜面板、夹布板、中空板、抗冲板、阻燃板、超耐磨板、表面花纹板、磨砂板（见图7-15），珠光板、金属效果板等。还有内部做肌理效果处理的亚克力板（见图7-16）。

图7-12 遮雨棚

选择时根据板不同的性能、不同的色彩及视觉效果来满足室

图7-13 室外场地中布置的亚克力景观家具

图7-14 彩色亚克力板

图7-15 进口亚克力透明磨砂板

内外设计千变万化的要求。

3．亚克力材料的特性

(1) 优点。

① 透明度极佳，透光率在92%以上，给人以璀璨夺目的视觉感受，用染料着色的亚克力板有很好的展色效果。

② 耐候性好、表面硬度高、表面光泽度高，不自燃但属于易燃品，不具备自熄性。

③ 有良好的加工性能，既可采用热成型，也可以使用机械加工的方式。

④ 透明亚克力板材具有可与玻璃比拟的透光率，但密度只有玻璃的一半，不易碎，即使破坏，也不会形成锋利的碎片。

⑤ 亚克力板的耐磨性接近于铝材，稳定性好，耐多种化学品腐蚀。

⑥ 亚克力板还具有良好的适印性和喷涂性，采用适当的印刷和喷涂工艺，可以赋予亚克力制品理想的表面装饰效果。

(2) 缺点。

由于亚克力生产难度大、成本高，故市场上有不少质低价廉的代用品，这些代用品也被称为“亚克力”，但其实是普通有机板或复合板（又称夹心板）。普通有机板用普通有机玻璃裂解料加色素浇铸而成，表面硬度低，易褪色，用细砂打磨后抛光效果差。复合板只有表面有很薄的一层亚克力，中间是ABS塑料，使用中受热胀冷缩影响容易脱层。真假亚克力，可从板材断面的细微色差和抛光效果上识别。

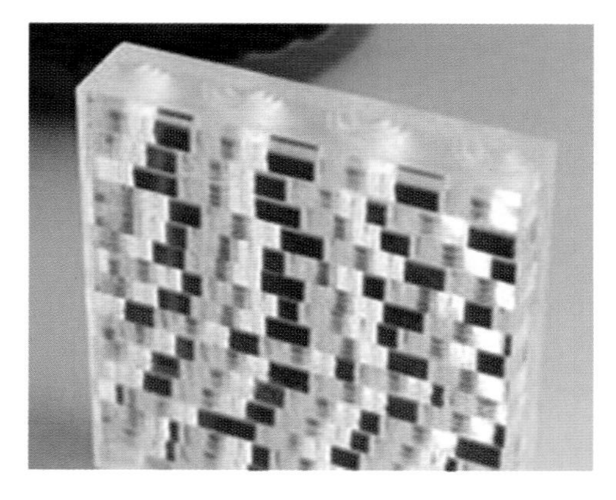

图7-16 做肌理效果处理的亚克力板

4．在景观中的运用

亚克力材料除了应用在建筑门窗、隔墙和汽车、火车等交通工具中之外，景观中也应用于采光罩、电话亭顶棚、灯箱、招牌、指示牌、展架等，还应用于一些工艺品、景观小品、雕塑、娱乐设施（见图7-17)、屏风等。

图7-17 室外彩色亚克力娱乐设施

(三) 塑木

1．定义

塑木也叫木塑，塑木的英文名是“wood-plastic composites”，简称WPC，是用热塑性树脂和天然纤维（如木粉、稻壳、麦秸、竹粉等）经过高分子改性，用配混、挤出设备加工制成的一种新型节能、环保、循环的复合材料。

2．塑木的特性

塑木具备植物纤维和塑料的优点，适用范围广，几乎可涵盖所有原木、塑料、塑钢、铝合金及其他类似复合材料的使用领域，同时也解决了塑料、木材行业废弃资源的再生利用问题。塑木的主要特点有原料资源化、产品可塑化、使用环保化、成本经济化、回收再生化。

（1）优点。

塑木复合材料具有免受紫外线侵害、褪色慢、免受虫害和菌类的侵蚀的特点，其防水、耐蚀、不易开裂和腐烂，易于切割、锯刨、钻孔和用螺钉固定等。

① 防水、防潮。防腐性能好，较防腐木更不易开裂、发霉，更绿色环保，使用年限更长，适合在户外恶劣条件下使用。从根本上解决了木质产品对潮湿和水环境中吸水受潮后容易腐烂、膨胀变形的问题，可以使用到传统木制品所不能应用的环境中。

② 防虫、防白蚁，有效杜绝虫类骚扰，延长使用寿命。

图7-18　彩色塑木板

③ 多姿多彩，可供选择的颜色众多（见图7-18）。既具有原木的质感和木质纹理，又可以根据自己的个性来定制需要的颜色，在外观上由于其表面具有仿真的木质纹理及色彩，因此成了替代原木的生态环保型材料。

④ 可塑性强，能非常简单地实现个性化造型，充分体现个性风格。

⑤ 高环保性，无污染，不含对人体有害的成分，充分利用了废弃资源，减少了废弃物对环境的危害，具有可循环再生性。

⑥ 高防火性。能有效阻燃，防火等级达到B1级，遇火自熄，不产生任何有毒气体。

⑦ 可加工性好，可钉、可刨、可锯、可钻，表面可上漆。

⑧ 相对原木，塑木材料的稳定性更佳，安装简便，不需油漆着色，施工便捷，不需要繁杂的施工工艺，节省安装时间和费用。

⑨ 不龟裂，不膨胀，不变形，无需维修与养护，便于清洁，节省后期维修和保养费用。

⑩ 吸声效果好，节能性好。

（2）缺点。

塑木虽然在视觉上近似木材，但却很难达到木材的天然特质及触感，如纹理单调、颜色单一、不自然等。塑木相对木材而言不易加工，不可随意加工成所需形状，因此进一步影响美观性。

3．在景观中的运用

塑木复合材料具有木材和塑料的优良性能，尤其是它的木质感观、塑性防水、防腐防霉、不褪色、不变形等优点，使其能替代传统木材而广泛地应用于各种建筑设施、园林景观、家具设计中，如户外地板（见图7-19）、篱笆栅栏、护栏、桥梁铺板、花坛、水边码头、水池护板、凳椅面板、廊架凉亭、标志路牌、广告牌、活动房屋、吊桥等；还可以用作装饰材料，如铺设在水泥桥面、砖墙外面、钢架表面等，以美化外观，是现代园林景观中得天独厚的首选材料（见图7-20）。

在现代园林景观中，为体现原生态自然景观效果，常见的景观制品多为防腐木制品，但防腐木的褪色以及北方干燥气候与四季变化造成的开裂现象无法避免，自然腐烂也就在所难免。因此，一般防腐木制品基本3~5年就需维护和更换一次，既不利于节能、节约，也不利于环保和长效。塑木复合材料以其独特的生产工艺和双重特性完全避免了防腐木在景观应用中的不足，在原生态景区的开发建设中发挥了极大的作用，同时塑木复合材料因其安装快捷方便，也减少了施工过程中对自然景观的破坏，从而间接起到保护环境、享受环境的最终目的。

（1）塑木地板。

地板作为塑木复合材料的最常见的应用，经过十几年的发展已经十分成熟（见图7-21）。塑木地板按型材的横截面不同，分为实心地板和空心地板两种。实心地板相比空心地板，前者自重较大；而空心地板采用了中空结构，自重小了很多。

依据塑木地板的安装方式不同，塑木地板的安装分为卡扣法和直接法两种。卡扣法是通过卡扣固定带槽的地板，这样螺钉就不会裸露在外，不会影响美观；直接法就是直接将地板通过螺钉固定在龙骨上的安装方式，这种方法比较简洁方便，缺点是螺钉裸露在外，影响美观。

塑木比传统的实木具有更佳的耐蚀性和不易吸水等优点，通过长时间的使用证明，塑木地板比传统的实木地板更适合于在室外使用。

（2）塑木材料在护栏上的应用。

塑木护栏（见图7-22）可以分为安全性高的护栏和栅栏性护栏两大类。安全性高的护栏一般用在山道、水边和马路边等对于安全要求高的地方，这类护栏必须具备非常高的抗冲击能力；栅栏性护栏一般用在花坛或者苗圃等地方，只是起到装饰和美化的作用，对安全性没有特别要求。

（3）塑木活动小屋。

塑木复合材料可以应用于活动小屋。如塑木制作的小售货亭，可用于路边或者公园等公共场合；休闲凉亭可以放在公园中或者山道边，供游人休息。塑木活动小屋安装非常简便快捷，只需将事先生产好的配件按图纸组装即可。

（4）塑木在亭、长廊、桥方面的应用。

塑木材料搭建的亭、长廊、桥，也是塑木材料常见的应用，目前已经被广泛地应用于公园、市民广场等一些公共场所。亭、长廊、桥工程对于塑木材料、结构设计和施工安装方法都有很高的要求（见图7-23、图7-24）。

目前普通的塑木材料的机械性能远远达不到用作结构材料的标准，因此塑木材料的运用还有一定的局限。

（5）建筑外墙装饰。

塑木材料还可以用于建筑外墙装饰。

塑木外墙装饰不仅可以美化建筑，使建筑物更具美感，还可以起到遮阳、阻挡紫外线的作用，同时塑木材料具有降低传热系数的性能，用作建筑外墙还具有节能保温的作用。

图7-19 塑木作为景观铺地材料的应用

图7-20 塑木景观小品

图7-21 塑木景观铺地

图7-22 塑木护栏

(6) 塑木成品的应用。

除地板、护栏、亭、长廊等这些需要现场安装的应用外，塑木还可以制成各种制成品直接使用，如各式凳椅、告示牌、花箱（见图7-25）、路灯等。这些塑木制成品无需安装或仅需简单的安装，就可以使用。

图7-23 塑木桥

图7-24 塑木亭

图7-25 塑木花箱

（四）塑料草皮

1．定义

塑料草皮是指将PA、PP、PE材质拉成的草丝，与PP网格布，通过织草机缝到一起，然后再通过丁本胶，使两者复合在一起的塑料制品（见图7-26、图7-27）。

2．特点

塑料草皮外观颜色鲜艳、四季保持绿色、形态生动，有防紫外线的功能，排水性能好、使用寿命长、维护费用相对低。

3．在景观中的应用

塑料草皮是生态环保的新型材质，可用于制造绿色消防通道（4.5 m宽）、绿色消防平台（18 m×18 m）、绿色草坪停车场、绿色步行街以及各类运动场地、屋顶绿化和橱窗背景、绿化景观（见图7-28）等。

图7-26 塑料草皮一

图7-27 塑料草皮二

图7-28 塑料假山

塑料草皮形成的绿色空间，可以让车辆直接停入（可停0~120 t的各类车辆），当车离开时，这片绿色草坪空间又可重新利用，可以让人自由地踏入，大大提高了绿化面积，给人们创造了美好的生活空间。

（五）复合高分子井盖

1．定义

复合高分子井盖是采用不饱和聚酯树脂为基体的纤维增强热固性复合材料，又称为团状模塑料（DMC），用压制成型技术制成，是一种新型的环保型盖板（见图7-29、图7-30）。

复合高分子井盖采用高温高压一次模压成型技术，聚合度高、密度大，可制成方形、圆形等造型。

2．特点

（1）强度高：具有很高的抗压、抗弯、抗冲击的强度，有韧性。长期使用后该产品不会出现井盖被压碎及损坏现象，能彻底杜绝“城市黑洞”事故的发生。

（2）外观美：井盖表面花纹设计精美，颜色亮丽可调，美化城市环境。

（3）使用方便，质量小：产品质量仅为铸铁的三分之一左右，便于运输、安装、抢修，大大减轻了劳动强度。

（4）防盗：井盖无回收价值，自然防盗；根据客户需要并设有锁定结构，实现井内财物防盗。

（5）耐候性强：井盖通过科学的配方、先进的工艺制造，能在－50~300 ℃环境中正常使用。

（6）耐酸碱、耐腐蚀、耐磨、耐车辆碾压，使用寿命长。

复合高分子井盖广泛地应用于公共道路的下水口处。图7-31所示为可覆土多功能下水井盖。

图7-29　复合高分子井盖一

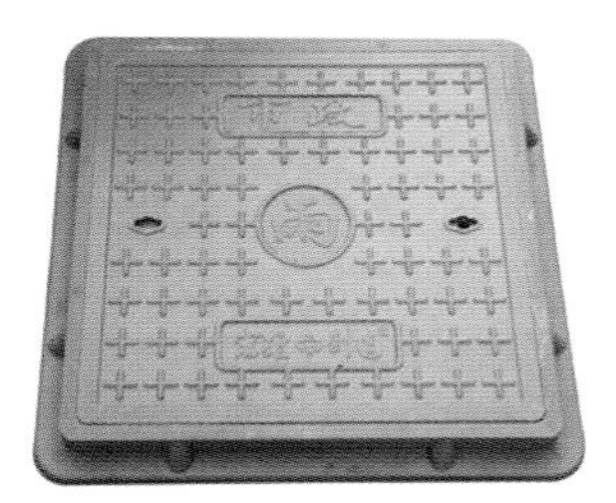

图7-30　复合高分子井盖二

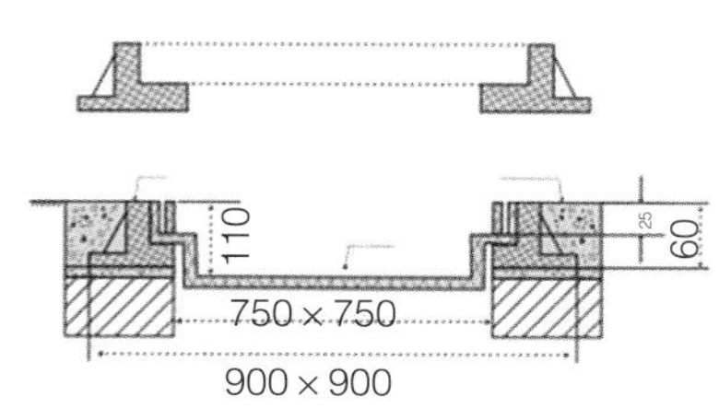

图7-31　可覆土多功能下水井盖

（六）橡胶地板

1．定义

橡胶地板（见图7-32）以染色面层和胶料为主要材质，底层为黑色软胶料，经特殊工艺加工而成，以其独有的舒适性、耐磨性，广泛用于健身场地和园林景观中，是新型绿色环保的地面铺装材质。它密度大、稳固耐用，可吸收各种冲击力，从而保护使用者的安全。

橡胶地板长久耐用，容易清洁，适合铺设室内、户外的地面。在运动场地铺设橡胶地板，能提升安全性。

图7-32　橡胶地板

2．橡胶地板和其他地板相比的特性

（1）和木板相比：阻燃、防水、抗静电、耐腐蚀、易清洁。

（2）和石材相比：弹性佳、抗静电、施工相对比较简单，方便、省时、省料。

（3）和pvc相比：耐磨、防滑、环保、阻燃。

3．橡胶地板的规格尺寸

橡胶地板的规格尺寸（长×宽×厚）有：500 mm×500 mm×15 mm、500 mm×500 mm×20 mm、500 mm×500 mm×25 mm、500 mm×500 mm×30 mm、500 mm×500 mm×40 mm、500 mm×500 mm×50 mm。

（七）塑胶盲道

塑胶盲道（见图7-33）以塑胶作为原材料，外观与盲道砖一致，直

图7-33　塑胶盲道

接用专用胶水铺设于地面，新铺设的盲道是深黄色的，表面光滑美观、耐磨性强，是现今应用广泛的盲道材质。

塑胶盲道的一般规格为300 mm×300 mm×6 mm，颜色主要有黄色、绿色，也可根据具体情况自行定制。

塑胶盲道适用于儿童游乐园、幼儿园、中小学体育器械区、全民健身路径区、公园通道、人行天桥、射击场、体操场等。

（八）屋顶绿化种植箱

1．定义

屋顶绿化种植箱（见图7-34）是一种新型的由复合材料制作而成的种植箱，可适用于立体绿化、墙体绿化、立交桥绿化、屋顶绿化等。

2．特点

（1）生态、减碳、冬天保温、夏天隔热。

（2）拼装简易快捷，大量节省施工成本，根据场地大小可以自由拆卸组合，配有扣环及插板。

（3）生态屋顶绿化种植箱内设排水槽口，可预设喷淋管口，有成套系统来进行隔根、防水、自动灌溉和施肥，方便、快捷、有效。

（九）玻璃钢

1．定义

玻璃钢的学名叫玻璃纤维增强塑料，它是以玻璃纤维及其制品（玻璃布、带、毡、纱等）作为增强材料，以合成树脂作基体材料的一种复合材料。玻璃钢以复合形式出现，是因为单一种的玻璃纤维，虽然强度很高，但纤维间是松散的，只能承受拉应力，不能承受弯曲、剪切和压应力，还不易做成固定的几何形状，是松软体。如果用合成树脂把它们黏合在一起，可以做成各种具有固定形状的坚硬制品，既能承受拉应力，又可承受弯曲、剪切和压应力，组成玻璃纤维增强的塑料基复合材料。由于玻璃钢的强度相当于钢材，又含有玻璃组分，也具有玻璃的色泽、形体，且耐腐蚀、电绝缘、隔热，因此称它为“玻璃钢”。图7-35所示为玻璃钢管。图7-36所示为玻璃钢成品。

图7-34 屋顶绿化种植箱

图7-35 玻璃钢管

图7-36 玻璃钢成品

2．特点

根据《中国玻璃钢行业产销需求与投资预测分析报告前瞻》统计，玻璃钢的特点主要有以下几个方面。

（1）质量小、强度高，相对密度在1.5~2.0之间，只有碳钢的1/5~1/4，而强度可以与高级合金钢相比。

（2）有良好的耐蚀性，对大气、水和一般浓度的酸、碱、盐以及多种油类和溶剂都有较好的抵抗能力，已应用到化工防腐的各个方面，正在取代碳钢、不锈钢、木材、有色金属等。

（3）电性能好，是优良的绝缘材料，可用来制造绝缘体。高频下仍能保持良好的介电性，微波透过性良好，已广泛用于雷达天线罩。

（4）耐热性能，FRP（纤维增强复合塑料）本身传热系数低，只有金属的1/1 000~1/1 00，是优良的绝热材料。

（5）设计性强，可以根据需要灵活地设计出各种结构的产品，使产品有很好的整体性；还可以充分选择材料来满足产品的性能，可以设计出耐腐蚀、耐瞬时高温、有特别高强度的、介电性好的产品。

（6）工艺优良，可以根据产品的形状、技术要求、用途及数量来灵活地选择成型工艺；工艺简单，能一次成型，经济效果突出，尤其对形状复杂、不易成型的数量少的产品，更能突出它的工艺优越性。

3．在景观中的应用

玻璃钢材料在室外景观中可制作成多种景观设施。如玻璃钢下水井盖、玻璃钢灯箱、草坪音箱、玻璃钢花钵、玻璃钢雕塑（见图7-37）、玻璃钢装饰与玻璃钢景观墙面（见图7-38）等。

（十）塑料植草格

1．定义

塑料植草格（见图7-39）采用改性高分子量HDPE（高密度聚乙烯）为原料制成，可回收再利用，实现了传统草坪和停车场功能的二合一。

图7-37 玻璃钢雕塑

图7-38 玻璃钢景观墙面

图7-39 塑料植草格

2．塑料植草格的使用特点

塑料植草格耐压、耐磨、抗冲击、抗老化、耐腐蚀，可以很大程度上减少地面反光和地面热辐射，减少地面声波传送，降低噪声污染和扬尘，可以增加雨水的自然渗漏力，减少积水现象并保护水土不流失。

植草格施工简单、质量小，可自由组合及拆卸，可采用平插式搭接方法安装，省力、快捷，且能够调节伸缩缝，是现代景观设计中必备的设计材料。

与传统的混凝土植草砖相比，塑料植草格的优点有以下几点。

（1）完全绿化。塑料植草格的植草面积超过95%，绿化效果好，可以吸声、吸尘，明显提升了环境的品质与品味（见图7-40）。而混凝土植草砖的植草面积只有30%。

（2）节约成本。塑料植草格使停车与绿化功能合二为一，在寸土寸金的都市，可节约开发商的宝贵投资。

（3）平整、完整。塑料植草格独特而稳固的平插式搭接使整个铺设面

图7-40 树下植草格

连成一个平整的整体，避免局部凹陷，施工极其便捷。而相比之下，混凝土植草砖每块独立，必须浇筑混凝土垫层基础，方能保持平整。

（4）强度高、寿命长。塑料植草格采用具有专利技术的特殊材料，抗压能力高。

（5）性能稳定。抗紫外线、耐酸碱腐蚀、耐磨、耐压，耐候。混凝土植草砖很容易在温度变化及霜冻时开裂破损。

（6）排水优良。碎石承重层提供了良好的排水功能，方便多余降水的排出。

（7）保护草坪。碎石承重层提供了一定的蓄水功能，有利于草坪生长，草根可生长到碎石层。而混凝土植草砖只有很小的空间，且在夏日阳光下温度高达50℃以上。

（8）绿色环保。塑料植草格安全稳定，可回收循环利用，对环境无污染，全面呵护草坪。

（9）轻便节约。塑料植草格质量小，极其轻便，安装快捷，节约人工，缩短施工周期。混凝土植草砖质量较大。

3．塑料植草格在景观中的应用

塑料植草格在现代景观设计中应用广泛，功能实用性强、施工简便，可应用于停车场、消防车道、消防登高面、高尔夫车道、会展中心、现代化工业厂房、生活社区、屋顶花园等。塑料植草格可以根据场地需要大面积铺设，也可以用在树池、花池中，根据形状进行铺设。树池篦子与植草格材质、功用相同。

（十一）其他塑料成品

在景观设计中，能够运用的塑料景观制品种类繁多，包括塑料灯箱（见图7-41）、塑料花卉植物（见图7-42）、塑料景观树、假山石、塑料景观家具（见图7-43）、塑料围栏（见图7-44）等。废弃塑料还可以制成各种鹅卵石铺地。

图7-41 塑料景观灯箱

图7-42 塑料景观花草

图7-43 塑料座椅

图7-44 塑料栏杆

第三节 塑料在景观中的施工工艺

（一）PC板的施工工艺和安装注意事项

1．PC波浪板的安装工艺

（1）波型选用。

如以PC波浪板作采光带，则其型号与彩钢板规格型号近似即可；如以PC波浪板作天窗，则其型号需与彩钢板规格型号一致。需要注意的是若檩条跨距过大，可能会引起波浪板翘曲变形，引发漏水，建议使用厚度为1～3 mm的PC板。图7-45所示是PC弧形阳光板的施工现场。

图7-45 PC弧形阳光板的施工现场

（2）搭接。

① 侧面搭接普通彩钢板。

将波浪板搭在彩钢板上面，在波浪板上加压条，压条可用不锈钢、铝合金或彩钢板制成。压条宽度约30 mm，纵向带肋更佳，厚度≥0.5 mm。

② 夹心复合波浪板。

夹心复合波浪板在搭接时，螺钉固定处应加支承波托，以便更好地固定波浪板。

③ 夹心平板。

波浪板与夹心平板搭接，把夹心平板搭接处的泡沫挖掉，再将PC梯形波浪板的反面作为正面与夹心平板搭接。

④ 纵向搭接。

一般要求纵向搭接长度大于300 mm，如波浪板与彩钢板的波型不一致，则搭接长度应大于500 mm。

（3）固定。

① 螺钉的钉头直径应比螺钉柄部直径大1.5倍以上，并加以防水胶，为减少面板压力，不要用钉头直接压迫板面。

② 螺钉不可拧得过紧，否则可能引发应力，引起板面局部出现裂纹。

③ 防水胶不可使用PVC胶垫或含沥青成分的防水胶布；密封胶必须选用中性玻璃胶，切勿使用酸性玻璃胶。

④ 安装过程中，不可先固定两端，后固定中间，应先固定一端并沿同一方向施工，否则会引起中间应力集中，使产品变形或开裂。

⑤ 因波浪板的线性膨胀系数比金属材料约大6倍，所以，必须在板上先钻好孔后，才用自攻螺钉固定，并且自攻螺钉必须打在孔径中间，否则热胀冷缩时发生位移，而预留不足，会引起自攻螺钉周围的波浪板出现裂纹或板面收缩变形。

⑥ 需要预留波浪板的膨胀空间，并注意嵌入深度。

⑦ 假如在波浪板下面增加一层波浪平板或采光瓦时，下层波浪板的固定处必须加金属条，否则会由波浪板的自重引起波浪板下垂，导致自攻螺钉周围的波浪平板出现裂纹。

（4）清洁。

波浪板表面的灰尘、污物一般先用软布或海绵蘸中性清洁剂擦拭，再用清水彻底冲洗。

（5）化学腐蚀。

① 禁止与未干水泥面、酸碱性物质表面接触。

② 禁止与苯、汽油、四氯化碳、天那水、松节油等有机溶剂或含有此类成分的胶水、油漆相接触。

2．pc阳光板的清洁方法

（1）清洗时必须用60 ℃以下的温水冲洗。

（2）清洗时应用中性清洁剂，不允许用对阳光板有侵蚀作用的洗涤剂。

（3）要求用软布或海绵蘸中性清洁剂轻轻擦洗。禁用粗布、刷子、拖把及其他坚硬、锐利的工具实施清洗。

（4）当表面上出现油脂、未干油漆、胶带印迹等情况时，可用软布蘸酒精擦洗。

（5）必须用清水把清洗下的污垢彻底冲洗干净。

（6）最后用干净的布把板面擦干、擦亮，不可有明显水迹。

特别注意：碱性溶液是不适用的清洁剂，它会侵蚀板面。禁用酯类、酮类、卤代烃类及一切可使聚碳酸酯溶解或溶胀的物质。

3．PC板的几种加工工艺

PC板加工工艺包括：切割、折弯、热成型、冲切、黏结、抛光、印刷、吸塑、吹塑、压塑等。

（1）PC板热成型。

PC板热成型是指将板材放入温度较高的机械内一段时间，使其软化，然后放入事先准备好的模具内冷却成型。如果PC板长时间放置过，做热成型前要对其进行烘干除湿处理；如果是新挤出的板材，此道工序则可以忽略。PC板在加温软化的过程中，要控制时间和温度，否则PC板内部会起白泡，因为PC板在常温下的温度下降很快，所以从烘箱里出来之后要立刻放入模具内进行整型、降温、成型。

（2）PC板抛光。

PC板抛光主要是针对切割或雕刻过的PC板的截面进行的后序加工。抛光工艺的种类主要有一般的羊毛垫抛光、抛光刀或美工刀的抛光、激光火焰抛光等，抛光工艺各有各的优点，可以根据需求选择不同的抛光工艺。

（二）亚克力制品的加工工艺流程

1．划折

这是亚克力的一种直线截料方法，做法是将直尺放在欲切割的板材上，尺的边缘与切割线重合，固定好直尺。用钩刀沿着尺的边缘拖划，就会在板材欲切割处划出细槽，当细槽深度约有板材一半厚度时，就可以折了。折的时候要移动板材使划出的细槽与桌子边缘重合，一只手按住在桌内的板材，另一只手按住在桌外的板材，手掌使劲快速下压，亚克力就会从划出的细槽位置整齐的地折断。

2．锯

用锯切割材料，切割的路线可直可曲。有专用的振动锯、微型锯，也可以用钢锯、钢丝锯。用锯加工亚克力，应尽使锯末掉下来，因为锯末会在摩擦发热的锯片上熔化，黏在锯齿上，使锯齿失去作用，可拉慢些，避免锯片过热黏住锯末，或者用毛刷扫去锯末。由于锯出的材料边缘是粗糙的，还必须用锉、砂纸打磨平整。截断管材和棒材时常用锯。

3．锉

锉是用锉刀锉。有下列三种情况需要锉：① 锯过的材料边缘；② 做成的粗胚略微偏大但又不便用锯切割，用锉刀锉可使其与所要求的尺寸相符；③ 去掉犀利的棱角，使其圆滑，手感好。

4．热割

如果切割的路线弯曲复杂，又没有专用振动锯，可用热割锯切割，但要注意用热割锯切割过的亚克力边缘会增厚且不平整，所以热割成型只能是粗胚，应该在成品标准线之外热割，给细加工留有余地，否则经过细加工出来后比要求的尺寸偏小。

5．热弯

如果要想把板材折弯成某个角度，例如要折弯成直角，必须用热弯器，将材料要折的部位放在热弯器上烤软，然后放在桌子边缘折弯，待冷却后角度就固定了。

6．切削

亚克力也可以像铜、铝等金属那样用车床切割。例如要求比较精确地截取一段有机玻璃或有机玻璃管，用车床削就能保证其横截面与轴线垂直，且尺寸较准确。必须注意的是过程中要随时将切割出来的碎屑用毛刷刷去，以免它们在刀具与材料之间摩擦，黏在刀具上，影响加工的速度和质量。

7．钻

在亚克力上钻孔要比在金属和木质材料上钻孔麻烦。主要在于如下两方面：① 钻头与亚克力摩擦产生的热使钻屑熔化黏在钻头上，包裹了钻头，钻不出好的孔；② 在孔将要钻通时，钻头会带动材料一起旋转，特别是用直径4 mm以上的钻头在板材上钻孔时容易发生这种情况，稍不小心，就碰伤手。操作时应注意如下几点：① 左手最好戴上手套，以防材料转动伤手；② 先用小钻头，如直径为2~3 mm的钻头钻出小孔，以保证孔的位置准确；③ 采用间歇进钻，即操作进钻杆让钻头钻一下又马上让钻头抬起降温，这样可以避免钻头过热，熔化钻屑；④ 把钻屑用毛刷清除；⑤ 孔将要钻通时，每次进钻的深度要很小，以防钻头带动材料一起旋转；⑥ 选择大小合适的钻头，有时要把金属杆打入亚克力的孔中，而且要求稳固，则孔的直径应比金属杆的直径小0.1 ~0.2 mm。如果要让金属杆在孔中灵活转动，则孔的直径应比金属杆的直径大0.1 ~0.2 mm。

8．攻螺纹

攻螺纹就是在材料上开螺纹，把螺钉拧进有机玻璃里，必须先在亚克力上钻一个比螺杆稍小（小1/10~2/10，螺杆越大，小得越多）的孔，再用相应的丝锥（开螺牙的工具）旋进孔里，孔就有螺纹了。例如要钻一个让直径是5 cm的螺杆旋入的孔，先用直径是4 cm的钻头钻孔，再把M5的丝锥固定在丝锥架上，将丝锥拧进孔里，螺纹就攻出来了。

9．黏结

由于亚克力溶于三氯甲烷，所以有机玻璃之间的相互黏结不需要别的黏合剂，只要用小注射器（一般用5 mL规格）吸取少量三氯甲烷液体，轻轻均匀地将三氯甲烷挤压到欲黏结的有机玻璃表面上，马上把黏结处压紧，待液体挥发后，有机玻璃就黏结好了。这里要注意三氯甲烷要适量，如果太少，黏结的面积太小，不牢固；如果太多，流到其他表面，会留下印渍，影响美观，而且会把材料泡变形，也会影响质量，还有若要增大结合处的面积，可在其周围撒一些有机玻璃粉末（在锉有机玻璃时收集的粉末），再滴入三氯甲烷。另外，三氯甲烷属于有毒化学药品，手上有伤口者不能操作，以免从伤口进入人体。

（三）塑木的施工工艺和安装注意事项

1．塑木的施工工艺

塑木是在聚合物中加入一些人工沸石，这种铝硅酸盐分子可以吸收材料中的异味。当通过粉体中大量的结晶空洞时，吸附剂可以捕捉产生异味的有机小分子。分子捕捉吸附剂已经成功应用于聚烯烃挤出管材、注射和挤出吹塑的器皿、隔绝包装材料、挤出外包装和密封材料，分子吸附粉体还可以作为除湿剂加入塑料中，以除去其中的水汽。

不同尺寸和形状的挤出制品增加了木塑复合材料的多样性，但当型材不要求具有连续片形结构或者部件具有复杂的结构设计时，塑木型材可以通过注射成型或者是模压成型。加工有时要解决塑木材料在注塑加工过程中充模不均的问题，要达到完全充模，需要采用较复杂的多腔模具并减少木质填料的用量，以增加熔体的流动性。图7-46所示为塑木景观栈道和座椅。

图7-46　塑木景观栈道和座椅

由于200 ℃是塑木复合材料加工操作温度的上限，一些熔点超过200 ℃的树脂，如PET，就不能用于塑木复合材料。水汽会劣化复合材料的性能，而且还有助于滋生微生物，因此在使用木填料之前一定要先除去水汽。加工成型之前，木填料要进行干燥处理，一般要求处理后的水汽含量要低于2%。当前的塑木复合材料加工机械要求配有喂料设备、干燥设备、挤出设备和成型设备，还有一些必要的下游设备如冷却水箱、牵引设备和切割设备等。

（1）地板安装间隙。

① 因为塑木具有轻微的热胀冷缩的特点，加上考虑到清扫等原因，塑木型材在安装时，边与边、端与端之间必须留有适当的间隙。该间隙的预留与施工时候的气候也有着密切的关系。

② 在安装塑木地板时最好将型材安装在龙骨上。根据型材的厚度（20~40 mm），龙骨的间距一般在400~500 mm之间（见图7-47）。

③ 当型材安装与龙骨之间有倾角时，应将龙骨的间距减少至少10 cm。

（2）栏杆、柱子的安装间隙。

榫接的时候也要考虑到塑木的热胀冷缩特点，让它有伸缩活动的余地（见图7-48、图7-49）。

柱子与道路地面安装时，可以采用将钢板预埋在混凝土里面，柱子底部钢板与预埋钢板焊接，或者用螺栓紧固。

当栏杆长度大于300 m时，要考虑做渐变型过渡立柱。

栏杆的式样、选用的型材规格与栏杆的跨度是密切相关的。

（3）安装技术。

① 塑木可以使用普通的木工机械切割、锯、钻孔、开榫头。

② 塑木与塑木之间可以使用自攻螺钉紧固（建议户外使用不锈钢自攻螺钉）。塑木与钢板之间要使用自钻自攻螺钉。

③ 塑木与塑木之间使用自攻螺钉紧固时候应先行引孔，也就是预钻孔，预钻孔的直径应小于螺钉直径的3/4。

④ 安装户外地板时，塑木型材与每道龙骨之间需左右各使用一枚螺钉。

⑤ 当型材宽度大于10 mm的时候，每端处应用两个螺钉固定。

2．塑木的安装注意事项

（1）较一般木材而言，塑木的比重要大得多，通常为1.1~1.18，而一般木材的比重为0.4~0.7，即使是比重较大的硬木，比重也只在1.0左右，所以同体积下塑木要重得多。

（2）塑木型材的规格尺寸：目前地板类常见的有200 mm×100 mm、140 mm×25 mm、140 mm×35 mm等，立柱类常见的有700 mm×700 mm、900 mm×900 mm、1200 mm×1200 mm等多种规格。不同生产厂家的截面尺寸会有所不同，目前并无统一标准。特殊的形状尺寸可以通过定制模具来得到。

（3）使用时要注意以下两点。

图7-47 塑木地板安装

图7-48 塑木围栏安装

图7-49 塑木成品亭的安装

① 严格按照厂家规定的跨度要求，因塑木材料比木材具有更大的蠕变性，过大的跨度将造成安全隐患；

② 考虑到排水、清扫及轻微的热胀冷缩等原因，塑木材料用作地板、护墙板时，边对边、头对头之间必须留有适当的间隙；

(4) 在安装时，尽量安排两个以上的施工人员共同施工。因为该材料脆性大，韧性不足，如果受到重物撞击或从高处摔落，极可能会破损。

(四) 复合高分子井盖的施工安装流程

在安装复合高分子井盖（见图7-50）时，要按照以下四个步骤进行。

(1) 在安装之前，井盖地基要整齐坚固，要按井盖的尺寸确定内径以及长和宽（见图7-50)。

(2) 在水泥路面安装复合高分子井盖时，要注意井口的砌体上要使用混凝土浇注好，还要在外围建立混凝土保护圈，进行10天左右的保养。

(3) 在沥青路面安装复合高分子井盖时，要注意避免施工的机械直接碾压井盖和井座，以免发生损坏。

(4) 为了保持井盖的美观以及字迹、花纹的清晰，在路面浇注沥青和水泥时，要注意不要弄脏井盖。

(五) 塑料草坪的铺设施工方法

1．不同下层基础的施工方法

因不同的下层基础，有两种施工方法。

(1) 水泥混凝土基础。

① 平整度。平整度合格率在95%以上，铺5 m允许误差为3 mm。

② 坡度。中心场地的坡度为3‰~4‰，采用龟背式排水设计。弯道的坡度为8‰，直道的坡度为5‰，半圆区的坡度为5‰，表面应平坦、光滑，保证排水。

③ 强度和稳定性。表面均匀坚实，无裂缝，无烂边，接缝平直光滑，6000 mm×6000 mm左右切块为好。垫层压实，密实度大于95%，在中型碾压机压过后，无显著轮迹、浮土松散、波浪等现象。

④ 隔水层。采用新PVC（聚氯乙烯）加厚隔水薄膜，搭接处应大于200 mm，边沿余量应大于150 mm。

⑤ 养护期。基础保养期为21天。

⑥ 定位。为准确施工及划线需要，应用牢固鲜明的标志物标出场地的各线条。

图7-51所示为坡地的塑料草皮现场铺设。

图7-50 复合高分子井盖

(2) 沥青基础。

① 平整度。平整度合格率在95%以上，铺3 m允许误差为3 mm。

② 坡度。横向坡度<1%，纵向坡度<1‰，跳高区坡度<4‰，表面应平坦、光滑，保证排水。

③ 强度和稳定性。基础应具有一定的强度和稳定性，基础不能产生裂缝和由于冰冻引起不均匀冻胀。沥青基础最好采用不含蜡或含蜡很少的沥青材料，其沥青混合料必须充分压实。表面均匀坚实，平整无裂纹，无烂边堆挤，无麻面，接缝平顺光滑。沥青混凝土面层碎石粒径为2~5 mm，含油量为5.8%~6.4%，接合层碎石粒径为6~9 mm，含油量为4.6%~5.8%，无发软起皮，无浮土松散、波浪等现象。

图7-51 坡地的塑料草皮现场铺设

④ 排水。排水系统在大雨后2 h内后必须排出积水。

⑤ 保养期。基础保养期为28天。

图7-52所示为儿童娱乐场地的塑料草坪铺设效果。

2．塑料草坪的维护及注意事项

(1) 基本要求。

① 保持场地干净，在草地周围竖立“禁止吸烟”的标识，机动车辆及重物不要进入运动场地。

② 减少清扫次数，避免在高温时清扫，设置足够多的垃圾箱。

③ 控制对场地的使用。

④ 小的损坏及时修补。

(2) 清洁及养护。

① 使用后用吸尘器及时清扫纸张、果壳等杂物。

② 每两周用专用毛刷将草苗梳理一遍，将草坪上的脏物和树叶等杂物清除。

③ 每月或频繁使用后用专用的耙子平整石英砂或橡胶粒一次。

④ 草皮上的灰尘，下雨时会冲刷干净，或用人工冲洗。

⑤ 夏日炎热时，可以用水淋洒草坪降温，以使运动者凉爽舒适。

(六) 植草格的安装程序

1．植草格安装的基础处理

根据不同用途，植草格安装分为用于停车位、消防车道和人行道安装（见图7-53）三种。

(1) 用于停车位的植草格基层处理。

① 地基土应分层夯实，密实度应达到85%以上；属于软塑或流塑状淤泥层的，建议抛填块石并碾压至密实。

图7-52 儿童娱乐场地的塑料草坪铺设效果

图7-53 人行道树池植草格

② 设150 mm厚砂石垫层。具体做法为：中等粗细河砂10%、20~40 mm粒径碎石60%、耕作土30%（质量分数）混合拌匀，摊平碾压至密实。

③ 设置60 mm厚稳定层（兼作养植土层）。稳定层做法为：粒径为10~30 mm的碎石25%、中等粗细河砂15%、耕作土60%，并掺入适量有机肥，三者翻拌均匀，摊铺在砂石垫层上，碾压至密实，即可作为植草格的基层。

④ 在基层上撒少许有机肥，人工铺装植草格。植草格的外形尺寸是根据停车位的尺寸模数设计的，一般在铺装时不用裁剪；当停车位有特殊形状要求或停车位上有污水井盖时，植草格可进行裁剪以适合停车位不同形状的要求。

⑤ 在植草格的凹植槽内撒上种植土，并用扫帚将土均匀扫入植草格孔内，土层高度以低于植草格平面5~10 mm为基准。

⑥ 在植草格种植土层上铺草皮。铺草皮时需将草皮压实于种植土上。浇水养护待草成活后即可停车。

(2) 用于消防车道的植草格基层处理。

① 在消防车道上铺植草格，其地基土的密实度应满足一般混凝土消防车道的设计要求。

② 消防车道的碎石垫层、石粉稳定层做法亦与普通混凝土消防车道的设计要求相同。

③ 在石粉稳定层上铺80 mm厚的养植土层。土层做法为：粒径为10~30 mm的碎石30%、中等粗细河砂15%、耕作土55%，并掺入适量有机肥，三者翻拌均匀，摊铺在经碾压至密实的石粉稳定层上，再碾压至密实，即可作为植草格的基层。

④ 在植草格的基层上铺装植草格、植草。

⑤ 值得注意的是，如果将消防车道作为平时车辆的主要通道，由于车辆行驶频繁，且速度较快，这对植草格的使用及草皮的正常生长不利，反而影响绿化率和美观，在这种情况下，建议主要车辆交通道路仍采用混凝土路面，只是在消防紧急情况下才有消防车辆驶入的路面则采用植草格路面。同样道理，停车场的通道路面建议采用混凝土路面，而停车位则采用植草格绿化车位。

(3) 用于人行道的植草格基层处理。图7-57所示为人行道树池植草格。

① 在原基础上夯实。

② 在夯实的基层上铺装植草格。

③ 在植草格的凹植槽内撒上种植土，并用扫帚将土均匀扫入植草格孔内，土层高度以低于植草格平面5~10 mm为基准。

④ 在植草格上铺草皮。铺草皮时需将草皮压实于种植土上。浇水养护待草成活后即可使用。树池里铺设植草格与人行道铺设方法相同。

2. 植草格施工的注意事项

(1) 碎石基础要求夯实，夯实程度需考虑最大承载压力，表面要求平整，有1%~2%的排水坡度为佳。混凝土基础渗水孔内须填入鹅卵石或碎石和砂以防止泥土流失。

(2) 每块植草格均有环节扣，铺装时环环相扣。植草格铺装完成后，用小型压路机或平板振动机在植草格表面来回压一次，有不平整的地方需进行修整，直至植草格表面达到水平。

(3) 植草格内的种植土，建议使用优质的营养土。回填土时，应配合洒水，使土能够沉淀下去，用竹扫帚将植草格表面的营养土均匀扫入植草格孔内，土层高度以低于植草格平面5~10 mm为基准。

(4) 草皮一般用马尼拉草，此类草耐践踏，易生长。草皮铺设时应留出20 mm左右的缝隙，并以品字形错开铺装。草皮铺好后，用水浇透，使草皮松软，再用小型压路机或平板振动机将草根打压至植草格内（反复多次），使草根便于往下生长。

(5) 养护一个月后再停车使用。若是在11月至次年的3月之间（休眠期）施工的草皮应维护两个月再停车。

(6) 在使用过程中或雨季过后，若有少量的种植土流失，可在表面均匀地洒一些土或砂来填充因雨水冲刷而流失的土壤。

(7) 草皮一年需要有4~6次的修剪，及时拔除杂草，施肥，在炎热干燥的季节应经常浇水或装配自动喷水设备，做好必要的养护管理工作。

参考文献

[1] 高颖，彭军.景观材料与构造 [M] . 天津：天津大学出版社，2011.

[2] 杨华.硬质景观细部处理手册 [M] .北京：中国建筑工业出版社，2013.

[3] 成玉宁.现代景观设计理论与方法 [M] .南京：东南大学出版社，2013.

[4] 佳图文化.景观设计细部手册 [M] .武汉：华中科技大学出版社，2010.

[5] 泛亚国际.景观设计细部图示 [M] .江苏：江苏人民出版社，2013.

[6] 安素琴.建筑装饰材料 [M] .北京：中国建筑工业出版社，2007.

[7] 刘滨谊.现代景观规划设计 [M] .南京：东南大学出版社，2010.

[8] 何平.装饰施工 [M] . 南京：东南大学出版社，2002.

图片：部分图片由编者自拍，其他图片均由网络提供，谨此感谢。